Fachmathematik

für Bauzeichner

Ein Lehr- und Aufgabenbuch
von Ernst Neizel,
Oberstudienrat a. D. in Lübeck

Ernst Klett Verlag für Wissen und Bildung
Stuttgart · Dresden

Hinweise auf DIN-Normen in diesem Werk entsprechen dem Stande der Normung bei Abschluß des Manuskriptes. Maßgebend sind jeweils die neuesten Ausgaben der Normblätter des DIN Deutsches Institut für Normung e.V. im Normformat A4, die durch die Beuth Verlag GmbH, 1000 Berlin 30 und 5000 Köln, zu beziehen sind. Sinnesgemäß gilt das gleiche für alle in diesem Buch genannten Richtlinien, Bestimmungen, Verordnungen usw.

Abbildungen: Otto Braun, Sindelfingen; Manfred Riepert, Stuttgart.

3. Auflage   3 9 8 7 6 | 1994 93 92

Druck: Sellier Druck GmbH, Freising
ISBN 3-12-828120-3

Inhaltsverzeichnis

1 Ganze Zahlen — Dezimalzahlen

Grundrechenarten, ihre Benennungen und Rechenzeichen

Rechenart	Beispiele	Rechenzeichen sprich:	Ergebnis heißt:	Zusammenfassung
1. Addieren (zusammenzählen); Addition	$6 + 3 = 9$ Summanden	**+** plus (und)	Summe	Rechnen mit + und − nennt man **„Strichrechnen"**
2. Subtrahieren (abziehen); Subtraktion	$6 − 3 = 3$ 6 heißt Minuend, 3 heißt Subtrahend	**−** minus (weniger)	Differenz	
3. Multiplizieren (malnehmen); Multiplikation	$6 \cdot 3 = 18$ 6 und 3 heißen Faktoren	**· ×** mal	Produkt	Rechnen mit · und : (auch mit dem Bruchstrich) nennt man **„Punktrechnen"**
4. Dividieren (teilen); Division	$6 : 3 = 2$ 6 heißt Dividend, 3 heißt Divisor	**: −** dividiert durch (geteilt durch)	Quotient	

Weitere Rechenzeichen nach DIN 1302

= gleich	≈ nahezu gleich	⧺ ungleich	≙ entspricht	> größer als	< kleiner als
$3 = 3$	$3{,}1416 \approx 3{,}14$	$3 \neq 5$	$10\,\mathrm{kg} \triangleq 1\,\mathrm{cm}$	$3 > 2$	$2 < 3$

Strich- und Punktrechnen in einer Aufgabe

Aufgaben ohne Klammern

Führen Sie zuerst die Punktrechnungen, dann die Strichrechnungen durch.

Beispiel 1:
$3 \cdot 4 + 7 − 6 = ?$
$12 + 7 − 6 = 19 − 6 = \underline{\underline{13}}$

Beispiel 2:
$18 + 12 : 6 + 5 \cdot 18 − 12 = ?$
$18 + \quad 2 \quad + \quad 90 \quad − 12 = 110 − 12 = \underline{\underline{98}}$

Beispiel 3:
$312 − 12 \cdot 4 + 16 − 4 : 4 = ?$
$312 − \quad 48 + 16 − 1 \quad = ?$
$312 + 16 − 48 − 1 = 328 − 49 = \underline{\underline{279}}$

Klammeraufgaben

Rechnen Sie zuerst die Werte in den Klammern aus, dann rechnen Sie mit diesen Teilergebnissen weiter.

Beispiel 4:
$3 \cdot (4 + 7 − 6) = ?$
$3 \cdot (11 − 6) \quad = 3 \cdot 5 = \underline{\underline{15}}$

Beispiel 5:
$(70 + 40) : 5 − 8 = ?$
$110 \quad : 5 − 8 = 22 − 8 = \underline{\underline{14}}$

Beispiel 6:
$(312 − 12) \cdot 4 + (16 − 4) : 4 = ?$
$300 \cdot 4 + \quad 12 \quad : 4 = ?$
$1200 + 3 = \underline{\underline{1203}}$

Punktrechnen geht vor Strichrechnen.	Rechnen Sie zuerst die Klammerwerte aus.

Runden von Dezimalzahlen nach DIN 1333

Die Dezimalstelle, an der nach dem Runden die letzte Ziffer steht, wird Rundestelle genannt. Eine Zahl wird gerundet, indem man zu ihr den halben Stellenwert der Rundestelle addiert und in der Summe die hinter der Rundestelle stehenden Ziffern wegläßt.

Beispiele:

zu rundende Zahl	2,12	2,17	2,654	2,65436	0,25	0,35	3,141592...
Rundestelle	↑	↑	↑	↑	↑	↑	↑
halber Rundestellenwert	0,05	0,05	0,05	0,005	0,05	0,05	0,005
Summe	2,17	2,22	2,704	2,65936	0,30	0,40	3,146592
gerundete Zahl	2,1	2,2	2,7	2,65	0,3	0,4	3,14

Übungen zur Wiederholung

Addieren

1.1 $3570 + 95 \ + 19{,}35 + 0{,}515 + 0{,}032$
1.2 $7500 + 75 \ + 17{,}25 + 0{,}785 + 0{,}023$
1.3 $870{,}5 + 70{,}1 + 3{,}142 + 0{,}141 + 0{,}005$
1.4 $840{,}5 + 60{,}1 + 1{,}414 + 0{,}314 + 0{,}004$

Subtrahieren

1.5 $780{,}5 - 70{,}1 \ - 19{,}42 - 5{,}167 - 0{,}141$
1.6 $640 - 60{,}1 \ - 12{,}45 - 3{,}245 - 0{,}314$
1.7 $95 - 17{,}25 - 0{,}617 - 0{,}032 - 0{,}005$
1.8 $75 - 19{,}36 - 0{,}275 - 0{,}075 - 0{,}004$

Addieren und Subtrahieren

1.9 $935 + \ 78 \ - 60{,}7 \ - 13{,}25 + 1{,}875$
1.10 $535 + \ 175 \ - 80{,}5 \ - 23{,}25 + 2{,}785$
1.11 $732 + \ 19{,}35 + 0{,}834 - \ 60{,}1 \ - 0{,}314$
1.12 $624 - \ 23{,}73 + 0{,}758 - \ 70{,}4 - 0{,}231$
1.13 $375 + \ 42{,}5 - 30{,}1 \ - 140{,}25 + 0{,}375$
1.14 $435 + \ 90{,}5 - 37{,}2 \ - 190{,}75 - 3{,}185$
1.15 $18{,}005 + 1700{,}5 \ + 307{,}5 \ - 3{,}208$
1.16 $78{,}25 - \ 435{,}75 - 75{,}005 + 433{,}5$

Multiplizieren

Im Ergebnis 3. Stelle rechts v. Komma runden.

1.17	$8450 \cdot 3{,}14$	**1.21**	$41{,}85 \cdot 0{,}785$
1.18	$6230 \cdot 3{,}14$	**1.22**	$78{,}94 \cdot 0{,}785$
1.19	$375{,}6 \cdot 0{,}523$	**1.23**	$0{,}236 \cdot 0{,}53$
1.20	$458{,}6 \cdot 0{,}523$	**1.24**	$0{,}019 \cdot 0{,}374$

Dividieren

Im Ergebnis 3. Stelle rechts v. Komma runden.

1.25	$7325 : 2{,}5$	**1.29**	$8{,}912 : 0{,}785$
1.26	$9230 : 2{,}5$	**1.30**	$7{,}321 : 0{,}785$
1.27	$450{,}5 : 3{,}14$	**1.31**	$0{,}516 : 2{,}34$
1.28	$750{,}5 : 3{,}14$	**1.32**	$5{,}782 : 0{,}329$

Punkt- und Strichrechnen in einer Aufgabe

Runden Sie bei Bedarf wie oben.

1.33 $532 - 32 \cdot 16 + 24 - 4 : 4$
1.34 $720 - 20 \cdot 10 + 10 - 5 : 5$
1.35 $7540 + 3250 - 40{,}75 \cdot 3{,}14$
1.36 $8475 + 4255 - 90{,}75 \cdot 3{,}14$
1.37 $40{,}35 \cdot 0{,}785 + 905{,}7 - 40{,}75$
1.38 $400{,}3 \cdot 0{,}785 + 310{,}8 - 525{,}5$
1.39 $310{,}875 : 3{,}14 + 901{,}25 - 340$
1.40 $817{,}45 : 3{,}14 + 190{,}25 - 210$

Klammeraufgaben (Runden Sie wie oben.)

1.41 $(532 - 32) \cdot 16 + (24 - 4) : 4$
1.42 $(720 - 20) \cdot 10 + (10 - 5) : 5$
1.43 $3210 + 350{,}5 + (72{,}35 + 4{,}825) \cdot 3{,}14$
1.44 $4720 + 557{,}8 + (68{,}75 + 5{,}785) \cdot 3{,}14$
1.45 $3210 + (350{,}5 + 72{,}35 + 4{,}825) \cdot 3{,}14$
1.46 $4720 + (557{,}8 + 68{,}75 + 5{,}785) \cdot 3{,}14$
1.47 $(3210 + 350{,}5 + 72{,}35 + 4{,}825) \cdot 3{,}14$
1.48 $(4720 + 557{,}8 + 68{,}75 + 5{,}785) \cdot 3{,}14$

Textaufgaben

1.49/50 In einer größeren Werkstatt wurden im 1. Vierteljahr die in der Tabelle angegebenen Teile hergestellt. Berechnen Sie:
a) die Zu- oder Abnahme von Monat zu Monat,
b) die Gesamtfertigung im 1. Vierteljahr
 1. in Stückzahlen,
 2. in DM, wenn das Stück 0,32 DM kostet.

Aufg.	Januar	Februar	März
1.49	32 420	36 290	33 600
1.50	23 630	24 785	22 875

1.51 Vergleichen Sie den Bundeshaushalt 1970 mit dem Bundeshaushalt 1978. Die Bundesrepublik Deutschland hatte 1970 59 Millionen Einwohner.

Beträge in Milliarden DM	Soll 1970	Soll 1978
Gesamter Bundeshaushalt	89,4	188,6
hiervon für		
Soziale Sicherung	18,8	67,0
Verkehrsministerium	10,2	13,1
Verteidigungsministerium	19,9	36,8

a) Berechnen Sie alle Differenzen.
b) Welche Restsummen standen 1970 und 1978 für nicht genannte Bundesaufgaben zur Verfügung?
c) Berechnen Sie für alle Posten 1970 den Jahresanteil je Einwohner der Bundesrepublik Deutschland.

1.52 Die Unfallstatistik 1976 brachte bei 62 Mill. Einw. nahezu 15 000 Tote auf der Straße. Auf wieviel Einwohner der Bundesrepublik Deutschland entfällt
a) jährlich 1 Verkehrstoter,
b) in 70 Jahren (Lebensdauer) 1 Verkehrstoter?

1.53/54 Berechnen Sie aus den Gesamtkosten eines Kraftwagens je Monat (Tabelle siehe unten):
a) die Jahreskosten in DM,
b) die Kosten je km in Pf,
c) die Zu- oder Abnahme der Kosten je km in Pf
 1. bezogen auf die Kosten für 20 000 km,
 2. bezogen auf die Kosten für 30 000 km Jahresfahrleistung.

Jahresfahrleistung in km	Gesamtkosten je Monat in DM	
	1.53	**1.54**
5 000	332	492
10 000	396	586
15 000	416	668
20 000	540	776
30 000	670	960
40 000	848	1 144
50 000	940	1 334

Arten von Brüchen

Gewöhnliche Brüche

Teilt man ein Ganzes in vier gleiche Teile, so ist jeder dieser Teile ein Viertel. Man schreibt:

$1 : 4$ oder $\dfrac{1}{4}$ oder $1/4$

$\dfrac{1}{4} = \dfrac{\text{Zähler } 1}{\text{Nenner } 4}$

Zähler 1 zählt die Teilstücke. Nenner 4 benennt die Aufteilung des Ganzen und gibt dem Bruch den Namen.

echte Brüche

$$\dfrac{1}{4} \qquad \dfrac{3}{4} \qquad \dfrac{7}{9} \qquad \dfrac{15}{17} \qquad \dfrac{31}{33}$$

Zähler kleiner als Nenner

gleichnamige Brüche

$$\dfrac{1}{7} \qquad \dfrac{2}{7} \qquad \dfrac{3}{7} \qquad \dfrac{4}{7} \qquad \dfrac{5}{7}$$

alle Nenner sind gleich

gemischte Zahlen

$$\dfrac{5}{4} = 5 : 4 = 1\dfrac{1}{4}$$

$$\dfrac{19}{10} = 19 : 10 = 1\dfrac{9}{10} \text{ oder } 1{,}9$$

ganze Zahl mit Bruch

unechte Brüche

$$\dfrac{5}{4} \qquad \dfrac{7}{5} \qquad \dfrac{19}{10} \qquad \dfrac{15}{11} \qquad \dfrac{33}{31}$$

Zähler größer als Nenner

ungleichnamige Brüche

$$\dfrac{1}{4} \qquad \dfrac{2}{5} \qquad \dfrac{5}{6} \qquad \dfrac{7}{8} \qquad \dfrac{9}{10}$$

die Nenner sind ungleich

Scheinbrüche

$$\dfrac{6}{6} = 1 \qquad$$ | Zähler = Nenner |

$$\dfrac{4}{1} = 4 \; ; \; \dfrac{12}{1} = 12$$

Zähler mit dem Nenner 1

Umrechnen von Brüchen

Erweitern von Brüchen zu neuen Nennern

① Dividieren Sie neuen Nenner durch gegebenen Nenner.

② Multiplizieren Sie Z und N mit dem Ergebnis nach ①.

$$\dfrac{3}{8} = \dfrac{?}{16} \; ; \qquad ① \quad 16 : 8 = 2$$

$$② \quad \dfrac{3 \cdot 2}{8 \cdot 2} = \dfrac{6}{16}$$

Erweitern von Dezimalzahlen

Dezimalzahlen im Zähler oder Nenner eines Bruches erweitert man vor dem Kürzen mit $\dfrac{10}{10}$; $\dfrac{100}{100}$ usw. zu ganzen Zahlen.

$$\dfrac{6}{0{,}03} = \dfrac{6 \cdot 100}{0{,}03 \cdot 100} = \dfrac{\overset{200}{\cancel{600}}}{\underset{1}{\cancel{3}}} = 200$$

Kürzen von Brüchen

Dividieren Sie Zähler und Nenner durch die gleiche Zahl. Erweitern Sie vorher Dezimalzahlen zu ganzen Zahlen.

$$\dfrac{8}{12} \text{ gekürzt durch } 4 = ?$$

$$\dfrac{8 : 4}{12 : 4} = \dfrac{2}{3} \text{ oder } \dfrac{\overset{2}{\cancel{8}}}{\underset{3}{\cancel{12}}} = \dfrac{2}{3}$$

Dezimalzahl in Bruch

Erweitern Sie Dezimalzahl zur ganzen Zahl durch Multiplizieren mit $\dfrac{10}{10}$; $\dfrac{100}{100}$; $\dfrac{1000}{1000}$ usw.

$$0{,}025 \cdot \dfrac{1000}{1000} = \dfrac{25}{1000}$$

Bruch in Dezimalzahl umrechnen

① Dividieren Sie den Zähler durch den Nenner.   Oder:

② Multiplizieren Sie den Zähler mit Tabellenwert TW für $\dfrac{1}{n}$.

$$\dfrac{22}{7} = 22 : 7 = 3{,}142857 \text{ oder } 22 \cdot TW \text{ für } \dfrac{1}{7} = 22 \cdot 0{,}1429 = 3{,}1438$$

$\dfrac{1}{2}$ ... $\dfrac{1}{10}$		$\dfrac{1}{11}$ ... $\dfrac{1}{20}$		$\dfrac{1}{21}$ ... $\dfrac{1}{30}$		$\dfrac{1}{31}$ ... $\dfrac{1}{40}$		$\dfrac{1}{41}$ ... $\dfrac{1}{50}$		$\dfrac{1}{51}$ ... $\dfrac{1}{60}$		$\dfrac{1}{61}$ ... $\dfrac{1}{70}$		$\dfrac{1}{71}$ ... $\dfrac{1}{80}$		$\dfrac{1}{81}$ ... $\dfrac{1}{90}$		$\dfrac{1}{91}$ ... $\dfrac{1}{100}$	
n	TW	n	TW	n	TW	n	TW	n	TW	n	TW	n	TW	n	TW	n	TW	n	TW
		11	0,0909	21	0,0476	31	0,0323	41	0,0244	51	0,0196	61	0,0164	71	0,0141	81	0,0123	91	0,0109
2	0,5000	12	0,0833	22	0,0455	32	0,0313	42	0,0238	52	0,0192	62	0,0161	72	0,0139	82	0,0122	92	0,0108
3	0,3333	13	0,0769	23	0,0435	33	0,0303	43	0,0233	53	0,0189	63	0,0159	73	0,0137	83	0,0120	93	0,0107
4	0,2500	14	0,0714	24	0,0417	34	0,0294	44	0,0227	54	0,0185	64	0,0156	74	0,0135	84	0,0119	94	0,0106
5	0,2000	15	0,0667	25	0,0400	35	0,0286	45	0,0222	55	0,0181	65	0,0154	75	0,0133	85	0,0118	95	0,0105
6	0,1667	16	0,0625	26	0,0385	36	0,0278	46	0,0217	56	0,0179	66	0,0152	76	0,0132	86	0,0116	96	0,0104
7	0,1429	17	0,0588	27	0,0370	37	0,0270	47	0,0213	57	0,0175	67	0,0149	77	0,0130	87	0,0115	97	0,0103
8	0,1250	18	0,0556	28	0,0357	38	0,0263	48	0,0208	58	0,0172	68	0,0147	78	0,0128	88	0,0114	98	0,0102
9	0,1111	19	0,0526	29	0,0345	39	0,0256	49	0,0204	59	0,0169	69	0,0145	79	0,0127	89	0,0112	99	0,0101
10	0,1000	20	0,0500	30	0,0333	40	0,0250	50	0,0200	60	0,0167	70	0,0143	80	0,0125	90	0,0111	100	0,0100

Rechnen Sie in unechte Brüche um.

2.1 $3\frac{1}{2}$; $4\frac{2}{3}$; $5\frac{3}{4}$ **2.2** $2\frac{3}{5}$; $2\frac{5}{6}$; $4\frac{3}{7}$

2.3 $7\frac{3}{5}$; $9\frac{5}{6}$; $8\frac{3}{10}$ **2.4** $5\frac{5}{8}$; $6\frac{3}{4}$; $9\frac{3}{7}$

2.5 $15\frac{3}{8}$; $13\frac{2}{9}$; $16\frac{1}{12}$ **2.6** $26\frac{2}{7}$; $70\frac{2}{3}$; $19\frac{5}{13}$

2.7 $22\frac{5}{9}$; $18\frac{7}{8}$; $42\frac{1}{3}$ **2.8** $43\frac{4}{5}$; $59\frac{1}{4}$; $21\frac{2}{9}$

2.9 $48\frac{19}{21}$; $37\frac{1}{17}$; $54\frac{13}{19}$ **2.10** $81\frac{23}{24}$; $98\frac{9}{11}$; $75\frac{12}{13}$

Rechnen Sie in ganze oder gemischte Zahlen um.

2.11 $\frac{6}{2}$; $\frac{23}{3}$; $\frac{15}{4}$ **2.12** $\frac{17}{5}$; $\frac{32}{6}$; $\frac{35}{4}$

2.13 $\frac{12}{5}$; $\frac{36}{7}$; $\frac{65}{8}$ **2.14** $\frac{11}{4}$; $\frac{19}{5}$; $\frac{26}{7}$

2.15 $\frac{125}{12}$; $\frac{172}{13}$; $\frac{150}{17}$ **2.16** $\frac{38}{5}$; $\frac{56}{13}$; $\frac{142}{11}$

2.17 $\frac{143}{19}$; $\frac{169}{13}$; $\frac{194}{18}$ **2.18** $\frac{212}{12}$; $\frac{119}{8}$; $\frac{224}{7}$

2.19 $\frac{245}{82}$; $\frac{321}{107}$; $\frac{361}{120}$ **2.20** $\frac{415}{83}$; $\frac{374}{125}$; $\frac{299}{37}$

Vervollständigen Sie die Brüche.

2.21 $\frac{5}{6}=\frac{?}{48}$; $\frac{7}{12}=\frac{?}{72}$ **2.22** $\frac{3}{5}=\frac{?}{20}$; $\frac{4}{7}=\frac{?}{35}$

2.23 $\frac{11}{13}=\frac{?}{91}$; $\frac{15}{16}=\frac{?}{48}$ **2.24** $\frac{9}{11}=\frac{?}{44}$; $\frac{5}{12}=\frac{?}{108}$

2.25 $\frac{3}{5}=\frac{15}{?}$; $\frac{1}{40}=\frac{30}{?}$ **2.26** $\frac{7}{8}=\frac{84}{?}$; $\frac{5}{6}=\frac{35}{?}$

2.27 $\frac{7}{9}=\frac{147}{?}$; $\frac{13}{14}=\frac{286}{?}$ **2.28** $\frac{5}{7}=\frac{45}{?}$; $\frac{11}{12}=\frac{143}{?}$

2.29 $\frac{9}{11}=\frac{81}{?}$; $\frac{16}{7}=\frac{128}{?}$ **2.30** $\frac{6}{19}=\frac{54}{?}$; $\frac{17}{23}=\frac{204}{?}$

Kürzen Sie die Brüche, wenn möglich.

2.31 $\frac{6}{12}$; $\frac{5}{15}$; $\frac{4}{16}$ **2.32** $\frac{6}{8}$; $\frac{8}{12}$; $\frac{9}{12}$

2.33 $\frac{12}{18}$; $\frac{24}{30}$; $\frac{48}{60}$ **2.34** $\frac{12}{15}$; $\frac{18}{24}$; $\frac{40}{60}$

2.35 $\frac{68}{72}$; $\frac{51}{93}$; $\frac{53}{91}$ **2.36** $\frac{22}{32}$; $\frac{56}{84}$; $\frac{91}{107}$

2.37 $\frac{156}{169}$; $\frac{54}{153}$; $\frac{222}{156}$ **2.38** $\frac{63}{119}$; $\frac{115}{253}$; $\frac{453}{372}$

2.39 $\frac{105}{145}$; $\frac{117}{243}$; $\frac{209}{361}$ **2.40** $\frac{96}{156}$; $\frac{154}{294}$; $\frac{561}{333}$

2.41 $\frac{273}{143}$; $\frac{354}{212}$; $\frac{506}{108}$ **2.42** $\frac{692}{71}$; $\frac{581}{83}$; $\frac{439}{112}$

Erweitern Sie die Dezimalzahlen zu ganzen Zahlen, kürzen Sie, wenn möglich, und rechnen Sie unechte Brüche in ganze oder gemischte Zahlen um.

2.43 $\frac{0,2}{4}$; $\frac{0,02}{5}$; $\frac{0,55}{11}$ **2.44** $\frac{0,4}{5}$; $\frac{0,04}{4}$; $\frac{0,7}{14}$

2.45 $\frac{0,6}{12}$; $\frac{2,5}{5}$; $\frac{10,25}{25}$ **2.46** $\frac{0,44}{11}$; $\frac{3,5}{5}$; $\frac{10,50}{25}$

2.47 $\frac{4}{0,2}$; $\frac{5}{0,02}$; $\frac{11}{0,55}$ **2.48** $\frac{5}{0,4}$; $\frac{5}{0,04}$; $\frac{14}{0,7}$

2.49 $\frac{12}{0,6}$; $\frac{5}{2,5}$; $\frac{20,5}{10,25}$ **2.50** $\frac{11}{0,25}$; $\frac{5,5}{3,5}$; $\frac{50}{12,5}$

2.51 $\frac{2,6}{3,9}$; $\frac{18}{0,3}$; $\frac{7,4}{12}$ **2.52** $\frac{15}{0,6}$; $\frac{34}{1,7}$; $\frac{91}{5,6}$

2.53 $\frac{0,03}{99}$; $\frac{0,21}{6,3}$; $\frac{15,4}{0,14}$ **2.54** $\frac{0,04}{84}$; $\frac{0,24}{9,6}$; $\frac{16,8}{0,24}$

2.55 $\frac{0,005}{0,45}$; $\frac{0,021}{16,8}$; $\frac{0,013}{1,82}$ **2.56** $\frac{0,006}{0,54}$; $\frac{0,023}{18,4}$; $\frac{0,017}{2,89}$

Rechnen Sie Dezimalzahlen in Brüche um, kürzen Sie, wenn möglich, und rechnen Sie unechte Brüche in ganze oder gemischte Zahlen um.

2.57 0,5; 0,8; 0,9   **2.58** 0,4; 0,6; 0,7

2.59 0,25; 0,75; 0,85   **2.60** 0,25; 0,45; 0,55

2.61 0,115; 0,125; 0,375   **2.62** 0,175; 0,215; 0,575

2.63 1,125; 2,625; 4,125   **2.64** 3,125; 2,375; 4,625

2.65 3,715; 5,825; 9,075   **2.66** 3,225; 7,475; 12,025

2.67 3,084; 15,168; 22,328   **2.68** 6,096; 17,232; 34,256

2.69 0,104; 0,075; 7,008   **2.70** 0,304; 0,048; 0,092

Rechnen Sie Brüche in Dezimalzahlen um.

2.71 $\frac{3}{4}$; $\frac{4}{5}$; $\frac{7}{8}$ **2.72** $\frac{3}{5}$; $\frac{5}{6}$; $\frac{5}{8}$

2.73 $\frac{9}{13}$; $\frac{7}{25}$; $\frac{8}{35}$ **2.74** $\frac{7}{13}$; $\frac{9}{25}$; $\frac{11}{35}$

2.75 $2\frac{1}{4}$; $4\frac{3}{7}$; $8\frac{2}{5}$ **2.76** $3\frac{1}{5}$; $5\frac{3}{7}$; $7\frac{1}{8}$

2.77 $6\frac{2}{23}$; $8\frac{12}{25}$; $7\frac{13}{36}$ **2.78** $8\frac{3}{23}$; $9\frac{13}{25}$; $10\frac{11}{36}$

2.79 $8\frac{9}{42}$; $7\frac{14}{56}$; $3\frac{21}{65}$ **2.80** $6\frac{7}{46}$; $9\frac{24}{72}$; $5\frac{23}{82}$

2.81 $\frac{49}{13}$; $\frac{112}{81}$; $\frac{54}{19}$ **2.82** $\frac{84}{17}$; $\frac{124}{51}$; $\frac{37}{14}$

2.83 $\frac{112}{232}$; $\frac{436}{528}$; $\frac{67}{201}$ **2.84** $\frac{116}{384}$; $\frac{312}{556}$; $\frac{43}{129}$

2.85 $\frac{7}{133}$; $\frac{841}{79}$; $3\frac{4}{89}$ **2.86** $\frac{9}{117}$; $\frac{547}{51}$; $2\frac{1}{34}$

3 Brüche: Addieren — Subtrahieren

Addieren und Subtrahieren von gleichnamigen Brüchen

Alle Glieder sind Brüche

① Ziehen Sie einen gemeinsamen Bruchstrich, und schreiben Sie den Nenner nur einmal.

② Addieren Sie oder subtrahieren Sie die Zähler. Der Nenner bleibt unverändert. (Beispiele 1 und 2)

Wenigstens ein Glied ist eine ganze oder gemischte Zahl

① Schreiben Sie gemischte Zahlen als ganze Zahlen mit Brüchen:

$$+4\frac{1}{2} = +4 + \frac{1}{2}; \quad -4\frac{1}{2} = -4 - \frac{1}{2}.$$

② Rechnen Sie zuerst die ganzen Zahlen aus, dann die Brüche nach den Beispielen 1 und 2. Kann man die Rechnung nicht durchführen, vermindern Sie das Teilergebnis um 1, und rechnen Sie die 1 in einen Scheinbruch mit dem gegebenen Nenner um.

③ Addieren Sie die Ergebnisse nach ②.

Beispiel 1: $\dfrac{4}{9} + \dfrac{5}{9} - \dfrac{2}{9} = ?$

$$\frac{4+5-2}{9} = \frac{9-2}{9} = \underline{\frac{7}{9}}$$

Beispiel 2: $\dfrac{11}{15} + \dfrac{7}{15} - \dfrac{8}{15} = ?$

$$\frac{11+7-8}{15} = \frac{10}{15} = \underline{\frac{2}{3}}$$

Beispiel 3: $3 + 4\dfrac{1}{5} + \dfrac{2}{5} - \dfrac{4}{5} = ?$

① $3 + 4 + \dfrac{1}{5} + \dfrac{2}{5} - \dfrac{4}{5} = ?$

② $3 + 4 = 7 = 6 + \dfrac{5}{5}$

$\dfrac{1}{5} + \dfrac{2}{5} - \dfrac{4}{5} + \dfrac{5}{5} = \dfrac{8-4}{5} = \dfrac{4}{5}$

③ $6 + \dfrac{4}{5} = 6\dfrac{4}{5}$

Addieren und Subtrahieren von ungleichnamigen Brüchen

Ungleichnamige Brüche muß man gleichnamig machen, d. h., man muß alle Brüche auf einen Hauptnenner erweitern. Der Hauptnenner ist der kleinste gemeinsame Nenner, der durch alle Nenner ohne Rest geteilt werden kann.

Oft kommt man schneller zur Lösung, wenn man alle Brüche in Dezimalzahlen umrechnet.

Eine Hilfe hierbei bietet die Tafel auf Seite 6 mit den Dezimalzahlen für die Brüche $\dfrac{1}{2} \cdots \dfrac{1}{100}$.

Den Hauptnenner kann man schriftlich ermitteln.

Beispiel 4: $\dfrac{3}{5} + \dfrac{7}{12} + \dfrac{8}{15} + \dfrac{5}{24} = ?$

① Dividieren Sie alle Nenner durch 2; 3; 5; 7; 9 usw.

5	12	15	24 : 2		5	3	15	3 : 3
5	6	15	12 : 2		5	1	5	1 : 5
5	3	15	6 : 2		1	1	1	1

② Multiplizieren Sie alle Divisoren aus ① zum Hauptnenner.

$$2 \cdot 2 \cdot 2 \cdot 3 \cdot 5 = \underline{120} = \text{Hauptnenner}$$

③ Dividieren Sie zur Probe den Hauptnenner nach ② durch alle Nenner ohne Rest.

$120 : 5 = 24;$ $\quad 120 : 15 = 8;$
$120 : 12 = 10;$ $\quad 120 : 24 = 5$

④ Erweitern Sie alle Brüche auf den Hauptnenner.

$\dfrac{3 \cdot 24}{5 \cdot 24} = \dfrac{72}{120};$ $\qquad \dfrac{8 \cdot 8}{15 \cdot 8} = \dfrac{64}{120};$

$\dfrac{7 \cdot 10}{12 \cdot 10} = \dfrac{70}{120};$ $\qquad \dfrac{5 \cdot 5}{24 \cdot 5} = \dfrac{25}{120}$

⑤ Rechnen Sie mit den gleichnamigen Brüchen wie in den Beispielen 1 ⋯ 3.

$$\frac{72}{120} + \frac{70}{120} + \frac{64}{120} + \frac{25}{120} = \frac{72+70+64+25}{120}$$

$$= \frac{231}{120} = 1\frac{111}{120} = 1\frac{37}{40} = \underline{1,925}$$

Lösen Sie die Aufgabe durch Umrechnen der Brüche in Dezimalbrüche.

$\dfrac{3}{5} = 3 \cdot TW_5 = 3 \cdot 0,2000 = 0,6000$

$\dfrac{7}{12} = 7 \cdot TW_{12} = 7 \cdot 0,0833 = 0,5831$

$\dfrac{8}{15} = 8 \cdot TW_{15} = 8 \cdot 0,0667 = 0,5336$

$\dfrac{5}{24} = 5 \cdot TW_{24} = 5 \cdot 0,0417 = 0,2085$

$\underline{1,9252}$

Addieren und Subtrahieren

3.1 $\frac{1}{2} + \frac{1}{3} + \frac{1}{4}$ **3.2** $\frac{1}{3} + \frac{1}{4} - \frac{1}{6}$ **3.21** $2\frac{2}{7} + 9\frac{5}{6} + 3\frac{1}{2} - 2\frac{1}{3}$ $= 13\frac{2}{7}$

3.3 $\frac{2}{3} + \frac{3}{4} - \frac{4}{5}$ **3.4** $\frac{1}{2} + \frac{1}{4} - \frac{1}{7}$ **3.22** $2\frac{5}{8} + 7\frac{1}{2} - 3\frac{17}{20} - 4\frac{4}{5}$ $= 1\frac{19}{40}$

3.5 $\frac{1}{4} + \frac{3}{5} - \frac{5}{6}$ **3.6** $\frac{2}{5} + \frac{5}{6} - \frac{3}{8}$ **3.23** $3\frac{37}{60} + 5\frac{11}{15} - 1\frac{13}{20} - 2\frac{7}{10}$ $= 5$

3.7 $4 + \frac{4}{5} - \frac{3}{20}$ **3.8** $4 + \frac{4}{9} - \frac{7}{12}$ **3.24** $4\frac{5}{12} + 5\frac{3}{5} - 6\frac{17}{30} - 1\frac{13}{15}$ $= 1\frac{7}{12}$

3.9 $\frac{1}{4} - \frac{5}{6} + 13$ **3.10** $6 - \frac{11}{15} + \frac{3}{25}$ **3.25** $4,2 + 9\frac{3}{5} + 6\frac{3}{4} - 9,5$ $= 11\frac{1}{20}$

3.11 $3 - \frac{1}{6} - \frac{1}{15}$ **3.12** $3 - \frac{3}{5} - \frac{7}{12}$ **3.26** $3,6 + 8\frac{2}{5} + 7\frac{3}{7} + 20,3$ $= 39\frac{51}{70}$

3.13 $3\frac{1}{3} + 3 - \frac{5}{6}$ **3.14** $3\frac{7}{15} - \frac{2}{5} - \frac{11}{12}$ **3.27** $7,5 + 13\frac{3}{7} + 9\frac{5}{6} - 13,7$ $= \ldots$

3.15 $4\frac{3}{5} - 3\frac{1}{3} + 2$ **3.16** $7\frac{2}{5} - 4\frac{2}{3} + 3$ **3.28** $8,3 - 9\frac{2}{9} + 2\frac{5}{13} - 0,75$ $= \ldots$

3.17 $8\frac{3}{11} - 4\frac{5}{7} + 5$ **3.18** $10\frac{5}{11} - 5\frac{4}{7} + 8$ **3.29** $4,25 + 11\frac{4}{5} - 16,3 + 4$ $= 3\frac{3}{4}$

3.19 $7\frac{4}{9} - 3\frac{1}{4} + 3$ **3.20** $15\frac{3}{5} - 4\frac{1}{8} + 7$ **3.30** $12,15 + 3\frac{1}{8} - 1,25 + 0,75$ $= \frac{31}{40}$

Klammeraufgaben (s. Tafel 1)

3.31 $6\frac{2}{3} - \left(4\frac{1}{8} + \frac{5}{6} - 2\frac{1}{4}\right) + 9\frac{4}{5} + 3\frac{1}{3}$ **3.32** $4\frac{1}{2} + 3\frac{1}{6} - \left(7\frac{3}{8} + 2\frac{4}{5} - 5\frac{5}{12}\right) - 1\frac{3}{16}$

3.33 $24\frac{1}{5} - \left(8\frac{1}{2} + 3\frac{1}{4} - 4\frac{1}{5}\right) + 5\frac{1}{20} - 2\frac{3}{4}$ **3.34** $18\frac{1}{3} - \left(5\frac{1}{3} - 2\frac{1}{15} + 7\frac{1}{3}\right) + 9\frac{7}{15} - 2\frac{2}{3}$

3.35 $4,75 + 2\frac{3}{16} - \left(0,95 + 7,55 - 3\frac{7}{20}\right) + 8\frac{1}{8}$ **3.36** $18,6 - 9\frac{4}{15} - \left(2,75 + 3,45 - 1\frac{7}{20}\right) + 2,25$

3.37 $29,5 + 17\frac{1}{4} - \left(8,4 - 2\frac{2}{9} - 3,2\right) + 16\frac{1}{2}$ **3.38** $112,6 - 9,25 - \left(34,2 - 4\frac{1}{2} - 9\frac{3}{4}\right) - 4\frac{3}{16}$ $= 79\frac{17}{80}$

3.39 $25,85 - 7\frac{5}{12} - \left(6\frac{1}{3} + 4,6 - 2\frac{4}{5}\right) + 11\frac{1}{9}$ $= 21\frac{37}{90}$ **3.40** $37,65 - 12\frac{3}{16} - \left(8\frac{5}{12} + 5,6 - 3\frac{3}{8}\right) + 14,125$ $=$

3.41 $64,25 - \left(8\frac{1}{4} + 3\frac{1}{8}\right) - \left(3,4 - 1\frac{1}{2}\right) + 6,3$ $=$ **3.42** $82,75 - \left(4\frac{2}{9} + 3\frac{5}{12}\right) - \left(5,4 - 2\frac{1}{5}\right) - 1\frac{1}{15}$ $=$

3.43/44 Ein Autorennen geht über 36 Runden. Nach 5 Runden ist $^1/_{12}$ ($^1/_8$) der gestarteten Teilnehmer ausgefallen, nach 12 Runden nochmals $^1/_5$ ($^1/_6$) und nach 20 Runden zusätzlich $^1/_3$ ($^1/_3$). 23 (18) erreichen das Ziel.
a) Wie viele Teilnehmer waren am Start?
b) Wie viele fielen aus nach 5, 12, 20 Runden?

3.45/46 Eine Jugendgruppe macht eine 120 (150) km lange Wanderung durch den Schwarzwald. Am 1. und 2. Tag legt sie je $^1/_4$ ($^1/_5$), am 3. Tag $^1/_5$ ($^1/_4$), am 4. Tag $^1/_6$ ($^1/_6$) und am 5. Tag den Rest des Weges zurück. Berechnen Sie die Tagesstrecken in km.

3.47/48 Der gemeinsame Lohn eines Gesellen, eines Baufachwerkers und eines Auszubildenden beträgt 840,00 (910,00) DM. Der Geselle erhält $^3/_7$, der Baufachwerker $^2/_5$ und der Auszubildende den Rest.
a) Berechnen Sie den Anteil des Auszubildenden.
b) Berechnen Sie die Einzelbeträge in DM.

3.49/50 Ein Pkw verbraucht im Durchschnitt 11,2 l Benzin auf 100 km. Auf einer 360 (450) km langen Fahrt werden bei 225 (280) km Autobahnfahrt $^7/_8$ ($^8/_9$) des Durchschnittes und auf 45 (75) km Bergstrecke $1^1/_4$ ($1^1/_5$) des Durchschnittes verbraucht. Auf der Reststrecke wird genau die Durchschnittsmenge verbraucht. Berechnen Sie den Gesamtverbrauch.

3.51/52 Vier Freunde, A, B, C und D gewinnen im Lotto gemeinsam 85 000,00 (102 000,00) DM. Am Einsatz ist A zu $^1/_4$, B zu $^2/_5$, C zu $^1/_6$ und D mit dem Rest beteiligt. Wieviel bekommt jeder vom Gewinn?

3.53/54 Auf einer Wanderfahrt wird zwei Jungen das Geld knapp. Sie beraten: „Wenn wir heute $^1/_4$ unseres Geldes, morgen von dem Rest $^1/_3$ und übermorgen wiederum die Hälfte verbrauchen, bleiben uns zum Schluß noch 24,00 (30,00) DM. Wie groß ist ihr Kassenbestand?

4 Brüche: Multiplizieren, Dividieren, Doppelbrüche

Multiplizieren von Brüchen

Alle Faktoren sind Brüche
① Gemeinsamen Bruchstrich schreiben u. kürzen.
② Multiplizieren Sie Zähler mit Zähler und Nenner mit Nenner.

Beispiel 1:

$$\frac{8}{9} \cdot \frac{5}{6} \cdot \frac{11}{5} = ? \qquad \frac{\overset{4}{\cancel{8}} \cdot \overset{1}{\cancel{5}} \cdot 11}{9 \cdot \underset{3}{\cancel{6}} \cdot \underset{1}{\cancel{5}}} = \frac{44}{27} = 1\frac{17}{27}$$

Wenigstens ein Faktor ist eine ganze Zahl
① Ganze Zahlen in Scheinbrüche umrechnen.
② Rechnen Sie dann wie im Beispiel 1.

Beispiel 2:

$$4 \cdot \frac{3}{5} \cdot \frac{7}{8} = ? \qquad 4 = \frac{4}{1}; \quad \frac{\overset{1}{\cancel{4}} \cdot 3 \cdot 7}{1 \cdot 5 \cdot \underset{2}{\cancel{8}}} = \frac{21}{10} = 2\frac{1}{10} = 2,1$$

Wenigstens ein Faktor ist eine gemischte Zahl
① Rechnen Sie gemischte Zahlen in unechte Brüche um.
② Rechnen Sie dann wie im Beispiel 1.

Beispiel 3:

$$2\frac{2}{3} \cdot 4\frac{1}{4} = ?; \quad 2\frac{2}{3} = \frac{8}{3}; \quad 4\frac{1}{4} = \frac{17}{4}; \quad \frac{\overset{2}{\cancel{8}} \cdot 17}{3 \cdot \underset{1}{\cancel{4}}} = \frac{34}{3} = 11\frac{1}{3}$$

Wenigstens ein Faktor ist eine Dezimalzahl
① Rechnen Sie Dezimalzahl in einen Bruch um.
② Rechnen Sie dann wie im Beispiel 1.

Beispiel 4:

$$6,25 \cdot \frac{4}{5} = ? \qquad 6,25 = \frac{625}{100}; \quad \frac{\overset{125}{\cancel{625}} \cdot 4}{100 \cdot \underset{1}{\cancel{5}}} = \frac{500}{100} = 5$$

Dividieren von Brüchen

Dividend und Divisor sind Brüche
① 2. Bruch umkehren. Zähler wird Nenner, Nenner wird Zähler, das ist der Kehrwert KW.
② Multiplizieren Sie den 1. Bruch mit dem Kehrwert des 2. Bruches wie im Beispiel 1.

Beispiel 5:

$$\frac{3}{4} : \frac{5}{6} = ? \qquad KW \text{ von } \frac{5}{6} \text{ ist } \frac{6}{5}; \quad \frac{3 \cdot \overset{3}{\cancel{6}}}{\underset{2}{\cancel{4}} \cdot 5} = \frac{9}{10} = 0,9$$

Dividend oder Divisor ist eine ganze Zahl
① Ganze Zahlen in Scheinbrüche umrechnen.
② Rechnen Sie dann wie im Beispiel 5.

Beispiel 6: $5 : \frac{2}{7} = ? \quad 5 = \frac{5}{1}; \quad KW \text{ ist } \frac{7}{2}$

$$\frac{5 \cdot 7}{1 \cdot 2} = \frac{35}{2} = 17\frac{1}{2}$$

Dividend oder Divisor ist eine gemischte Zahl
① Rechnen Sie gemischte Zahl in einen unechten Bruch um.
② Rechnen Sie dann wie im Beispiel 5.

Beispiel 7:

$$3\frac{2}{5} : \frac{4}{5} = ? \quad 3\frac{2}{5} = \frac{17}{5}; \quad KW \text{ ist } \frac{5}{4}; \quad \frac{17 \cdot \overset{1}{\cancel{5}}}{\underset{1}{\cancel{5}} \cdot 4} = \frac{17}{4} = 4\frac{1}{4}$$

Dividend oder Divisor ist eine Dezimalzahl
① Rechnen Sie Dezimalzahl in einen Bruch um.
② Rechnen Sie dann wie im Beispiel 5.

Beispiel 8: $1,25 : \frac{4}{5} = ? \quad 1,25 = \frac{125}{100}; \quad KW \text{ ist } \frac{5}{4}$

$$\frac{125 \cdot \overset{1}{\cancel{5}}}{\underset{20}{\cancel{100}} \cdot 4} = \frac{125}{80} = 1\frac{45}{80} = 1\frac{9}{16}$$

Das Rechnen mit Doppelbrüchen
① Ersetzen Sie den mittleren Bruchstrich durch das Divisionszeichen (:).
② Rechnen Sie dann wie in den Beispielen 5 ··· 8.

Beispiel 9:

$$\frac{\frac{1}{4}}{\frac{1}{6}} = ?$$

$$\frac{1}{4} : \frac{1}{6}; \quad KW \text{ ist } \frac{6}{1}$$

$$\frac{1 \cdot \overset{3}{\cancel{6}}}{\underset{2}{\cancel{4}} \cdot 1} = \frac{3}{2} = 1\frac{1}{2}$$

Beispiel 10:

$$\frac{4}{\frac{1}{4}} = ? \quad 4 = \frac{4}{1}$$

$$\frac{4}{1} : \frac{1}{4}; \quad KW \text{ ist } \frac{4}{1}$$

$$\frac{4 \cdot 4}{1 \cdot 1} = \frac{16}{1} = 16$$

Beispiel 11:

$$\frac{1\frac{1}{4}}{\frac{1}{4}} = ? \quad 1\frac{1}{4} = \frac{5}{4}$$

$$\frac{5}{4} : \frac{1}{4}; \quad KW \text{ ist } \frac{4}{1}$$

$$\frac{5 \cdot \overset{1}{\cancel{4}}}{\underset{1}{\cancel{4}} \cdot 1} = \frac{5}{1} = 5$$

Beispiel 12:

$$\frac{6,25}{\frac{1}{4}} = ? \quad 6,25 = \frac{625}{100}$$

$$\frac{625}{100} : \frac{1}{4}; \quad KW \text{ ist } \frac{4}{1}$$

$$\frac{625 \cdot 4}{100 \cdot 1} = \frac{2500}{100} = 25$$

10

Multiplizieren und Dividieren

4.1 $\dfrac{12}{7} \cdot \dfrac{21}{36} \cdot \dfrac{2}{5}$ **4.2** $\dfrac{3}{10} \cdot \dfrac{5}{12} \cdot \dfrac{3}{8}$ **4.17** $\dfrac{4}{5} : \dfrac{4}{7}$ **4.18** $\dfrac{6}{7} : \dfrac{3}{8}$

4.3 $\dfrac{6}{7} \cdot \dfrac{5}{14} \cdot \dfrac{7}{12}$ **4.4** $\dfrac{1}{3} \cdot \dfrac{6}{11} \cdot \dfrac{4}{5}$ **4.19** $\dfrac{25}{26} : \dfrac{5}{13}$ **4.20** $\dfrac{2}{3} : \dfrac{5}{6}$

4.5 $2 \cdot \dfrac{4}{5} \cdot \dfrac{7}{8}$ **4.6** $3 \cdot \dfrac{5}{6} \cdot \dfrac{4}{9}$ **4.21** $5 : \dfrac{2}{5}$ **4.22** $\dfrac{2}{3} : \dfrac{5}{7}$

4.7 $12 \cdot \dfrac{4}{5} \cdot \dfrac{5}{7}$ **4.8** $14 \cdot \dfrac{5}{7} \cdot \dfrac{8}{15}$ **4.23** $\dfrac{3}{7} : 6$ **4.24** $\dfrac{6}{11} : 9$

4.9 $3\dfrac{1}{3} \cdot 4\dfrac{1}{5} \cdot 2$ **4.10** $5\dfrac{3}{5} \cdot 4\dfrac{2}{7} \cdot 3$ **4.25** $10\dfrac{5}{6} : 2\dfrac{3}{5}$ **4.26** $5\dfrac{1}{6} : 2\dfrac{1}{2}$

4.11 $6\dfrac{3}{4} \cdot 9\dfrac{7}{9} \cdot 8\dfrac{1}{4}$ **4.12** $9\dfrac{3}{7} \cdot 4\dfrac{5}{11} \cdot 2\dfrac{1}{3}$ **4.27** $9\dfrac{3}{7} : 6$ **4.28** $5\dfrac{5}{6} : 1\dfrac{2}{5}$

4.13 $4,8 \cdot 7\dfrac{1}{8} \cdot 5\dfrac{2}{5}$ **4.14** $5,6 \cdot 4\dfrac{3}{8} \cdot 5\dfrac{3}{5}$ **4.29** $28,8 : 3\dfrac{1}{5}$ **4.30** $14,28 : 4\dfrac{1}{5}$

4.15 $2,55 \cdot 9,24 \cdot 14\dfrac{3}{5}$ **4.16** $3,33 \cdot 7,36 \cdot 8\dfrac{3}{4}$ **4.31** $75,25 : 10\dfrac{3}{4}$ **4.32** $84 : 5\dfrac{1}{4}$

Rechnen mit Doppelbrüchen

Beachten Sie: Rechnen Sie vor dem Kürzen erst den Zähler, dann den Nenner aus.
Berechnen Sie zuerst die Klammerwerte! Punktrechnung geht vor Strichrechnung (siehe Tafel 1).

4.33 $\dfrac{\frac{1}{3}}{\frac{1}{6}}; \dfrac{\frac{3}{4}}{\frac{7}{8}}; \dfrac{\frac{2}{3}}{\frac{5}{6}}$ **4.34** $\dfrac{\frac{1}{4}}{\frac{3}{8}}; \dfrac{\frac{5}{6}}{\frac{7}{12}}; \dfrac{\frac{9}{11}}{\frac{3}{17}}$ **4.39** $\dfrac{0,3 + \frac{1}{4} \cdot 0,4}{\frac{2}{5}}$ **4.40** $\dfrac{2 \cdot 0,8 + 3 \cdot \frac{2}{3}}{3\frac{1}{5}}$

4.35 $\dfrac{\frac{5}{5}}{\frac{5}{9}}; \dfrac{\frac{5}{12}}{\frac{5}{35}}; \dfrac{3\frac{1}{3}}{\frac{5}{25}}$ **4.36** $\dfrac{\frac{7}{7}}{\frac{7}{9}}; \dfrac{\frac{3}{7}}{\frac{5}{36}}; \dfrac{4\frac{4}{7}}{\frac{5}{16}}$ **4.41** $\dfrac{3\left(3\frac{1}{3} - 2,15\right)}{2,4 + \frac{3}{4}}$ **4.42** $\dfrac{5\left(7\frac{2}{5} - 6,05\right)}{6 + \frac{3}{4}}$

4.37 $\dfrac{9\frac{1}{5}}{2\frac{2}{5}}; \dfrac{15\frac{5}{7}}{18\frac{1}{3}}$ **4.38** $\dfrac{8\frac{4}{5}}{2\frac{3}{4}}; \dfrac{9\frac{7}{12}}{4\frac{2}{7}}$ **4.43** $\dfrac{3\frac{4}{5} \cdot 2,75 - 2\frac{3}{4} \cdot 3}{4\frac{1}{5} - 3\frac{1}{10}}$ **4.44** $\dfrac{\frac{1}{4} \cdot 3,75 - \frac{2}{5} \cdot 2,5}{\frac{5}{7} - \frac{4}{21}}$

Textaufgaben

4.45/46 A, B und C bekommen für eine gemeinsame Arbeit 260 (340) DM. A soll $^2/_5$; B $^1/_4$ und C den Restbetrag erhalten.
a) Wie groß ist der Bruchteil für C?
b) Berechnen Sie die Beträge in DM für A, B und C.

4.47/48 Ein Faltboot kostet 627 (948) DM. A bezahlt $^1/_3$; B $^1/_4$; C $^1/_5$ und D den Restbetrag.
a) Wie groß ist der Bruchteil für D?
b) Berechnen Sie die Anteile für A bis D in DM.

4.49/50 100 Liter Bohröl sollen in Kanister gefüllt werden. Zuerst werden 15 (20) Kanister mit 0,7 Liter Inhalt gefüllt. Für den Rest stehen $^3/_4$-Liter-Kanister zur Verfügung.
a) Wieviel $^3/_4$-Liter-Kanister werden gebraucht?
b) Wieviel Liter bleiben für den letzten Kanister?

4.51/52 Drei Jungen kaufen ein Zelt zu 465 (540) DM. A zahlt $^1/_3$, B $^3/_5$ und C den Rest. Errechnen Sie die einzelnen Beträge in DM.

4.53/54 Eine Fräsmaschine kostet 20 000 (24 000) DM. $^1/_4$ des Kaufpreises wird in Bargeld bezahlt, $^3/_5$ werden überwiesen. Den Rest zahlt der Käufer 3 Monate später. Berechnen Sie:
a) die Höhe des Bargeldbetrags in DM,
b) den überwiesenen Betrag in DM,
c) den Restbetrag in DM.

4.55/56 Eine Erbschaft von 1890 (2730) DM soll so aufgeteilt werden, daß A = $^1/_7$; B = $^1/_6$; C = $^1/_5$; D = $^1/_4$ und E den Rest erhält.
a) Wie groß ist der Bruchteil für E?
b) Berechnen Sie die Erbanteile für A bis E in DM.

5 Dreisatzrechnen

Der einfache Dreisatz

Jede einfache Dreisatzaufgabe enthält drei Zahlenangaben, aus denen man die Antwort berechnen kann. Hierzu benötigt man „drei Sätze", die der Rechnung ihren Namen geben:

① **den Behauptungssatz,** der aussagt, was bekannt ist,
② **den Mittelsatz,** der von der Mehrheit auf die Einheit schließt,
③ **den Schlußsatz,** der von der Einheit auf die neue Mehrheit schließt.

Bei der Dreisatzrechnung unterscheidet man gerade und umgekehrte Verhältnisse.

Bei geraden Verhältnissen nehmen beide Zahlenangaben des Behauptungssatzes gleichzeitig entweder zu oder ab.

Bei umgekehrten Verhältnissen nimmt eine Zahlenangabe des Behauptungssatzes zu, während die andere abnimmt.

Je mehr, desto mehr; je weniger, desto weniger!
Zunahme
Stahlmenge in kg   100 200 300 400 500
Stahlpreis in DM   105 210 315 420 525
Zunahme

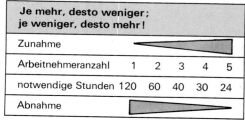

Je mehr, desto weniger; je weniger, desto mehr!
Zunahme
Arbeitnehmeranzahl   1   2   3   4   5
notwendige Stunden 120   60   40   30   24
Abnahme

Merke: Dividieren Sie bei geraden Verhältnissen im Mittelsatz ②, und multiplizieren Sie im Schlußsatz ③.

Beispiel 1: Wieviel DM kosten 40 kg Stahl, wenn 100 kg 105,00 DM kosten?

Fragesatz: 40 kg kosten ? DM

① Behauptungssatz:
      100 kg kosten 105 DM
② Mittelsatz:
      1 kg kostet $\dfrac{105 \text{ DM}}{100}$
③ Schlußsatz:
      40 kg kosten $\dfrac{105 \text{ DM} \cdot 40}{100} = 42{,}00 \text{ DM}$

40 kg Stahl kosten 42,00 DM

Merke: Multiplizieren Sie bei umgekehrten Verhältnissen im Mittelsatz ②, und dividieren Sie im Schlußsatz ③.

Beispiel 2: In welcher Zeit schaffen 4 Arbeitnehmer eine Arbeit, wenn 10 Arbeitn. 12 Std. brauchen?

Fragesatz: 4 Arbeitn. brauchen ? Std.

① Behauptungssatz:
            10 Arbeitn. brauchen 12 Std.
② Mittelsatz: 1 Arbeitn. braucht 12 Std. · 10
③ Schlußsatz: 4 Arbeitn. brauchen
            $\dfrac{12 \text{ Std.} \cdot 10}{4} = 30 \text{ Std.}$

4 Arbeitnehmer brauchen 30 Stunden

Der zusammengesetzte Dreisatz

Bei zusammengesetzten Dreisatzaufgaben sind mehr als drei Zahlenangaben gegeben. Zu ihrer Lösung braucht man wenigstens zwei Schlußsätze.

Beispiel: Wieviel DM verdienen 2 Arbeitnehmer in 40 Std., wenn 1 Arbeitnehmer in 8 Std. 102,40 DM verdient?

	Fragesatz:	2 Arbeitnehmer verdienen	in 40 Stunden	? DM
①	Behauptungssatz:	1 Arbeitnehmer verdient	in 8 Stunden	102,40 DM
②	Mittelsatz:	1 Arbeitnehmer verdient	in 1 Stunde	$\dfrac{102{,}40 \text{ DM}}{8}$
③	1. Schlußsatz:	1 Arbeitnehmer verdient	in 40 Stunden	$\dfrac{102{,}40 \text{ DM} \cdot 40}{8}$
	2. Schlußsatz:	2 Arbeitnehmer verdienen	in 40 Stunden	$\dfrac{102{,}40 \text{ DM} \cdot 40 \cdot 2}{8} = 1024{,}00 \text{ DM}$

2 Arbeitnehmer verdienen   in 40 Stunden   1024,00 DM

Einfacher Dreisatz mit geradem Verhältnis (direkte Proportionalität)

5.1 Ein junger Facharbeiter verdient in 40 Stunden 152,00 DM. Wieviel DM bekommt er für 178 Stunden?

5.2 In 176 Stunden verdient ein Geselle 2305,60 DM. Wieviel DM erhält er für 42 Stunden?

5.3 144 Schrauben (1 Gros) kosten 34,56 DM. Wie teuer sind 28 Stück?

5.4 8 kg Äpfel wurden für 20,64 DM verkauft. Wieviel DM kosten 25 kg?

5.5 Wieviel kg Zinn braucht man für 27,5 kg Kupfer-Zinn-Legierung (Bronze), wenn in 40 kg Bronze 5,6 kg Zinn enthalten sind?

5.6 100 kg CuZn39Pb2 (Messing) enthalten 58 kg Kupfer. Wieviel kg Kupfer sind in 32 kg CuZn39Pb2 enthalten?

5.7 Aus wieviel Ziegelsteinen besteht ein Sockel von 0,55 Kubikmeter (m³) Volumen, wenn 400 Ziegel auf 1 m³ gehen?

5.8 Wieviel Liter (*l*) Zementmörtel kann man mit 1 Sack je 50 kg Zement herstellen, wenn auf 65 *l* Mörtel $^1/_3$ Sack Zement entfallen soll?

5.9 Ein Lkw braucht auf 100 km 12,8 *l* Kraftstoff. Welche Strecke kann er mit einer Tankfüllung von 55 *l* zurücklegen?

5.10 Ein Pkw brauchte für 355 km 34 *l* Kraftstoff. Berechnen Sie den Verbrauch für 100 km.

5.11 Ein Pkw legt 27 km in 18 Minuten zurück. Wieviel km fährt er in einer Stunde?

5.12 Für eine 12 km lange Bergstrecke brauchte ein Lkw 28 Minuten. Welche Zeit erfordert die nächste 7,8 km lange Bergstrecke gleicher Steigung?

5.13 Ein Geselle fertigt in 23 Stunden 5 gleiche Werkstücke. Wieviel Lohn entfällt auf ein Stück bei einem Lohn von 10,60 DM je Stunde?

5.14 Ein Auftrag wurde auf 48 Stunden geschätzt und mit 1536,00 DM berechnet.
a) Die Arbeit dauert 16 Stunden länger. Berechnen Sie die Mehrkosten in DM.
b) Die Arbeit wurde in 45 Stunden erledigt. Berechnen Sie den Gewinn in DM.

Einfacher Dreisatz mit umgekehrtem Verhältnis (indirekte Proportionalität)

5.15 5 Arbeitnehmer säubern einen Platz in 15 Stunden. Wieviel Stunden brauchen 3 Arbeitnehmer?

5.16 3 Tiefbauarbeiter schachten einen Rohrgraben in 30 Stunden aus. Welche Zeit benötigen 5 Tiefbauarbeiter?

5.17 Für eine Gartenhecke sollen 49 Fichten mit 50 cm Abstand gepflanzt werden. Wie groß wird der Abstand bei 33 Fichten?

5.18 Eine 8stufige Treppe hat eine Stufenhöhe von 16 cm.
a) Berechnen Sie die Gesamthöhe der Treppe in cm.
b) Sie soll durch eine Treppe mit 7 Stufen ersetzt werden. Berechnen Sie die neue Stufenhöhe.

5.19 Ein Nachtschnellzug brauchte bisher bei einer Geschwindigkeit von 72 km/h 9 Stunden Fahrzeit. Um wieviel verkürzt sich die Fahrzeit, wenn der Zug um 10 km/h schneller wird?

5.20 Um wieviel ändert sich die Flugzeit, wenn eine Strecke, die bisher mit 480 km je Stunde in 165 Minuten durchflogen wurde, jetzt mit 720 km/h betrieben wird?

5.21 Ein Fußboden mit 30 Stück 18 cm breiten Dielen soll mit 12 cm breiten Dielen neu belegt werden. Wieviel neue Dielen sind nötig?

5.22 Für einen Zaun sind bei 8 Feldern 9 Pfosten im Mittenabstand von 2,55 m vorgesehen. Wie groß ist der Pfostenabstand bei 12 Feldern (13 Pfosten)?

Zusammengesetzter Dreisatz

5.23 Zwei Wasserpumpen fördern in 24 Std. 4800 *l*. Wieviel Liter fördern 5 Pumpen in 10 Stunden?

5.24 Zwei Großwaschmaschinen liefern je Stunde 160 kg Naßwäsche. Wieviel kg liefern 5 Maschinen in 3 Stunden?

5.25 Vier Lastkraftwagen fahren in 10 Stunden 240 t Boden ab. Wieviel Tonnen befördern
a) 3 Wagen in 8 Stunden,
b) 7 Wagen in 7½ Stunden,
c) 5 Wagen in 9½ Stunden?

5.26 Drei Facharbeiter stellen in 12 Tagen 21 gleiche Werkstücke her. Wie viele Werkstücke fertigen 4 Facharbeiter in 6 Tagen an?

5.27 Vier Hochöfen erzeugen in 24 Stunden 15936 Tonnen Roheisen. Berechnen Sie die Erzeugung von 3 Öfen in 8 Stunden.

5.28 Zu einer 7tägigen Bootsfahrt wurden für 5 Teilnehmer 100 *l* Süßwasser an Bord genommen. Wieviel Liter wären
a) für 6 Personen in 8 Tagen,
b) für 8 Personen in 10 Tagen nötig?

6 Prozentrechnen — Zinsrechnen

Prozentrechnen mit dem reinen Grundwert g ($g \triangleq 100\%$)

$\frac{1}{100}$ eines Wertes nennt man 1 Prozent (Kurzzeichen %); $\frac{1}{1000} = 1$ Promille (Kurzzeichen $^o/_{oo}$)

In der Prozentrechnung kommen 3 Größen vor:

Grundwert g

ist der Wert, auf den man sich beim Prozentrechnen bezieht (Einheiten beachten).

$$\boxed{\text{Grundwert } g = \frac{w \cdot 100}{p}}$$

Beispiel 1:

42 kg sind 7 % von ? kg?

$g = \frac{w \cdot 100}{p} = \frac{42 \, \text{kg} \cdot 100}{7} = 600 \, \text{kg}$

42 kg sind 7 % von 600 kg

Prozentsatz p

gibt die Anzahl der Hundertstel, der Promillesatz die Anzahl der Tausendstel an.

$$\boxed{\text{Prozentsatz } p = \frac{w \cdot 100}{g}}$$

Beispiel 2:

? % sind 42 kg von 600 kg?

$p = \frac{w \cdot 100}{g} = \frac{42 \, \text{kg} \cdot 100}{600 \, \text{kg}} = 7$

42 kg von 600 kg sind 7 %

Prozentwert w

ist der Teil des Grundwertes, der dem Prozentsatz entspricht (Einheit wie Grundwert g).

$$\boxed{\text{Prozentwert } w = \frac{g \cdot p}{100}}$$

Beispiel 3:

? kg sind 7 % von 600 kg?

$w = \frac{g \cdot p}{100} = \frac{600 \, \text{kg} \cdot 7}{100} = 42 \, \text{kg}$

7 % von 600 kg sind 42 kg

Prozentrechnen mit dem verminderten oder dem vermehrten Grundwert

Verminderter Grundwert g vermindert

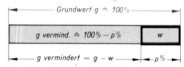

$$\boxed{\text{Grundwert } g = \frac{g \text{ vermindert} \cdot 100}{(100 - p)}}$$

Beispiel 4:

Bei einem Abzug von 15 % wurden 204 DM ausbezahlt. Berechnen Sie den Bruttoverdienst in DM.

$100\% - 15\% = 85\% \triangleq 204 \, \text{DM}$

$100\% \triangleq \frac{204 \, \text{DM} \cdot 100}{85} = \underline{240 \, \text{DM}}$

Vermehrter Grundwert g vermehrt

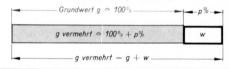

$$\boxed{\text{Grundwert } g = \frac{g \text{ vermehrt} \cdot 100}{(100 + p)}}$$

Beispiel 5:

Nach einer Erhöhung von 12 % betrug der Stundenlohn 9,90 DM. Berechnen Sie den Stundenlohn vor der Erhöhung.

$100\% + 12\% = 112\% \triangleq 9,90 \, \text{DM}$

$100\% \triangleq \frac{9,90 \, \text{DM} \cdot 100}{112} = \underline{8,84 \, \text{DM}}$

Zinsrechnen

Zinsen sind der Ertrag eines Kapitals. Man berechnet sie vom vollen DM-Betrag für Jahre, Monate oder Tage. Der Jahresprozentsatz heißt Zinssatz p. 1 Zinsjahr = 360 Tage, 1 Zinsmonat = 30 Tage. Zinsaufgaben können mit dem Dreisatz gelöst werden.

Beispiel: Wieviel Zinsen bringen 250 DM zu 4 % in 8 Monaten?

Lösung:
250 DM zu 4 % bringen in 1 Jahr   2,50 DM · 4
250 DM zu 4 % bringen in 1 Monat   2,50 DM · 4 : 12
250 DM zu 4 % bringen in 8 Monaten   (2,50 DM · 4 : 12) · 8 = $\underline{6,67 \, \text{DM}}$

Einfacher ist es, mit einer Zinsformel zu rechnen (z = Zinsen, k = Kapital, p = Zinssatz):

für Jahre	$z = \dfrac{k \cdot p \cdot \text{Jahre}}{100}$	für Monate	$z = \dfrac{k \cdot p \cdot \text{Monate}}{100 \cdot 12}$	für Tage	$z = \dfrac{k \cdot p \cdot \text{Tage}}{100 \cdot 360}$

Prozentrechnen mit dem reinen Grundwert

Berechnen Sie den Prozentwert.		
Aufg.	Prozentsatz	Grundwert
6.1	5 %	1150 DM
6.2	3 %	675 km
6.3	$3^1/_2$ %	435 min
6.4	$3^1/_2$ %	1240 DM

Berechnen Sie den Prozentsatz.		
Aufg.	Grundwert	Prozentwert
6.5	750 kg	30,0 kg
6.6	750 DM	37,5 DM
6.7	75 kg	3,15 kg
6.8	75 DM	3,45 DM

Berechnen Sie den Grundwert.		
Aufg.	Prozentsatz	Prozentwert
6.9	4 %	14 DM
6.10	4 %	18 DM
6.11	15 %	60 cm
6.12	15 %	75 cm

6.13 Auf eine Rechnung über 1280 DM wurden 3 % Skonto gewährt. Wieviel DM darf man vom Rechnungsbetrag abziehen? (Skonto = Preisnachlaß bei Barzahlung.)

6.14 Hausrat im Werte von 54 000 DM wird mit 1,8 $^0/_{00}$ feuerversichert. Wieviel DM beträgt die Jahresprämie? (Prämie = Versicherungsgebühr.)

6.15 Berechnen Sie den Bruttolohn, wenn die Abzüge 68 DM $\hat{=}$ 14 % betragen.

6.16 Ein Arbeitsvorgang, der bisher 72 Minuten dauerte, wird durch Einsatz neuer Maschinen um 26 Minuten verkürzt. Berechnen Sie die Zeitersparnis in Prozent.

6.17 Wieviel Prozent beträgt die Gehaltszunahme, wenn ein Monatsgehalt von 2 217 DM auf 2 361,10 DM erhöht wird?

6.18 Für einen gebrauchten Pkw, Neuwert 9 890 DM, bietet man 3 622 DM. Berechnen Sie den Wertverlust in Prozent.

Prozentrechnen mit dem verminderten oder dem vermehrten Grundwert

6.19 Nach einer Preissenkung von 6 % kostete ein Pkw 9 870 DM. Wie teuer war er vorher?

6.20 Ein Sparer hebt 35 % seines Guthabens ab. Es verbleiben noch 2 500 DM. Wieviel DM hat er entnommen?

6.21 In seiner neuen Stelle verdient ein Vorarbeiter wöchentlich 450,00 DM, das sind 8 % mehr als bisher. Berechnen Sie den Mehrverdienst in DM.

6.22 Eine Rente wurde zu 66 % des Arbeitseinkommens bemessen und auf 1 386 DM festgesetzt. Wieviel DM verdiente der Rentner vorher?

6.23 Nachdem für Miete 16 % des Monatseinkommens entnommen waren, verblieben noch 1 596 DM. Berechnen Sie die Miete in DM.

6.24 Ein fertiges Werkstück wiegt 32 kg. Wieviel kg Rohmaterial wurden benötigt, wenn vom Rohgewicht 68 % verschnitten wurden?

Zinsrechnen

Berechnen Sie die Zinsen.

	Kapital DM	Zinssatz %	Zeit t
6.25	120	4	$^1/_2$ Jahr
6.26	160	5	$^1/_2$ Jahr

Berechnen Sie das Kapital.

	Zinsen DM	Zinssatz %	Zeit t
6.27	56,25	4,5	1 Jahr
6.28	84	3,5	1 Jahr

Berechnen Sie den Zinssatz.

	Zinsen DM	Kapital DM	Zeit t
6.29	18	400	1 Jahr
6.30	10,50	350	1 Jahr

Berechnen Sie die Zeit.

	Zinsen DM	Kapital DM	Zinssatz %
6.31	340	4000	4,5
6.32	52,50	5000	4,75

6.33 Ein Bauherr nimmt 12 700 DM Darlehen zu 9 % für 4 Monate. Berechnen Sie die Zinsen in DM.

6.34 Ein steuerbegünstigtes Sparguthaben von 2 600 DM zu 5 % wird nach 5 Jahren nebst den bis dahin angesammelten Zinsen abgehoben. Berechnen Sie die Endsumme in DM.

6.35 Auf eine 6 %-Anleihe erhält ein Sparer jährlich 154 DM Zinsen. Wieviel hat er gezeichnet?

6.36 Wie groß ist ein Kapital, das bei $4^1/_2$ % Verzinsung 450 DM Monatsrente erbringt?

6.37 Wie hoch ist der Zinssatz eines Guthabens von 2 400 DM, wenn es 78 DM Jahreszinsen erbringt?

6.38 Ein Darlehen von 6 200 DM wird nach 18 Tagen mit 6 294 DM zurückerstattet. Welcher Zinssatz war vereinbart?

6.39 Wann erreicht ein Kapital von 3 600 DM, das am 1. Jan. zu $6^1/_2$ % ausgeliehen wurde, durch Zinszuschlag 3 800 DM?

6.40 In wieviel Tagen bringen 2 200 DM, zu $4^1/_2$ % verzinst, 54,50 DM Zinsen?

7 Darstellen von Zahlenwerten durch Schaubilder

Durch Schaubilder — auch Diagramme genannt — können technische, physikalische, wirtschaftliche oder politische Zusammenhänge häufig besser als durch Zahlenangaben verständlich gemacht werden. Einfache Schaubilder stellt man durch Kurven, Kreisflächen, Säulen oder Flächenstreifen dar.

Kurvendiagramme

Beispiel: *Fieberkurve*

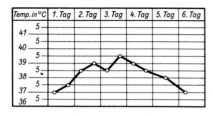

Beispiel: *Einfluß der Temperatur auf die Betonerhärtung*

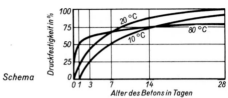

Säulenschaubilder

Man stellt Zahlenwerte durch gleich breite Säulen dar, deren Längen als Vergleichsmaßstab gelten.

Beispiel 1:
Nach einem Dreijahresdurchschnitt wurden in Italien (I) 5,3, in Österreich (A) 6,9, in der Bundesrepublik Deutschland (D) 8,2, in den Niederlanden (NL) 9,9, in Schweden (S) 13,3 Wohnungen je 1000 Einwohner fertiggestellt. Zeichnen Sie ein Schaubild mit je einer stehenden Säule für jedes Land.
① Wählen Sie einen geeigneten Maßstab.
Z. B. 1 Wohnung ≙ 1,5 mm Säulenhöhe.
② Zeichnen und benennen Sie die Säulen.

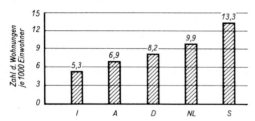

Durchschnittlich jährlich fertiggestellte Wohnungen je 1000 Einwohner

Beispiel 2:
Zeichnen Sie nach den Angaben im Beispiel 1 eine liegende Säule mit entsprechender Teilung.
① Addieren Sie die Zahl der Wohnungen: 43,6
② Maßstab: 1 Wohnung ≙ 2 mm Länge

Zahl der Wohnungen je 1000 Einwohner

I	A	D	NL	S
5,3	6,9	8,2	9,9	13,3 je 1000 Einwohner

Kreisschaubilder

Statt Säulen wählt man eine Vollkreisfläche und teilt diese für jeden Zahlenwert entsprechend auf.

Beispiel 3:
Zeichnen Sie für Beispiel 1 ein Kreisschaubild.
① Summe aller Wohnungen ≙ 360°
   $5,3 + 6,9 + 8,2 + 9,9 + 13,3 = 43,6 ≙ 360°$
② Dividieren Sie 360° durch die Summe (43,6).
   $360° : 43,6 ≈ 8,3°$
③ Multiplizieren Sie jeden Teilwert mit 8,3°.
   $5,3 \cdot 8,3° ≈ 43°;$ $\quad 6,9 \cdot 8,3° ≈ 57°$
   $8,2 \cdot 8,3° ≈ 68°;$ $\quad 9,9 \cdot 8,3° ≈ 82°$
   $13,3 \cdot 8,3° ≈ 110°$

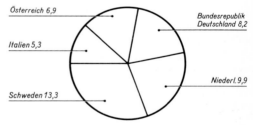

Durchschnittlich jährlich fertiggestellte Wohnungen je 1000 Einwohner

Beispiel 4:
Zeichnen Sie statt der Vollkreisfläche eine Halbkreisfläche.
Hier sind die Winkel nur halb so groß wie im Beispiel 3.

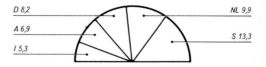

Kurvendiagramme

7.1 An zwei Sommertagen werden folgende Außenluft-Temperaturen im Schatten gemessen:

Uhrzeit		0	4	8	12	16	20	24
Temperatur in °C	a)	21	18	22	29	32	26	21
	b)	13	12	15	19	22	18	13

Zeichnen Sie die Temperaturkurven.
Zeichnungsmaßstäbe:
1 cm ≙ 5 °C, 1 cm ≙ 2 Stunden.

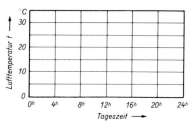

7.2 An zwei Wintertagen werden folgende Außenluft-Temperaturen gemessen:

Uhrzeit		0	4	8	12	16	20	24
Temperatur in °C	a)	−13	−15	−14	−10	−8	−11	−13
	b)	−2	−3	0	+5	+3	0	−2

Zeichnen Sie die Temperaturkurven.
Zeichnungsmaßstäbe:
1 cm ≙ 5 °C, 1 cm ≙ 2 Stunden.

Säulen- und Kreisschaubilder

7.3 Das monatliche Durchschnittseinkommen für Männer in den aufgeführten Wirtschaftszweigen betrug Mitte 1978 in DM:

	Arbeiter	Angestellte
Handwerk	2008	2732
Dienstleistungen	2117	2754
Landwirtschaft	1542	2822
Handel	1838	2702
Öffentlicher Dienst	1680	2052
Baugewerbe	2133	3215
Industrie	2012	2810

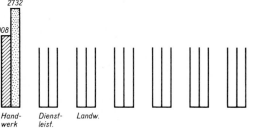

Stellen Sie die Einkommen für jeden Wirtschaftszweig durch senkrechte Doppelsäulen dar.

7.4 Das Gesamtbauvolumen zum jeweiligen Preis betrug im Jahre 1978 203,3 Milliarden DM. Davon entfielen auf:

Wohnungsbau	99,6 Mrd. DM
Wirtschaftsbau	50,3 Mrd. DM
Hochbau	19,7 Mrd. DM
Tiefbau	33,7 Mrd. DM

Stellen Sie das Bauvolumen für die einzelnen Bauaufgaben in einem Kreisschaubild (Kreisdurchmesser 8 cm) dar.

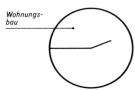

7.5 Berechnen Sie nach den Angaben in Aufgabe 7.3 das Mehr oder Weniger des Einkommens eines Arbeiters der verschiedenen Zweige in %, bezogen auf das Durchschnittseinkommen von 1905 DM. Stellen Sie die Prozentzahlen bildlich durch waagerechte Säulen dar: links vom Mittenstrich die unter dem Durchschnitt liegenden, rechts die darüberliegenden.

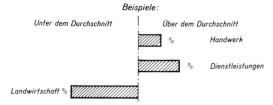

7.6 Die gesamten Brennstoffvorräte der Welt (ohne Kernenergie) werden auf 8650 Milliarden Tonnen Steinkohleeinheiten (Mrd. t SKE) geschätzt; davon entfallen auf Kohle 6910 Mrd. t SKE, Erdöl 700 Mrd. t SKE, Erdgas 480 Mrd. t SKE und Ölschiefer 560 Mrd. t SKE.
Berechnen Sie die prozentualen Anteile der einzelnen Brennstoffe, und stellen Sie diese in Schaubildern dar:
a) Kreisschaubild, $d = 10$ cm,
b) Säulenschaubild,
  1 mm ≙ 1 %, Säulenbreite 1,5 cm.

7.7 Das monatliche Nettoeinkommen einer 5köpfigen Familie beträgt 2600 DM. Davon werden ausgegeben für:
Wohnungsmiete 480 DM, Strom, Wasser etc. 120 DM, Heizung 100 DM, Pkw 300 DM, Nahrung 650 DM, Kleidung 300 DM, Genußmittel 100 DM, Sonstiges 220 DM; monatlich werden 330 DM gespart.
Stellen Sie a) in einem Kreisschaubild und b) in einem Flächenstreifenschaubild Einnahmen und Ausgaben dar.

Wesen und Bestandteile der Formel — Die Formel als Gleichung

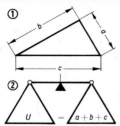

Die Regel für die Umfangsberechnung eines Dreiecks ① lautet:
Umfangslänge U = Seitenlänge a + Seitenlänge b + Seitenlänge c
$U = a + b + c$ sagt in kurzer Form dasselbe wie die lange Regel.
$U = a + b + c$ ist eine Formel.

Formeln bestehen aus Formelzeichen (U; a; b; c) und Rechenzeichen ($= +$).
Sie haben eine linke und eine rechte Seite, die gleich groß und daher durch ein Gleichheitszeichen verbunden sind: Formeln sind Gleichungen! Links vom Gleichheitszeichen steht der gesuchte Wert — die Unbekannte.
Sinnbild der Gleichung ist die Waage im Gleichgewichtszustand ②.

Die Formelzeichen

Allgemeine Formelzeichen nach DIN 1304			
Zeichen	Benennung	Zeichen	Benennung
α, β, γ	Winkel	m	Masse, Menge, Gewicht
l	Länge		
b	Breite	ϱ	Dichte $= m/V$
h	Höhe	F	Kraft
r	Radius, Halbm.	G	Gewichtskraft
d	Durchmesser	p	Druck
s	Weglänge	M	Moment
A	Fläche	μ	Reibungszahl
S	Querschnitt	W	Arbeit
V	Volumen	P	Leistung
t	Zeit, Dauer	η	Wirkungsgrad
v	Geschwindig.	t, ϑ	Celsius-Temp.
n	Drehzahl	U	El. Spannung
σ	Zug- oder	I	El. Stromstärke
	Druckspann.	R	El. Widerstand

Man benutzt große und kleine, lateinische und griechische Schriftzeichen. Ihre Bedeutung ist meist genormt.

Indizes: Soll $U = a + b + c$ mit dem genormten Formelzeichen l = Länge geschrieben werden, muß man a durch l_1; b durch l_2; c durch l_3 ersetzen. Dann wird $U = l_1 + l_2 + l_3$. Die kleinen, untenstehenden Ziffern oder Buchstaben heißen Indizes (Einzahl: Index). Sie dienen zum Unterscheiden.

Formeln benutzt man durch Einsetzen

Beispiel: Berechnen Sie mit $U = l_1 + l_2 + l_3$ den Umfang für $l_1 = 31$ mm; $l_2 = 42$ mm; $l_3 = 53$ mm.

Lösung: Schreiben Sie untereinander.

① Formel in Buchstaben, ② in Zahlenwerten, ③ Ergebnis mit Einheiten. Unterstreichen Sie.

① $U = l_1 + l_2 + l_3$
② $U = 31$ mm $+ 42$ mm $+ 53$ mm
③ $\underline{\underline{U = 126 \text{ mm}}}$

Rechnen mit Formelzeichen

Ist ein Dreieck gleichseitig, wird $l_1 = l_2 = l_3 = l$ und damit $U = l + l + l$; $U = 3 \cdot l$; $U = 3\,l$.

Erkennen Sie: Buchstaben kann man addieren, d.h., man kann damit rechnen.

Addition (Zusammenzählen)

$2\,d + 3\,d = 5\,d$	Nur Zahlenwerte addieren. $2 + 3 = 5$
$1\,d = d$	Zahlenwert 1 entfällt.
$2\,a + 2\,d = ?$	Geht nicht, ungleichnamig.
$2\,a + 3\,d + 4\,a =$ $= 2\,a + 4\,a + 3\,d =$ $= 6\,a + 3\,d$	Glieder alphabetisch ordnen, gleichnamige addieren.

Subtraktion (Abziehen)

$5\,d - 3\,d = 2\,d$	Subtrahieren Sie die Zahlenwerte.
$5\,d - 3\,a = ?$	Geht nicht, ungleichnamig.
$5\,a - 3\,d - 2\,a =$ $= 5\,a - 2\,a - 3\,d =$ $= 3\,a - 3\,d$	Ordnen, dann subtrahieren, was gleichnamig ist.

Multiplikation (Malnehmen)

$3 \cdot a = 3\,a$	Malzeichen entfällt.
$3 \cdot 5 = 35$	Vorsicht bei Zahlenwerten.
$2 \cdot 0 = 0$	Beachten Sie die Unterschiede.
$d \cdot 0 = 0$; $d \cdot 1 = d$	
$d \cdot d = d^2$; nicht $2\,d$	d^2 ist eine Potenz.
$3\,a \cdot 5\,d = 15\,a\,d$	Faktoren multiplizieren.

Division (Teilen)

$6\,d : 3 = 2\,d$	Zahlenwerte dividieren.
$6\,d : 3\,d = 6 : 3 = 2$	Buchstaben kürzen, Zahlenwerte dividieren.
$d : d = 1$	
$0 : d = 0$	Null ist nicht teilbar.
$d : 0 = ?$	Durch Null darf man nicht dividieren.
$9\,a : 3\,b = 3\dfrac{a}{b}$	Zahlenwerte dividieren.

Einsetzen

8.1 Berechnen Sie mit $U = l_1 + l_2 + l_3$ den Umfang U für $l_1 = 0{,}65$ m, $l_2 = 0{,}45$ m, $l_3 = 0{,}75$ m.

8.2 Setzen Sie in $U = l_1 + l_2 + l_3$ die Werte $l_1 = 82$ cm, $l_2 = 54$ cm, $l_3 = 13$ cm ein, und berechnen Sie U.

8.3 ··· 10 Setzen Sie in die Formeln die Werte $k = 72$, $l = 18$, $m = 9$, $n = 6$ ein, und berechnen Sie die jeweilige Größe von x.

8.3 $x = k + l + m + n$ **8.7** $x = k - l - m - n$

8.4 $x = k + l + m - n$ **8.8** $x = k - l - m + n$

8.5 $x = k + l - m - n$ **8.9** $x = k - l + m + n$

8.6 $x = k + l - m + n$ **8.10** $x = k - l + m - n$

Addieren

8.11 $m + m + m$ **8.15** $m + n + m$

8.12 $d + d + d$ **8.16** $a + b + a$

8.13 $a + 2a + 3a$ **8.17** $7c + 3c + 10$

8.14 $5c + c + 2c$ **8.18** $5a + 2a + 7$

8.19 $3a + b + 2a + 3b + a + 5b + b + 4a$

8.20 $4c + 2m + 7c + m + 2c + 3m + c$

8.21 $3d + 4k + 5h + k + 2h + d + 5k + h$

8.22 $4r + s + 2t + r + 5s + t + 2r + 3t$

8.23 $0{,}36 + 0{,}6c + 1{,}5g + 2c + 0{,}1g + g$

8.24 $2{,}1m + 3{,}4p + 7{,}8m + 0{,}5p + 1{,}1m + 1{,}1$

8.25 $\frac{2}{5}a + \frac{3}{4}a + \frac{1}{6}$ **8.27** $\frac{1}{5}t + \frac{2}{3}t + t$

8.26 $\frac{2}{3}b + \frac{1}{4}b + \frac{1}{5}$ **8.28** $\frac{1}{8}k + \frac{3}{4}k + k$

Subtrahieren

8.29 $m - m$ **8.34** $4x - 3x - 9$

8.30 $n - n$ **8.35** $4g - 2g - g$

8.31 $15l - 12l$ **8.36** $5f - 2f - f$

8.32 $6a - 2a$ **8.37** $4a - 3a - b$

8.33 $3a - 2a - 7$ **8.38** $6r - 5r - t$

8.39 $18s - 5s - 3s - s - 4s - 2s - s$

8.40 $14r - 3r - r - 5r - 2r - r$

8.41 $3{,}9b - 1{,}8b - b - 0{,}4b - 0{,}15b$

8.42 $2{,}8y - y - 0{,}16y - 0{,}7y - 0{,}5y$

Addieren und Subtrahieren

8.43 $\left(9a + 3a + 4c + c + 4d - 3d\right) - d =$

8.44 $16m - \left(15m + 16n - 14n\right) + 7p - 4p =$

8.45 $71 - \left(3m + 5n + 7m - 61 + 2n\right) - 4m =$

8.46 $14g + 32 - \left(5k - 7g\right) + \left(8 - 3h + 7g + k\right) =$

8.47 $8a - \left(5c - 7d + 2a - 9a + 8c\right) + 7d$

8.48 $16r + 15s + 12t - \left(15r - 14s - 11t\right)$

8.49 $0{,}2x + 0{,}3x - \left(0{,}12y + 2{,}5z + 1{,}2y\right)$

8.50 $1{,}5c + 1{,}3d - \left(1{,}4c - 0{,}2d\right) + 0{,}5e$

Multiplizieren

8.51 $5 \cdot 3a$ **8.55** $3a \cdot 4c \cdot 5x$

8.52 $12 \cdot 3b$ **8.56** $2r \cdot 3s \cdot 4t$

8.53 $5c \cdot 3a$ **8.57** $5m \cdot 7 \cdot 3n \cdot 6$

8.54 $8m \cdot 5n$ **8.58** $4x \cdot 3 \cdot 5y \cdot 4$

8.59 $2k \cdot 3m \cdot 5n \cdot 0{,}2p \cdot 0{,}1r \cdot 0{,}05l$

8.60 $5c \cdot 7a \cdot 0{,}1d \cdot 1{,}5e \cdot 0{,}02f \cdot 15$

8.61 $0{,}2x \cdot 0{,}3y \cdot 0{,}4z \cdot 1{,}5a \cdot 1{,}1b \cdot 10$

8.62 $x \cdot 2y \cdot 3z \cdot 0{,}4u \cdot 2 \cdot 5v \cdot 100$

8.63 $\frac{3}{4}a \cdot \frac{4}{5}b \cdot \frac{1}{2}$ **8.65** $0{,}5r \cdot \frac{2}{7}t$

8.64 $\frac{2}{5}f \cdot \frac{3}{4}k \cdot \frac{5}{6}$ **8.66** $\frac{3}{8}m \cdot 2n$

Dividieren

8.67 $4a : 4$ **8.75** $8d : 4d$

8.68 $3c : 3$ **8.76** $10f : 2f$

8.69 $4a : a$ **8.77** $6ax : 3x$

8.70 $3c : c$ **8.78** $8bx : 4b$

8.71 $2a : 4$ **8.79** $xy : xz$

8.72 $3d : 6$ **8.80** $ab : ac$

8.73 $a : 1$ **8.81** $15a : 3b$

8.74 $d : 1$ **8.82** $9x : 3y$

8.83 $\dfrac{45r \cdot 5s \cdot 7t}{9r \cdot s \cdot t}$ **8.87** $\frac{3}{4}a : \frac{4}{5}b$

8.84 $\dfrac{36l \cdot 14m \cdot 3n}{14l \cdot 12m \cdot n}$ **8.88** $\frac{2}{5}f : \frac{3}{4}k$

8.85 $\dfrac{33abcd}{55bcx}$ **8.89** $5r : \frac{3}{4}t$

8.86 $\dfrac{72hklm}{90hmf}$ **8.90** $3m : \frac{2}{5}n$

Relative Werte

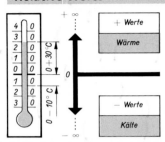

Die Temperaturangabe $+30\,°C$ heißt ausführlich $0+30\,°C$, die Angabe $-10\,°C$ entsprechend $0-10\,°C$. Auf den Nullpunkt bezogene Werte nennt man relative (bezogene) Werte. Man erkennt sie am Vorzeichen. Zahlen reichen von $-\infty$ über 0 bis $+\infty$ (∞, lies: Unendlich). Die Zahlen 0 bis $+\infty$ heißen positive Zahlen und werden mit dem positiven Vorzeichen ($+$) versehen. Die Zahlen $-\infty$ bis 0 heißen negative Zahlen und erhalten das negative Vorzeichen ($-$). Bei positiven Zahlen darf das Vorzeichen weggelassen werden, bei negativen nicht. Löst man die Zahlen von ihren Vorzeichen, so erhält man absolute (unabhängige) Werte.

Klammern umhüllen, was zusammengehört

Bei der Aufgabe: $70+30:10=70+3=73$ wird erst dividiert, dann addiert; denn Punktrechnung geht vor Strichrechnung! Soll anders gerechnet werden — erst 70 zu 30 addiert, dann durch 10 dividiert werden —, muß man die Summe einklammern und schreiben $(70+30):10=100:10=10$.

Rechnen mit Klammern

+-Klammer

$6+(18-5)=?$
$6+18-5=19$

> Klammer weglassen, dann rechnen.

--Klammer

$6-(18-5)=?$
$6-18+5=-7$

> Vorzeichen in der Klammer umkehren.

Klammer mit Faktor

$6(18-5)=?$
$6\cdot18-6\cdot5=$
$=108-30=78$

> Jedes Glied mit dem Faktor multiplizieren.

Klammer mit Divisor

$(18-5):6=?$
$18:6-5:6=2\frac{1}{6}$

> Jedes Glied durch d. Divisor dividieren.

Doppelklammer

$15-[12+(3-6)+4]=15-[12+3-6+4]=?$
$15-12-3+6-4=15+6-12-3-4=21-19=2$

> Erst runde, dann eckige Klammer auflösen. Beachten Sie die Vorzeichenänderung.

Klammer mal Klammer

$(a+b)\cdot(a+b)=a\cdot a+a\cdot b+b\cdot a+b\cdot b=?$
$a^2+ab+ab+b^2=a^2+2ab+b^2$

> Jedes Glied der ersten Klammer mit jedem Glied der zweiten multiplizieren. Vereinfachen.

Ausklammern eines gleichen Faktors

① $3\cdot5-3\cdot7+3\cdot12=$
$=3(5-7+12)=\underline{30}$

② $4r+8s+12t=$
$=4(r+2s+3t)$

③ $2ac+5ad+4a=$
$=\underline{a(2c+5d+4)}$

④ $U=2l_1+2l_2$
$U=\underline{2(l_1+l_2)}$

Rechnen mit relativen Werten

Addition

$+9+(+5)=9+5=14$
$+9+(-5)=9-5=\quad4$
$-9+(+5)=\quad-\quad4$
$-9+(-5)=\quad-14$

Subtraktion

$+9-(+5)=9-5=\quad4$
$+9-(-5)=9+5=14$
$-9-(+5)=\quad-14$
$-9-(-5)=\quad-\quad4$

> **Merke:** Lösen Sie zuerst die Klammern auf.
> ① Bei gleichen Vorzeichen addieren Sie die Zahlen. Die Summe erhält das gemeinsame Vorzeichen.
> ② Bei ungleichen Vorzeichen subtrahieren Sie die kleinere von der größeren Zahl. Die Differenz bekommt das Vorzeichen der größeren Zahl.

Multiplikation

$9(+5)=9\cdot5=\quad45$
$9(-5)=\quad-45$
$-9(+5)=-9\cdot5=-45$
$-9(-5)=\quad45$

$a(+b)\quad=+ab=ab$
$a(-b)\quad=-ab$
$-a(+b)=-ab$
$-a(-b)=+ab=ab$

Division

$9:(+5)=9:5=\quad1{,}8$
$9:(-5)=\quad-1{,}8$
$-9:(+5)=-9:5=-1{,}8$
$-9:(-5)=\quad1{,}8$

$\dfrac{+a}{+b}=\dfrac{a}{b}\qquad\dfrac{-a}{+b}=-\dfrac{a}{b}$

$\dfrac{+a}{-b}=-\dfrac{a}{b}\qquad\dfrac{-a}{-b}=\dfrac{a}{b}$

> Gleiche Vorzeichen ergeben Pluswerte.

$(+)\cdot(+)=+$	$(+):(+)=+$
$(-)\cdot(-)=+$	$(-):(-)=+$

> Ungleiche Vorzeichen ergeben Minuswerte.

$(+)\cdot(-)=-$	$(+):(-)=-$
$(-)\cdot(+)=-$	$(-):(+)=-$

Relative Werte

Addition

9.1 $+2b+(+3b)$
9.2 $+3a+(+2a)$
9.3 $+5x+(-3x)$
9.4 $+7c+(-7c)$
9.5 $-9b+(+6b)$
9.6 $-3x+(+2x)$
9.7 $-8d+(-3d)$
9.8 $-6m+(-m)$
9.9 $-9+(+7)$
9.10 $-14+(+15)$

Subtraktion

9.11 $+10-(+12)$
9.12 $+12-(+10)$
9.13 $+22-(-8)$
9.14 $+18-(-2)$
9.15 $+6-(+6)$
9.16 $-9-(-9)$
9.17 $9a-(-5a)$
9.18 $6x-(+5x)$
9.19 $8n-(+9n)$
9.20 $14a-(-6a)$
9.21 $-6m-(+6m)$
9.22 $-4l-(-4l)$
9.23 $-8s-(-7s)$
9.24 $-6a-(+7a)$
9.25 $-4-(-5)$
9.26 $-9-(+9)$

Multiplikation

9.27 $+5\,(-6)$
9.28 $-4\,(+3)$
9.29 $-8\,(-9)$
9.30 $-7\,(-2)$
9.31 $+2\,(-3a)$
9.32 $+5\,(-7b)$
9.33 $+2b\,(-15)$
9.34 $+4x\,(-8)$
9.35 $-5c\,(+3a)$
9.36 $-6d\,(+4b)$
9.37 $+6x\,(-3b)$
9.38 $+8l\cdot(-2z)$
9.39 $(-n)\cdot(-m)$
9.40 $(-n)\cdot(+m)$
9.41 $3a\,(-3b)$
9.42 $5b\,(-d)$
9.43 $-x\,(+4c)$
9.44 $-y\,(+4x)$

Division

9.45 $+xy:(-y)$
9.46 $-ab:(+a)$
9.47 $6a:(-6)$
9.48 $-6a:(-6)$
9.49 $ax:(-a)$
9.50 $-6x:(-x)$
9.51 $4ab:(-2a)$
9.52 $15ax:(-3a)$
9.53 $-12a:(+4)$
9.54 $15b:(-3)$
9.55 $-9m:(-9)$
9.56 $-3f:(-f)$

Klammern

+-Klammer

9.57 $a+(a+5)$
9.58 $b+(8+5b)$
9.59 $3a+(a-b)$
9.60 $3a+(8-a)$
9.61 $5x+(2x+y)$
9.62 $2a+(7a+5b)$
9.63 $(15-m)+(m+7)$
9.64 $(8+n)+(7-n)$

--Klammer

9.65 $15-(5+a)$
9.66 $6-(b-10)$
9.67 $2a-(8-a)$
9.68 $5x-(12+x)$
9.69 $l+m-(l-m)$
9.70 $c-d-(c+d)$
9.71 $7x-(4x+6)$
9.72 $5u-(18+3u)$
9.73 $x-(x-y+z)$
9.74 $l-(-l+m+n)$

Faktor mal Klammer

9.75 $5\,(x+3)$
9.76 $9\,(b-4)$
9.77 $6\,(b+c)$
9.78 $7\,(d+e)$
9.79 $-2\,(2l+3)$
9.80 $-5\,(3m+4)$
9.81 $4\,(2x+5y)$
9.82 $5\,(3b-4d)$
9.83 $b\,(x-1)$
9.84 $c\,(d+1)$
9.85 $-x\,(a-b+c)$
9.86 $-5\,(x+y-z)$

Klammer durch Divisor

9.87 $(5a+5c):5$
9.88 $(12x+12y):6$
9.89 $(20m+8n):4$
9.90 $(18r+6s):6$
9.91 $(ax+bx):x$
9.92 $(ab+ac):a$
9.93 $(8bc+4bd):4b$
9.94 $(9gh+3gl):3g$
9.95 $(12x+9y+3z):3xy$
9.96 $(8cd-4cde):2cd$

Doppelklammer

9.97 $17-[10-(3-15)]$
9.98 $38+[-10-(25-6)]$
9.99 $85-[30+(40-10)]$
9.100 $115+[60-(70-45)]$
9.101 $4\,[(63-17)-(28-15)]$
9.102 $3\,[31-5\,(47-53)]$
9.103 $3a-[9a+(b+15)]$
9.104 $5x+[2y-(x+y)]$
9.105 $18c-[(8c+15m)-4m]$
9.106 $4n+[-(3n+2m)+m]$
9.107 $2a\,[3b-(2b+3c)]$
9.108 $3d\,[-(5r+7s)+5r]$

Klammer mal Klammer

9.109 $(a+1)\,(a+1)$
9.110 $(a-1)\,(a-1)$
9.111 $(a+1)\,(a-1)$
9.112 $(x+2)\,(x+2)$
9.113 $(2a+2)\,(2a+2)$
9.114 $(3x+4)\,(3x-4)$
9.115 $(a+3)\,(b+4)$
9.116 $(a+b)\,(x-y)$
9.117 $(a+b)\,(a+b+c)$
9.118 $(x+y)\,(x-y+c)$

Ausklammern

9.119 $9\cdot13+3\cdot13-7\cdot13$
9.120 $15\cdot23-23\cdot7+12\cdot23$
9.121 $4a+4b$
9.122 $5x+5y$
9.123 $4d+4e-4f$
9.124 $ry-sy-ty$
9.125 $ab-a-ac$
9.126 $mx+my-m$
9.127 $72a+24b-42c$
9.128 $60x-15xz-10xa$
9.129 $18bc-15b+12bd$
9.130 $25mn+5mp-3m$

21

Stammformel:

$$U = l_1 + l_2 + l_3$$

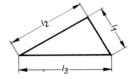

Umstellungen:

$$l_1 = U - l_2 - l_3$$
$$l_2 = U - l_1 - l_3$$
$$l_3 = U - l_1 - l_2$$

Mit der Formel $U = l_1 + l_2 + l_3$ kann man nicht nur den Umfang eines Dreiecks, sondern auch jede einzelne Seitenlänge berechnen, indem man die Stammformel so umstellt, daß auf der linken Seite nicht mehr U als gesuchter Wert erscheint, sondern l_1 oder l_2 oder l_3.

Häufig bezeichnet man den unbekannten Wert auch mit x.

Wer umstellen kann, braucht nur die Stammformeln zu behalten!

Das Umstellen von Gleichungen geschieht schrittweise nach bestimmten Regeln, bis die gesuchte Größe allein auf einer Seite steht.
Beachten Sie:
1. Während des Umstellens darf kein Formelwert der Stammformel verlorengehen.

2. Das Gleichgewicht beider Seiten der Gleichung muß erhalten bleiben; d.h., beiderseits des Gleichheitszeichens kann a) Gleichgroßes addiert oder subtrahiert werden, b) mit Gleichgroßem multipliziert oder durch Gleichgroßes dividiert werden.

Umstellen durch Ergänzen und Kürzen

Beispiel:

Stellen Sie $U = l_1 + l_2 + l_3$ in 4 Schritten nach l_1 um.

Zur Veranschaulichung

1. Setzen Sie die Stammformel auf die Gleichungswaage

$$U \quad = \quad l_1 + l_2 + l_3$$

2. Seitentausch! l_1 kommt dadurch nach links

$$l_1 + l_2 + l_3 \quad = \quad U$$

3. Ergänzen Sie beide Seiten durch $-l_2$ und $-l_3$

$$l_1 + l_2 + l_3 - l_2 - l_3 = \quad U - l_2 - l_3$$

4. Kürzen Sie links $+l_2$ gegen $-l_2$; $+l_3$ gegen $-l_3$

$$l_1 + \cancel{l_2} + \cancel{l_3} - \cancel{l_2} - \cancel{l_3} = \quad U - l_2 - l_3$$

Lösung:

$$\underline{l_1 = U - l_2 - l_3}$$

Seitenwechselregel:

Sollen Glieder einzeln die Seite wechseln, muß man ihre Rechenzeichen ändern:

| + links wird − rechts | + rechts wird − links |
| − links wird + rechts | − rechts wird + links |

Umstellen mit der Seitenwechselregel

Beispiel 1:

Stellen Sie $U = l_1 + l_2 + l_3$ nach l_2 um, und beachten Sie die Änderung der Rechenzeichen bei l_1 und l_3.

1. Stammformel $\qquad U = l_1 + l_2 + l_3$

2. Seitentausch $\qquad l_1 + l_2 + l_3 = U$

3. Ordnen $\qquad l_2 + l_1 + l_3 = U$

4. Ergänzen $\qquad l_2 + l_1 + l_3 - l_1 - l_3 = U - l_1 - l_3$

5. Kürzen $\qquad l_2 + \cancel{l_1} + \cancel{l_3} - \cancel{l_1} - \cancel{l_3} = U - l_1 - l_3$

Lösung: $\qquad \underline{l_2 = U - l_1 - l_3}$

Beachten Sie:

$+ l_1$ wurde nach Seitenwechsel $- l_1$
$+ l_3$ wurde nach Seitenwechsel $- l_3$

Erkenntnis: Glieder, die einzeln von einer Seite auf die andere wechseln, erscheinen dort mit dem entgegengesetzten Rechenzeichen.

Beispiel 2:

Stellen Sie
$x + c - d = a$
durch Seitenwechsel
von $+ c$ und $- d$ nach
x um.

Lösung:

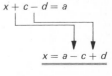

$$\underline{x = a - c + d}$$

Stammformel:

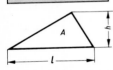

$$A = \frac{l \cdot h}{2}$$

Umstellungen:

$$l = \frac{2 \cdot A}{h}$$

$$h = \frac{2 \cdot A}{l}$$

Der gesuchte Wert l oder h steht als Faktor im Zähler einer Bruchgleichung. Man ermittelt ihn durch Ergänzen und Kürzen bzw. durch Anwendung der Seitenwechselregel.

Beispiel 1:

Stellen sie $A = \frac{l \cdot h}{2}$ durch Ergänzen und Kürzen auf l um.

1. Stammformel $\qquad A = \frac{l \cdot h}{2}$

2. Seitentausch $\qquad \frac{l \cdot h}{2} = A$

3. Ergänzen mit $\frac{2}{h}$ $\qquad \frac{l \cdot h \cdot 2}{2 \cdot h} = \frac{A \cdot 2}{h}$

4. Kürzen $\qquad \frac{l \cdot \cancel{h} \cdot \cancel{2}}{\cancel{2} \cdot \cancel{h}} = \frac{A \cdot 2}{h}$

Lösung: $\qquad\qquad l = \frac{2 \cdot A}{h}$

Beachten Sie:
Aus Zähler h wurde nach Seitenwechsel Nenner h; aus Nenner 2 wurde nach Seitenwechsel Zähler 2.

Bei einer Bruchgleichung kann der gesuchte Wert auch im Nenner stehen. Er muß dann in den Zähler gebracht werden.

Bestimmen Sie den gesuchten Wert

① durch Ergänzen und Kürzen,

② durch Anwendung der folgenden Seitenwechselregel.

> Zähler links wird Nenner rechts
> Zähler rechts wird Nenner links
> Nenner links wird Zähler rechts
> Nenner rechts wird Zähler links

Beispiel 2: Stellen Sie $v = \frac{s}{t}$ nach t um.

Lösung ①:

1. Stammformel $\qquad v = \frac{s}{t}$

2. 1. Ergänzung $\qquad v \cdot t = \frac{s \cdot t}{t}$

3. Kürzen $\qquad v \cdot t = \frac{s \cdot \cancel{t}}{\cancel{t}}$

4. 2. Ergänzung $\qquad \frac{v \cdot t}{v} = \frac{s}{v}$

5. Kürzen $\qquad \frac{\cancel{v} \cdot t}{\cancel{v}} = \frac{s}{v}$

Lösung: $\qquad t = \frac{s}{v}$

Lösung ②:

$$v = \frac{s}{t}$$

$$\frac{v}{1} = \frac{s}{t}$$

$$\frac{t}{1} = \frac{s}{v}$$

$$t = \frac{s}{v}$$

Beachten Sie:
Um den gesuchten Wert t in den Zähler zu bringen, ist eine 2fache Ergänzung notwendig.

Wesen und Umstellen der Proportionen (Verhältnisgleichungen)

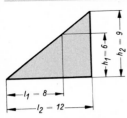

Proportion

$$l_1 : l_2 = h_1 : h_2$$

Produktgleichung

$$l_1 \cdot h_2 = l_2 \cdot h_1$$

Sind rechtwinklige Dreiecke ähnlich (Bild), ist das Verhältnis der Seiten l_1 zu l_2 gleich dem Verhältnis der Höhen h_1 zu h_2. Die Gleichung $l_1 : l_2 = h_1 : h_2$ heißt Proportion oder Verhältnisgleichung.

Stehen die Größen in geradem Verhältnis — je größer l desto größer h —, sind sie direkt proportional. Stehen sie im ungeraden — umgekehrten — Verhältnis (Drehfrequenz und Durchmesser beim Riementrieb), nennt man sie indirekt proportional.

Proportionen formt man vor dem Umstellen in Produktgleichungen um nach der Regel:

> Produkt der Außenglieder $l_1 \cdot h_2$ gleich
> Produkt der Innenglieder $l_2 \cdot h_1$.

Beispiel:

Stellen Sie
$l_1 : l_2 = h_2 : h_2$
nach h_2 um.

Lösen Sie so:

1. Proportion
2. Produktgleichung
3. Seitenwechsel l_1
4. Ergebnis

① $l_1 : l_2 = h_1 : h_2$

② $l_1 \cdot h_2 = l_2 \cdot h_1$

③ $h_2 = \frac{l_2 \cdot h_1}{l_1}$

④ $h_2 = \frac{l_2 \cdot h_1}{l_1}$

Seitenwechsel — Seitentausch

10.1 $x + 7 = 15$ **10.2** $x - 7 = 15$

10.3 $x - 7 + 8 = 23$ **10.4** $x + 7 - 8 = 23$

10.5 $x - 7 - 5 = -16$ **10.6** $x - 8 - 6 = -12$

10.7 $x - 2,5 = 0$ **10.8** $x + 15 = 0$

10.9 $x - a = b$ **10.10** $x - b = a$

10.11 $x - m + n = k$ **10.12** $x + m - n = k$

10.13 $17 = 25 + x$ **10.14** $32 = 22 + x$

10.15 $12 = x - 36$ **10.16** $15 = x + 15$

10.17 $10 = x - 5 + 6$ **10.18** $12 = x + 8 - 4$

10.19 $a = x + b$ **10.20** $b = x + a$

10.21 $a + b = x - a$ **10.22** $r + s = x + t$

10.23 $m + n = x + m$ **10.24** $a - b = a + x$

Die Unbekannte hat einen Faktor

Beispiel 1:

$10x - 7 = 3$
$10x = 3 + 7$
$10x = 10$
$x = 10 : 10$
$\underline{\underline{x = 1}}$

Probe:

Setzen Sie den Rechen-
wert anstelle von x ein.
$10 \cdot 1 - 7 = 3$
$10 \quad - 7 = 3$
$\underline{\underline{3 = 3}}$

10.25 $31x + 23 = 116$ **10.26** $17x + 37 = 122$

10.27 $7x - 18 = 17$ **10.28** $3x - 9 = 78$

10.29 $5x + 11 = 36$ **10.30** $7x + 1 = 57$

10.31 $123 = 39 + 3x$ **10.32** $+8 = -22 + 5x$

10.33 $-19 = 9x - 100$ **10.34** $120 = 23x + 97$

10.35 $25 = 4x + 21$ **10.36** $90 = 10x + 10$

Die Unbekannte hat ein Minuszeichen

Beispiel 2:

$18 - 2x = 12$
$18 = 12 + 2x$
$12 + 2x = 18$
$2x = 18 - 12$
$2x = 6; \; x = 3$

Beispiel 3:

$24 = 39 - 3x$
$24 + 3x = 39$
$3x = 39 - 24$
$3x = 15$
$x = 5$

Machen Sie x positiv
durch Seitenwechsel nach
rechts (Beisp. 2) oder
nach links (Beisp. 3),
oder multiplizieren Sie im
Ergebnis beide Seiten mit
(-1) (Beisp. 4).

Beispiel 4:

$18 - 2x = 12$
$-2x = +12 - 18$
$-2x = -6$
$(-1)(-2x) = (-1)(-6)$
$2x = 6; \; x = 3$

10.37 $8 - x = 7$ **10.38** $30 - x = 5$

10.39 $4,2 = 11,6 - x$ **10.40** $2,8 = 3,6 - x$

10.41 $105 - 10x = 35$ **10.42** $102 - 14x = 18$

10.43 $1 - 3x = -23$ **10.44** $2,5 - 0,5x = -1,5$

10.45 $35 = 103 - 17x$ **10.46** $23 = 100 - 11x$

10.47 $-7,8 = 1,6 - 4,7x$ **10.48** $-5,2 = 4,4 - 3,2x$

10.49 $a = b - x$ **10.50** $c - x = m$

Die Unbekannte steht in einer $+$- oder $-$-Klamme

Beispiel 5:

$18 + (x - 3) = 12$
$18 + x - 3 = 12$
$x = 12 - 18 + 3$
$x = 15 - 18$
$\underline{x = -3}$

Beispiel 6:

$15 - (x + 3) = 9$
$15 - x - 3 = 9$
$12 - x = 9$
$12 = 9 + x$
$\underline{x = 12 - 9 = 3}$

Merke: Erst Klammern auflösen, dann umstellen.

10.51 $17 + (4x - 9) = 26$

10.52 $32 + (3x - 16) = 28$

10.53 $15 = (3x + 2) - 17$

10.54 $18 = (3x + 7) - 19$

10.55 $10 = 72 - (8x + 6)$

10.56 $36 = 18 - (18x - 54)$

10.57 $5 - [-(3x + 4)] = 24$

10.58 $13 - [-(5x - 7)] = 26$

Die Unbekannte ist mehrmals vorhanden

Beispiel 7:

$8x - 15 + 3x = 7$
$8x + 3x = 7 + 15$
$11x = 22$
$\underline{x = 2}$

Beispiel 8:

$4x + 6 = x + 21$
$4x - x = 21 - 6$
$3x = 15$
$\underline{x = 5}$

Ordnen Sie zuerst alle x-Glieder nach links,
alle Glieder ohne x nach rechts.

10.59 $9x - 16 - 3x = 26$

10.60 $17x - 21 - 9x = 35$

10.61 $5x + 9 = 2x + 48$

10.62 $9x + 15 = 6x + 57$

10.63 $7x = 5 + 3x + 19$

10.64 $5x = 31 + 2x + 11$

10.65 $7x = 21 - (49x - 63)$

10.66 $4x = 98 - (9x - 6)$

10.67 $18x = [84 - (7x + 9)]$

10.68 $3x = [19 - (8x - 14)]$

10.69 $48x - 17x - 29 = 24x - 99 + 42$

10.70 $12x - 16 + 7x = 56 - 5x + 24$

10.71 $51x - 45 - 9x = 106 - 39x - 71 + x$

10.72 $100x - 7x + 38 - 100 = 31x + 141 - 25x + 58$

10.73 $17x + 13 - 7x + 23 = 10x - 29 - 5x + 100$

10.74 $19x + 97 - 3x - 17 = 9x + 12 + 4x + 83$

10.75 $6x - 25 + (x - 42) = 4x - (x + 13)$

10.76 $7x - 31 + (9x - 23) = (3x - 11) - 4$

10.77 $5x - (7x - 10) = 91 + (21 - 8x)$

10.78 $(18 - 7x) - (28 - 17x) = -(9x - 47)$

10.79 $12x - [5x + (6 - 3x)] = 7x + 33$

10.80 $16 + [16x - (8x - 8)] = 48 - 4x$

Produktgleichungen

10.81	$9x = 5{,}4$	**10.82**	$5x = 27{,}5$
10.83	$5x = 1$	**10.84**	$3x = 0{,}3$
10.85	$6x = 4{,}8$	**10.86**	$37x = 22{,}2$
10.87	$0{,}8x = 42{,}4$	**10.88**	$0{,}4x = 500$
10.89	$4x = -20$	**10.90**	$11x = -121$
10.91	$2{,}5x = -0{,}5$	**10.92**	$3{,}2x = -1{,}28$
10.93	$5x = 15a$	**10.94**	$5ax = 10a$
10.95	$2ax = 4a$	**10.96**	$3x = 12a$
10.97	$abx = 2abc$	**10.98**	$cbx = 5abc$
10.99	$22 = 33x$	**10.100**	$5{,}6 = 7x$
10.101	$U = 3{,}14x$	**10.102**	$U = 4x$
10.103	$12a = 2x$	**10.104**	$15a = 5x$
10.105	$10a = 5ax$	**10.106**	$18b = 3bx$
10.107	$a = bxc$	**10.108**	$ab = cx$

① $\quad 3x + 9 = 21$
$\quad\ 3x = 21 - 9$
$\quad\ 3x = 12$
$\quad\ \underline{\underline{x = 4}}$

② $\quad 5x + 7 = 2x + 16$
$\quad\ 5x - 2x = 16 - 7$
$\quad\ 3x = 9$
$\quad\ \underline{\underline{x = 3}}$

Ordnen Sie. Glieder mit x kommen auf die linke, ohne x auf die rechte Seite.

10.109	$5x + 7 = 42$	**10.110**	$8x + 12 = 20$
10.111	$11x + 4 = 81$	**10.112**	$27x + 17 = 125$
10.113	$17x + 11 = 96$	**10.114**	$11x + 17 = 116$
10.115	$3x - 5 = 22$	**10.116**	$7x - 6 = 43$
10.117	$13x - 74 = 17$	**10.118**	$17x - 9 = 93$
10.119	$30 = 86 - 7x$	**10.120**	$13 = 100 - 29x$
10.121	$25 = 29 - 4x$	**10.122**	$37 = 147 - 11x$
10.123	$ax - b = c$	**10.124**	$a = bx + c$
10.125	$m + nx = 2m$	**10.126**	$a + bx = 2a$

③ $\quad 4(x + 2) = 20$
$\quad\ 4\ x + 8 = 20$
$\quad\ 4\ x = 20 - 8$
$\quad\ \underline{\underline{x = 3}}$

④ $\quad mx + nx = a$
$\quad\ x(m + n) = a$
$\quad\ x = \dfrac{a}{m + n}$

10.127	$6(x - 1) = 36$	**10.128**	$7(x - 2) = 49$
10.129	$5(2x - 3) = 45$	**10.130**	$3(5x - 5) = 45$
10.131	$3(x + b) = 15$	**10.132**	$a(x + b) = 2ab$
10.133	$16 = 2(x + 5)$	**10.134**	$28 = 7(2x + 2)$
10.135	$5(6 - 2x) = -20$	**10.136**	$8(9 - 6x) = -24$
10.137	$3x + 5 = 33 - 4x$	**10.138**	$7x - 6 = 3x + 22$
10.139	$12x = 7x - 3 + 4x$	**10.140**	$9x + 12 - 4x = 57$
10.141	$8x - 5 = 17 - 3x$	**10.142**	$19 - 3x = 14 - 8x$
10.143	$5(x + 1) = 3x - 1$	**10.144**	$7x + 3 = 9(x - 5)$
10.145	$cx = a - bx$	**10.146**	$mx = a - 2x$
10.147	$ax - a = cx - c$	**10.148**	$mx + 5 = nx + 6$
10.149	$ax - 7 = 5x + 8$	**10.150**	$bx - b = dx - d$

Bruchgleichungen

10.151	$\dfrac{x}{3} = 7;\ \dfrac{x}{2} = 9$	**10.152**	$\dfrac{x}{2} = 7;\ \dfrac{x}{18} = 0{,}42$
10.153	$\dfrac{x}{b} = c;\ \dfrac{x}{n} = 1$	**10.154**	$\dfrac{x}{a} = b;\ \dfrac{x}{m} = 1$
10.155	$\dfrac{4x}{10} = 6;\ \dfrac{3x}{12} = 9$	**10.156**	$\dfrac{3x}{4} = 6;\ \dfrac{8x}{12} = 2$
10.157	$\dfrac{18}{x} = 3;\ \dfrac{2}{x} = 5$	**10.158**	$\dfrac{4}{x} = 1{,}5;\ \dfrac{3}{x} = 9$
10.159	$\dfrac{cde}{x} = ce$	**10.160**	$\dfrac{svt}{x} = vs$

⑤ $\quad \dfrac{x}{4} - b = a$
$\quad\ \dfrac{x}{4} = a + b$
$\quad\ x = 4(a + b)$
$\quad\ \underline{\underline{x = 4a + 4b}}$

⑥ $\quad \dfrac{28}{x} + 3 = 10$
$\quad\ \dfrac{28}{x} = 10 - 3 = 7$
$\quad\ 28 = x \cdot 7$
$\quad\ \underline{\underline{x = 28 : 7 = 4}}$

10.161	$\dfrac{x}{3} + 4 = 10$	**10.162**	$\dfrac{x}{5} - 20 = 30$
10.163	$\dfrac{2x}{7} + 6 = 12$	**10.164**	$\dfrac{3x}{5} - 7 = 23$
10.165	$\dfrac{5x}{4} - 3 = 17$	**10.166**	$\dfrac{3x}{5} + 8 = 23$
10.167	$\dfrac{32}{x} + 4 = 12$	**10.168**	$\dfrac{45}{x} + 3 = 18$
10.169	$\dfrac{75}{6x} + 2 = 7$	**10.170**	$\dfrac{72}{9x} + 5 = 13$

Proportionen

10.171	$4 : 5 = 12 : x$	**10.172**	$6 : 5 = 18 : x$
10.173	$3 : 8 = x : 12$	**10.174**	$2{,}8 : 7 = x : 10$
10.175	$0{,}42 : x = 0{,}7 : 3{,}5$	**10.176**	$28 : x = 7 : 5$
10.177	$x : 38 = 15 : 19$	**10.178**	$x : 24 = 116 : 87$
10.179	$100 : x = 25 : 3$	**10.180**	$x : 100 = 3 : 5$
10.181	$1 : 20 = x : 5$	**10.182**	$1 : x = 2 : 15$
10.183	$3 : a = 6 : x$	**10.184**	$x : 20 = b : 5$
10.185	$10 : x = 4 : a$	**10.186**	$5 : b = 15 : x$
10.187	$3b : 7cd = 6x : 14cd$		
10.188	$3ac : 4c = 5ax : 12d$		
10.189	$(x - 2) : 5 = 1 : 10$	**10.190**	$(1 + x) : 2 = 3 : 4$
10.191	$(x + 1) : 7 = 3 : 14$	**10.192**	$(x - 1) : 9 = 5 : 3$

10.193 ··· 10.196 Stellen Sie $a : b = c : d$ um.

10.193	nach a	**10.194**	nach b
10.195	nach c	**10.196**	nach d

10.197/198 Verwandeln Sie die Produktgleichungen in Proportionen.

10.197	$5 \cdot a = 8 \cdot b$	**10.198**	$P \cdot a = Q \cdot b$

Streckenverhältnisse

Wie sich der Quotient zweier gleichartiger oder ungleichartiger Größen durch Division ergibt, so läßt sich auf gleiche Weise das Verhältnis zweier Strecken angeben. Zum Vergleichen zweier Strecken sind beide mit der gleichen Einheit zu messen. Der Zahlenwert einer Strecke gibt an, wie oft die verwendete Einheit auf dieser Strecke abgetragen werden kann.

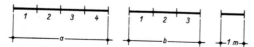

$a : b$ ist das Größenverhältnis der Strecken a und b. Es kann auch in Bruchform geschrieben werden: $\dfrac{a}{b}$.

Das Verhältnis der Zahlenwerte — für $a = 4$ m und $b = 3$ m — ist gleich $\dfrac{4}{3}$.

Das Verhältnis zweier Strecken ist gleich dem Verhältnis — dem Quotienten — ihrer Zahlenwerte.

$$\frac{a}{b} = \frac{4}{3}$$

Ist das Verhältnis eines Streckenpaares ebenso groß wie das eines zweiten Streckenpaares, so kann man diesen Sachverhalt durch eine Verhältnisgleichung oder Proportion zum Ausdruck bringen:

$$a : b = c : d$$

Für die unten gezeichneten Streckenpaare mit den angegebenen Zahlenwerten gilt die Verhältnisgleichung $5 : 4 = 3,75 : 3$

Diese Gleichung kann auf zwei Arten geschrieben werden:

als Quotientengleichung

$$\frac{5}{4} = \frac{3,75}{3}$$

$$1,25 = 1,25$$

als Produktgleichung

$$5 \cdot 3 = 4 \cdot 3,75$$

$$15 = 15$$

Die Streckenpaare sind verhältnisgleich. Die gestrichelten Linien zwischen den Endpunkten der Strecken verlaufen parallel.

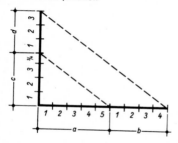

Strahlensätze

Lehrsatz 1

Werden zwei von einem Scheitelpunkt ausgehende Strahlen von Parallelen geschnitten, so verhalten sich die Abschnitte auf dem einen Strahl wie die entsprechenden Abschnitte auf dem anderen Strahl.

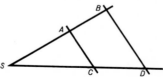

Die Verhältnisgleichung lautet:

$$\overline{SA} : \overline{SB} = \overline{SC} : \overline{SD}$$

Ebenso gelten:

$$\overline{SA} : \overline{SC} = \overline{SB} : \overline{SD}$$

$$\overline{SA} : \overline{AB} = \overline{SC} : \overline{CD}$$

Beispiel 1:

Durch Messen wurde festgestellt: $\overline{SA} = 6,25$ m; $\overline{SB} = 10$ m; $\overline{SC} = 7,50$ m; $\overline{SD} = 12$ m. Untersuchen Sie, ob die Streckenpaare verhältnisgleich sind.

Lösung:

$$\overline{SA} \quad : \overline{SB} \quad = \overline{SC} \quad : \overline{SD}$$

$$6,25 \text{ m} : 10 \text{ m} = 7,50 \text{ m} : 12 \text{ m}$$

$$\frac{6,25}{10} = \frac{7,50}{12} \qquad 6,25 \cdot 12 = 10 \cdot 7,5$$

$$0,625 = 0,625 \qquad\qquad 75 = 75$$

Die Streckenpaare sind verhältnisgleich.

Beispiel 2:

Wie lang ist die Strecke a (Bild) ?

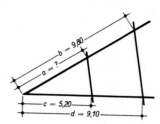

Lösung:

$$a : b \quad = \quad c : d$$

$$a : 9,80 \text{ m} = 5,20 \text{ m} : 9,10$$

$$a \cdot 9,10 \text{ m} = 9,80 \text{ m} \cdot 5,20 \text{ m}$$

$$a = \frac{9,80 \text{ m} \cdot 5,20 \text{ m}}{9,10 \text{ m}}$$

$$a = 5,60 \text{ m}$$

Lehrsatz 2

Werden zwei von einem Scheitelpunkt ausgehende Strahlen von Parallelen geschnitten, so verhalten sich die Abschnitte auf den Parallelen wie die entsprechenden vom Scheitelpunkt aus gemessenen Abschnitte auf einem Strahl.

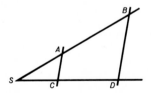

Die Verhältnisgleichung lautet:

$$\overline{AC} : \overline{SA} = \overline{BD} : \overline{SB}$$

Ebenso gelten:

$$\overline{AC} : \overline{BD} = \overline{SA} : \overline{SB}$$

$$\overline{AC} : \overline{SC} = \overline{BD} : \overline{SD}$$

Beispiel 3:

Messungen ergaben: $\overline{AC} = 1,20$ m; $\overline{BD} = 1,80$ m; $\overline{SA} = 3,60$ m; $\overline{SB} = 5,40$ m.
Stellen Sie fest, ob die Streckenpaare verhältnisgleich sind.

Lösung:
$$\overline{AC} : \overline{SA} = \overline{BD} : \overline{SB}$$
$$1,20 \text{ m} : 3,60 \text{ m} = 1,80 \text{ m} : 5,40 \text{ m}$$

$$\frac{1,20}{3,60} = \frac{1,80}{5,40} \qquad 1,20 \cdot 5,40 = 3,60 \cdot 1,80$$

$$\frac{1}{3} = \frac{1}{3} \qquad \underline{\underline{6,48 = 6,48}}$$

Die Streckenpaare sind verhältnisgleich.

Beispiel 4:

Wie lang ist die Strecke c (Bild)?

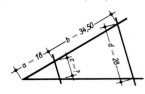

Lösung:
$$c : a = d : (a + b)$$
$$c : 18 \text{ m} = 28 \text{ m} : (18 \text{ m} + 34,50 \text{ m})$$
$$c \cdot (18 \text{ m} + 34,50 \text{ m}) = 18 \text{ m} \cdot 28 \text{ m}$$
$$c \cdot 52,5 \text{ m} = 18 \text{ m} \cdot 28 \text{ m}$$
$$c = \frac{18 \text{ m} \cdot 28 \text{ m}}{52,5 \text{ m}}; \quad \underline{\underline{c = 9,60 \text{ m}}}$$

Anwendung der Strahlensätze

11.1 Stellen Sie fest, ob die Streckenpaare a, b und c, d verhältnisgleich sind (Bild; vgl. Beispiel 1, S. 26).

Aufgabe	Streckenmaße in m			
	a	b	c	d
a)	24	30	18	22,5
b)	12	22	9	16,5
c)	15,4	44	13,3	38
d)	20,8	33,75	16	26

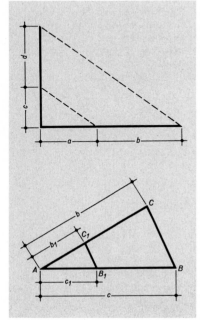

11.1

11.2

11.2 Bei dem Dreieck ABC (Bild) entsteht durch die Parallele zur Seite $\overline{BC}$ ein ähnliches Dreieck. Stellen Sie für die folgenden Aufgaben die Verhältnisgleichungen auf, und ermitteln Sie die fehlenden Maße (vgl. Beispiel 2, S. 26).

Aufgabe	Seitenmaße in m			
	b_1	b	c_1	c
a)	?	20,50	12	26,74
b)	16,52	?	18,30	20,80
c)	6,70	8,60	?	12,50
d)	13,40	16	17,20	?

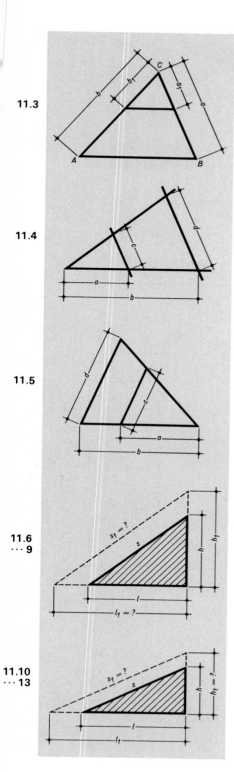

11.3 Bei dem Dreieck ABC (Bild) entsteht durch die Parallele zur Seite $\overline{AB}$ ein ähnliches Dreieck. Stellen Sie für die folgenden Aufgaben die Verhältnisgleichungen auf, und ermitteln Sie die fehlenden Maße (vgl. Beispiel 2, S. 26).

Aufgabe	Seitenmaße in m			
	a	a_1	b	b_1
a)	6,10	2,30	6,90	?
b)	10,40	?	12,11	5,30
c)	?	6,40	9,80	7,10

11.4 Stellen Sie fest, ob die Streckenpaare c, a und b, d verhältnisgleich sind (Bild; vgl. Beispiel 3, S. 27).

Aufgabe	Streckenmaße in m			
	a	b	c	d
a)	3,70	8,10	2,90	6,35
b)	1,60	3,60	1,30	2,925
c)	2,50	5,79	1,90	4,40

11.5 Stellen Sie für die ähnlichen Dreiecke (Bild) der folgenden Aufgaben die Verhältnisgleichungen auf, und ermitteln Sie die fehlenden Maße (vgl. Beispiel 4, S. 27).

Aufgabe	Seitenmaße in m			
	a	b	c	d
a)	?	6,20	4,30	5,70
b)	5,25	9,50	?	8,90
c)	3,80	6,30	3,15	?

11.6 ⋯ 9 Das rechtwinklige Dreieck (Bild) zeigt die Querschnittsform einer abgeböschten Bodenauffüllung. Die Böschung soll bei gleichbleibender Neigung auf die Höhe h_1 erhöht werden. In den Aufgaben sind jeweils die Höhen h und h_1 sowie die Grundlänge l angegeben. a) Wie groß ist die dazugehörige Grundlänge l_1? b) Wie lang ist die Böschungsschräge s_1 (vgl. Beispiel 2, S. 26, und 4, S. 27)? Maße in m.

Aufgabe	l	h	h_1	s
11.6	4,40	3,35	4,05	5,53
11.7	7,30	2,85	3,90	7,84
11.8	5,25	3,50	4,60	6,31
11.9	3,60	2,10	3,85	4,17

11.10 ⋯ 13 Führen Sie die Berechnung für eine Böschung ähnlich wie in Aufg. 11.6 ⋯ 9 nach den folgenden Angaben durch (Bild). Gesucht sind jedoch a) die Höhe h_1, b) die Böschungsschräge s_1. Maße in m.

Aufgabe	l	l_1	h	s
11.10	6,80	9,20	3,45	7,63
11.11	4,30	7,60	2,25	4,85
11.12	7,15	12,30	2,90	7,72
11.13	3,90	8,20	1,65	4,23

1.14 An den Mauergiebel mit Pultdach (Bild) soll ein Gebäude mit schmalerem Giebel angebaut werden; die Dachneigungen beider Gebäude sollen gleich sein. Ermitteln Sie die Höhe h_2 des schmalen Giebels aus der Verhältnisgleichung mit den folgenden Maßen in m (vgl. Beispiel 2, S. 26).

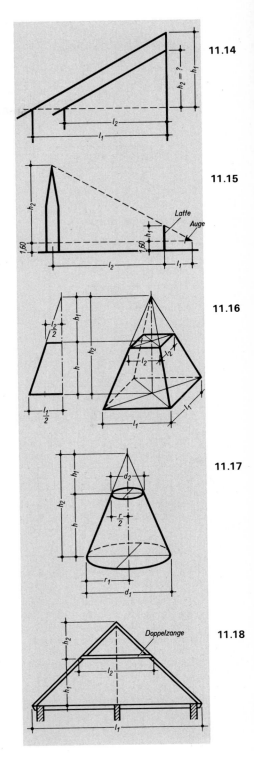

11.14

Aufgabe	l_1	l_2	h_1
a)	8,24	6,36	3,90
b)	10,12	8,00	4,80
c)	9,36	7,50	4,30

1.15 Die Höhe des Turmes (Bild) ist zu berechnen. Über eine Latte mit angegebener Höhe visiert man die Turmspitze an. Die Abstände l_1 und l_2 sowie die Augenhöhe werden durch Messen festgestellt (Maße in m).

11.15

Aufgabe	l_1	l_2	h_1
a)	2,80	39,00	2,20
b)	3,20	46,20	2,60
c)	2,60	32,00	2,10

11.16 Das Bild zeigt einen Pyramidenstumpf mit der dazugehörigen Ergänzungspyramide und die halbe Schnittfläche eines senkrechten Schnittes (links). Berechnen Sie die Höhe h_1 der Ergänzungspyramide aus der Verhältnisgleichung nach den folgenden Maßangaben in m.

11.16

Aufgabe	l_1	l_2	h
a)	4,20	1,80	5,40
b)	5,80	2,22	7,60
c)	3,60	1,50	4,90

11.17 Ermitteln Sie aus dem in Ansicht und Draufsicht dargestellten Kegelstumpf mit Ergänzungskegel den Kreisdurchmesser d_2 für die obere Deckfläche des Kegelstumpfes nach den folgenden Maßangaben in m.

11.17

Aufgabe	d_1	h	h_2
a)	6,20	5,70	11,80
b)	4,80	5,20	9,70
c)	5,70	6,30	12,50

11.18 Berechnen Sie die Länge der mit den Sparren verbolzten Doppelzangen (Bild) aus der Verhältnisgleichung nach den folgenden Maßangaben in m.

11.18

Aufgabe	l_1	h_1	h_2
a)	9,80	2,50	2,64
b)	8,40	2,54	1,60
c)	9,20	2,56	2,24
d)	10,50	2,52	2,28

12 Potenzen — Wurzeln

Wesen der Potenzen

Quadrat

Fläche A

$A = l \cdot l = l^2$

l^2 lies: l hoch 2 oder
l-Quadrat

l^2 ist eine Quadratzahl

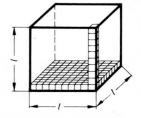

Würfel oder Kubus

Volumen V

$V = l \cdot l \cdot l = l^3$

l^3 lies: l hoch 3

l^3 ist eine Kubikzahl

l^2 u. l^3 sind Potenzen

Eine Potenz ist ein Produkt aus gleichen
Faktoren

Benennungen und Beispiele

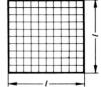

$5^3 = 125$ ────► Potenzwert

────► Hochzahl oder Exponent

Die Hochzahl schreibt man
kleiner als die Grundzahl und
setzt sie rechts oben neben
diese.

────► Grundzahl oder Basis

Beispiel 1:

2. und 3. Potenzen der Zahlen 1 ··· 7

n	1	2	3	4	5	6	7
n^2	1	4	9	16	25	36	49
n^3	1	8	27	64	125	216	343

Beispiel 2:

Zehnerpotenzen

$10^0 = 1$

$10^1 = 10$

$10^2 = 100$

$10^3 = 1000$

$10^4 = 10\,000$

$10^5 = 100\,000$

$\dfrac{1}{10} = 10^{-1}$

$\dfrac{1}{100} = 10^{-2}$

$\dfrac{1}{1000} = 10^{-3}$

Quadratwurzel — Kubikwurzel

Fläche A des Quadrates	Volumen V des Würfels
$A = l^2$	$V = l^3$
Seitenlänge l des Quadrates	Seitenlänge l des Würfels
$l = \sqrt{A}$	$l = \sqrt[3]{V}$

lies: l ist die Quadratwurzel aus A

lies: l ist die Kubik-
wurzel aus V

Das Rechenzeichen für
die Quadratwurzel hat
eine 2 als Wurzelexpo-
nent oder Hochzahl, die
aber meist nicht ge-
schrieben wird.

Das Rechenzeichen für
die Kubikwurzel hat
eine 3 als Exponent
oder Hochzahl. Diese
darf im Wurzelzeichen
nicht fehlen.

Quadratwurzel	Kubikwurzel
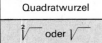 $\sqrt[2]{}$ oder $\sqrt{}$	$\sqrt[3]{}$

Benennungen und Berechnungen

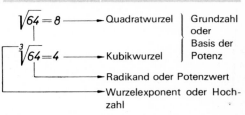

$\sqrt{64} = 8$ ────► Quadratwurzel ⎤ Grundzahl
oder
Basis der

$\sqrt[3]{64} = 4$ ────► Kubikwurzel ⎦ Potenz

────► Radikand oder Potenzwert

────► Wurzelexponent oder Hochzahl

Quadrat- und Kubikwurzeln ermittelt man in der
Praxis aus Zahlentafeln, mit elektronischen Rech-
nern oder mit dem Rechenstab, Überschlagswerte
durch Schätzen und Probieren.

Zur Probe rechnet man mit den Grenzwertquadraten $GW_u{}^2$ und $GW_o{}^2$ und prüft, ob die Zahl, aus
der die Wurzel zu ziehen ist, zwischen diesen
Grenzwerten liegt.

Beispiel: $\sqrt{2{,}5} = \underline{1{,}58114}$

$GW_u{}^2 = 1^2 = 1 \qquad GW_o{}^2 = 2^2 = 4$

Wurzelwert 2,5 = 1,58114 liegt zwischen den
Grenzwertquadraten 1 und 4, der Stellenwert der
Wurzel stimmt.

Das Bestimmen des Potenzwertes mit der Zahlentafel (vgl. S. 140 f.)

Man sucht die gegebene Zahl in der Eingangsspalte (*d* oder *n*) auf und liest in Spalte n^2 das Ergebnis ab. Auch für Zahlen, die gegenüber denen in der Eingangsspalte vergrößert (z. B. 49; 490; 4900) oder verkleinert (z. B. 49; 4,9; 0,49) sind, sind die Ergebnisse ablesbar.

Kommaverschiebung: Wenn in der Eingangsspalte um 1 Stelle, dann in der Spalte n^2 um 2 Stellen.

Zwischenwerte sind zu ermitteln, wenn *n* in der Eingangsspalte nicht ablesbar ist und angenäherte Werte nicht genügen.

Beispiel:
$n = 182,6; \; n^2 = ?$

Für $n = 183$ ist $n^2 = 33\,489$

Für $n = 182$ ist $n^2 = \underline{33\,124}$

Tafeldifferenz $\qquad\qquad 365$

Beispiele:
$n = \quad 49 \rightarrow n^2 = \quad\; \underline{2\,401}; \; n = \quad 4,9 \rightarrow n^2 = \underline{24,01}$

$n = 490 \rightarrow n^2 = \underline{240\,100}; \; n = 0,49 \rightarrow n^2 = \quad \underline{0,2401}$

$\dfrac{10}{10} \triangleq 365; \quad \dfrac{6}{10} \triangleq \dfrac{365 \cdot 6}{10} = 219$

$n^2 = 33\,124 + 219 = \underline{33\,343}$

Das Bestimmen der Quadratwurzel mit der Zahlentafel (vgl. S. 140 f.)

a) Für die Zahlen 1 ··· 1000 (in der Eingangsspalte *d* oder *n*) können die Wurzeln in Spalte $\sqrt{n}$ abgelesen werden, ebenso auch für Zahlen, die gegenüber denen in der Eingangsspalte um eine gerade Stellenzahl (2; 4) vergrößert oder verkleinert sind.

Kommaverschiebung: Wenn in der Eingangsspalte um 2 Stellen, dann in der Spalte $\sqrt{n}$ um 1 Stelle.

Beispiele:
$\sqrt{62} = \underline{7,8740}$

$\sqrt{6200} = \sqrt{62 \cdot 100} = 7,8740 \cdot 10 = \underline{78,740}$

$\sqrt{0,62} = \sqrt{\dfrac{62}{100}} = \dfrac{7,8740}{100} = \underline{0,78740}$

b) Die Zahl, aus der die Wurzel gezogen werden soll, oder die dieser am nächsten kommende Zahl kann man auch in Spalte n^2 aufsuchen und die Wurzel in der Eingangsspalte ablesen.

Beispiele:
$\sqrt{3025} = \underline{55}; \; \sqrt{30,25} = \underline{5,5}$

$\sqrt{204\,304} = \underline{452}; \; \sqrt{20,43} = \underline{4,52}$

$\sqrt{34,14} \approx \underline{5,84}$ (abgelesen unter $n^2 = 341\,056$)

c) Zwischenwerte — s. nachstehendes Beispiel — sind meist nicht notwendig, weil angenäherte Ergebnisse in der Regel ausreichen.

Beispiel:
$\sqrt{128,4}$ liegt zwischen $\sqrt{128} = 11,3137$ und $\sqrt{129} = 11,3578$. Die Tafeldifferenz ist
$\quad 11,3578 - 11,3137 = 0,0441$

Wächst die Zahl von → so wächst die Wurzel um

$\qquad 128 \text{ auf } 129 \quad \rightarrow 0,0441$

$\qquad 128 \text{ auf } 128,1 \rightarrow \dfrac{0,0441}{10}$

$\qquad 128 \text{ auf } 128,4 \rightarrow \dfrac{0,0441 \cdot 4}{10} = 0,0176$

$\sqrt{128,4} = 11,3137 + 0,0176; \; \sqrt{128,4} = \underline{11,3313}$

Potenzwert

12.1 ··· 6 Bestimmen Sie n^2.

12.1 $n = 13; 43; 78; 277; 449; 781$

12.2 $n = 14; 45; 79; 377; 650; 912$

12.3 $n = 7,5; 21,3; 0,7; 0,06; 0,23; 0,011$

12.4 $n = 8,5; 26,9; 0,9; 0,04; 0,17; 0,021$

12.5 $n = 6,4; 8,77; 10,5; 27,7; 0,537; 0,05; 3450; 7220; 7500$

12.6 $n = 7,7; 9,34; 12,6; 33,4; 0,183; 0,045; 5650; 6800; 8180$

Quadratwurzel

12.7 ··· 12 Ziehen Sie die Wurzel aus n^2.

Lösungen nach Hinweisen unter a) und b) oben.

12.7 $n^2 = 6; 60; 355; 3500; 6,3; 8,9$

12.8 $n^2 = 7; 70; 478; 4780; 7,5; 9,8$

12.9 $n^2 = 0,6; 0,85; 0,06; 0,085; 0,04; 0,4$

12.10 $n^2 = 0,7; 0,93; 0,07; 0,093; 0,09; 0,9$

12.11 $n^2 = 4650; 35,75; 27,95; 7855; 72\,400; 654\,500$

12.12 $n^2 = 5620; 48,62; 45,36; 8495; 95\,150; 936\,300$

Mit dem Rechenstab können Aufgaben für das Baugewerbe mit hinreichender Genauigkeit schnell gelöst werden. In diesem Abschnitt wird der Aufgabenbereich durch Multiplikations-, Divisionsaufgaben und das Rechnen mit Potenzen und Wurzeln umrissen.

Aufbau und Teilungen

Der Rechenstab besteht aus Stabkörper, Zunge und Läufer. Die Zunge ist im Stabkörper verschiebbar und zeigt — wie der Körper — auf ihrer Oberfläche mehrere logarithmische Skalen. Auf dem Körper befindet sich der mit Mittelstrich — meistens außerdem mit mehreren Seitenstrichen — versehene Läufer; er dient zum Einstellen und Festhalten von Zahlenwerten.

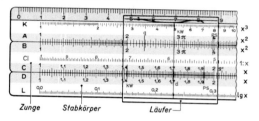

Zunge   Stabkörper   Läufer

Gebräuchlichste Teilungen (System Rietz)

Oberer Stabkörper:	abgeschrägte Kante mit cm	
	K Kubenteilung	x^3
	A Quadratteilung	x^2
Zunge:	B Quadratteilung	x^2
	CI Reziproke Grundtlg.	$1 : x$
	C Grundteilung	x
Unterer Stabkörper:	D Grundteilung	x
	L Mantissenteilung	$\lg x$

Grundlagen für die Teilungen

Das Rechnen mit dem Rechenstab beruht auf dem Gegeneinanderverschieben maßstäblicher Skalen. Verschiebt man zwei Meßlineale mit Zentimetereinteilung gegeneinander (Bild), läßt sich von links nach rechts eine Addition — z. B. $2 + 4 = \textcircled{6}$ — durchführen. Umgekehrt, von rechts nach links, ergibt sich die Subtraktion für das Beispiel $6 - 4 = 2$.

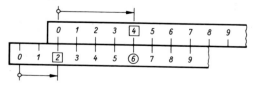

Weil höhere Rechenarten mit dieser Teilung nicht zu bewältigen sind, tragen Rechenstäbe (Stabkörper und Zunge) logarithmische Skalen.
Führt man obiges Rechenbeispiel mit den Skalen des Rechenstabes durch, ergibt sich beim Ablesen von links nach rechts als Ergebnis $\textcircled{8}$, das Produkt aus $2 \cdot 4$. Aufgrund der logarithmischen Teilung erhält man anstelle der Addition eine Multiplikation. Der umgekehrte Weg bedeutet eine Division mit $8 : 4 = 2$ als Ergebnis.

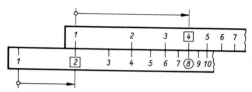

Die logarithmische Skala

Die logarithmische Skala entsteht durch Auftragen von Zehnerlogarithmen aller Zahlen auf einer Geraden vom selben Anfangspunkt aus in geeignetem Maßstab. Zehnerlogarithmen sind die Hochzahlen zur Grundzahl 10 (vgl. T 12, S. 30).

Es ist:

$3^4 = 3 \cdot 3 \cdot 3 \cdot 3 = 81$; $2^5 = 2 \cdot 2 \cdot 2 \cdot 2 \cdot 2 = 32$
$10^0 = 1$
$10^1 = 10$
$10^2 = 100$
$10^3 = 1000$
$10^4 = 10\,000$

Für 10^4 ist 10 die Grundzahl oder Basis,
4 die Hochzahl oder der Exponent,
10 000 der Potenzwert.

In $10^k = 100\,000$ sind die Grundzahl 10 und der Potenzwert gegeben; die Hochzahl k erhält man durch logarithmieren:
$k = \log_{10} 100\,000$ (sprich: k ist der Logarithmus von 100 000 zur Grundzahl 10).
Der Logarithmus der Zahl 100 000 zur Grundzahl 10 ist also die Hochzahl k, mit der man 10 potenzieren muß, um 100 000 zu bekommen. Der Logarithmus k von 100 000 ist 5; geschrieben: $\log_{10} 100\,000 = 5$. Dem ist gleichbedeutend $10^5 = 100\,000$.

Entsprechend sind die Zehnerlogarithmen:
von $1\,000\,000 - k = 6$; von $10\,000\,000 - k = 7$;
von $100\,000\,000 - k = 8$.

Die Betrachtung der Potenzwerte zwischen 100 und 1000 zeigt, daß die Logarithmen (Hochzahlen) Dezimalzahlen zwischen 2 und 3 sind. Entsprechend liegen die Logarithmen für die Zahlen zwischen 1 und 10 zwischen 0 und 1 usw.

Die tabellarische Gegenüberstellung läßt erkennen, daß die Potenzwerte gleichmäßig zunehmen, die Logarithmen dagegen nicht.
Addiert man die Logarithmen zweier Zahlen, z. B. von den Zahlen 2 und 4 (0,301 + 0,602), so erhält man den Logarithmus des Produkts beider Zahlen, also $2 \cdot 4 = 8$ (0,903).

Potenzwerte und Logarithmen

Potenzwert	Hochzahl oder Logarithmus	Schreibweise in Zehnerpotenzen	
1	0	10^0	$= 1$
2	0,301	$10^{0,301}$	$= 2$
3	0,477	$10^{0,477}$	$= 3$
4	0,602	$10^{0,602}$	$= 4$
5	0,699	$10^{0,699}$	$= 5$
6	0,778	$10^{0,778}$	$= 6$
7	0,845	$10^{0,845}$	$= 7$
8	0,903	$10^{0,903}$	$= 8$
9	0,954	$10^{0,954}$	$= 9$
10	1	10^1	$= 10$

Subtrahiert man die Logarithmen zweier Zahlen, z. B. von den Zahlen 4 und 2 (0,602 − 0,301), so erhält man den Logarithmus des Quotienten beider Zahlen, also $4 : 2 = 2$ (0,301).

Mit Hilfe der Logarithmen läßt sich die Multiplikation auf eine Addition, die Division auf eine Subtraktion zurückführen.
Trägt man vom Anfangspunkt einer Strecke von 1 dm die Logarithmen der Zahlen 1, 2, 3, 4, 5, 6, 7, 8, 9, 10 ab, erhält man die Logarithmenskala.

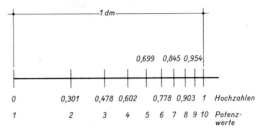

Beim Rechenstab stehen an den Markierungsstrichen statt der Hochzahlen die entsprechenden Potenzwerte; die Einheitsstrecke mißt auf der Grundskala (C, D oder x) im Normalfall 25 cm. Bei der Quadratteilung (A, B oder x^2) ist die Einheitsstrecke 12,5 cm und erscheint zweimal; so gibt die Skala die Logarithmen für die Zahlen 1 ··· 100 an.
Skala K zeigt die Logarithmen der Zahlen 1 ··· 1000.

Anleitung für das Rechnen mit dem Rechenstab

Ablesen und Einstellen

Merke:

1. Auf den logarithmischen Skalen können nur Ziffernfolgen abgelesen und eingestellt werden.

2. Der Abstand zwischen 2 Zahlen ist nicht in allen Bereichen der logarithmischen Skala gleich groß.

Zu 1.: Das Einstellen oder Ablesen von Zahlenwerten geschieht mit dem Hauptstrich des Läufers und den Anfangs- und Endpunkten der Zungenteilungen (1, 10, 100 der Skalen B, C, CI).

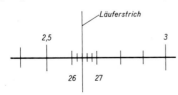

Das Bild zeigt die Ziffernfolge 264 (sprich: zwei-sechs-vier) an. Diese Einstellung gilt genauso für 2,64 − 26,4 − 2640 und 0,264, weil die Zahlen die gleiche Ziffernfolge aufweisen. Die Kommastel-

lung wird bei allen Rechnungen erst nachträglich durch Überschlag ermittelt.

Zu 2.: Die kleinen Teilstriche haben in allen Teilungsbereichen — die D-Skala umfaßt die Bereiche von 1 ··· 2, 2 ··· 4 und 4 ··· 10 — nicht die gleiche Bedeutung. So ist die Strecke zwischen 26 und 27 (Bild) in 5 gleiche Intervalle unterteilt, so daß der erste Teilstrich 262, der zweite 264, der dritte 266 bedeutet. Die kurzen Teilstriche führen im Streckenabschnitt 2 ··· 4 in der 3. Stelle der Ziffernfolge also jeweils um 2 Einheiten weiter. Zum Einstellen von 267 ist der Läuferstrich genau in die Mitte zwischen den dritten und vierten Teilstrich zu bringen. Zwischen der Mitte und den benachbarten Teilstrichen (266, 268) kann man die Einstellung einer 4. Ziffernstelle durch Schätzen erreichen, z. B. 2665 oder 2675.
Im Teilungsbereich 1 ··· 2 wird z. B. die Strecke zwischen 14 und 15 in 10 Intervalle geteilt. Der erste Teilstrich bedeutet 141, der zweite 142 usw. Drei Stellen können genau eingestellt werden, die vierte ist durch Schätzen einzustellen. 1435 ergibt sich, wenn der Läuferstrich mittig zwischen 143 und 144 steht.

Im Bereich von 4 ··· 10 ist z. B. die Strecke zwischen 66 und 67 nur in 2 gleiche Intervalle geteilt. Genau läßt sich 665 auffinden, alle anderen Werte zwischen 66 und 67 sind durch Schätzen einzustellen.

Multiplikation

Rechnen auf den Grundskalen C und D

Bevorzugt benutzt man die Grundskalen, weil hier die Ablesegenauigkeit größer ist als auf den Skalen A und B.

Beispiel 1:
$1,8 \cdot 3 = 5,4$

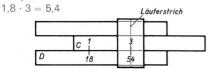

Die Zunge ist so zu verschieben, daß die 1 der C-Skala (C 1) über 18 der D-Skala (D 18) steht. Der Hauptstrich des Läufers wird auf C 3 gestellt und das Ergebnis unter dem Läuferstrich auf Skala D abgelesen (54).
Kommastellung: Vergleich $2 \cdot 3 = 6$
Lösung: $1,8 \cdot 3 = \underline{5,4}$

Die gleiche Einstellung von Zunge und Läufer gilt auch für die Aufgaben
$18 \cdot 3$; $180 \cdot 30$; $0,18 \cdot 3$; $0,18 \cdot 0,3$,
weil beide Faktoren die gleiche Ziffernfolge haben.

Durchschieben der Zunge

Beispiel 2:
$48,5 \cdot 30,5 = 1480$

C 305 ist nicht wie im Beispiel 1 mit dem Läufer einstellbar. Deshalb schiebt man die Zunge nach links durch, bis C 10 über D 485 steht. Der Läufer wird auf C 305 gestellt und das Ergebnis auf der D-Skala abgelesen (148).
Kommastellung: Vergleich $50 \cdot 30 = 1500$
Lösung: $48,5 \cdot 30,5 = \underline{1480}$

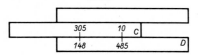

Rechnung auf den Skalen A und B

Beispiel 3:
$2,9 \cdot 81 = 235$

B 1 der Zunge wird unter A 29 gebracht, der Läufer auf B 81 gestellt und das Produkt auf A abgelesen (235).

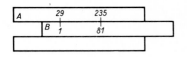

Kommastellung: Vergleich $3 \cdot 80 = 240$
Lösung: $2,9 \cdot 81 = \underline{235}$

Mehrfache Multiplikation

Beispiel 4:
$715 \cdot 12,8 \cdot 37,6 = 344\,000$

Man fängt am besten mit dem kleinsten Faktor an, stellt C 1 über D 128 und schiebt den Läufer auf C 715. Das Zwischenergebnis ist nicht abzulesen, sondern C 10 unter den Läuferstrich zu bringen. Danach wird der Läufer auf C 376 geschoben und auf D das Ergebnis abgelesen (344).
Kommastellung: Vergleich $700 \cdot 10 \cdot 40 = 280\,000$
Lösung: $715 \cdot 12,8 \cdot 37,6 = \underline{344\,000}$

Division

Dividieren auf den Grundskalen C und D

Beispiel 5:
$84,5 : 6,18 = 13,67$

Auf der D-Skala ist der Läufer über den Zähler D 845 zu stellen. Der Nenner C 618 wird mit der Zunge unter den Läuferstrich geschoben und das Ergebnis auf D unter C 1 abgelesen (1367).
Kommastellung: Vergleich $90 : 6 = 15$
Lösung: $84,5 : 6,18 = \underline{13,67}$

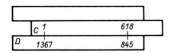

Beispiel 6:
$845 : 93 = 9,08$

Der Zähler hat die gleiche Ziffernfolge wie im Beispiel 5, also wird der Läufer wieder auf D 845 gebracht. Schiebt man die Zunge mit C 93 unter den Läuferstrich, so stellt man fest, daß das Ergebnis nicht mehr — wie im Beispiel 5 — unter C 1 auf D abgelesen werden kann. In diesem Falle findet man den Wert des Quotienten auf Skala D unter C 10.

Dividieren auf den Skalen A und B

Soll die Aufgabe im Beispiel 6 auf den Skalen A und B gerechnet werden, so wird mittels Läufer B 93 unter A 845 gestellt und das Ergebnis auf A über B 100 abgelesen.

Multiplikation und Division kombiniert

Beispiel 7:
$$\frac{386 \cdot 41,5}{20,8} = 770$$

Zuerst ist 386 durch 20,8 zu dividieren und dann der Quotient mit 41,5 zu multiplizieren. Das ist mit einer Zungenstellung erreichbar. C 208 wird mittels Läuferstrich über D 386 gestellt. Das Zwischenergebnis multipliziert man gleich, indem man den Läufer auf C 415 schiebt. Das Resultat ist auf D 770 ablesbar (770).

Kommastellung: Vergleich $\dfrac{400 \cdot 40}{20} = 800$

Lösung: <u>770</u>

Beispiel 8:
$$\frac{27,8}{0,675 \cdot 19,8} = 2,08$$

Auf der D-Skala ist der Läufer auf D 278 und darüber die Zunge mit C 675 einzustellen. Auf das Zwischenergebnis — es steht auf Skala D unter C 10 — schiebt man den Läuferstrich. Dann wird C 198 unter den Läuferstrich geschoben und das Ergebnis bei C 1 auf Skala D abgelesen (2,08).

Kommastellung: Vergleich $\dfrac{30}{0,5 \cdot 20} = 3$

Lösung: <u>2,08</u>

Verhältnisse und Verhältnisgleichungen

Beispiel 9:
Wieviel DM kosten 1,5 kg, 2,5 kg, 12 kg, 1,75 kg, 18,5 kg, 80 kg, wenn 1 kg 1,85 DM kostet?

Der Preis je kg ist eingestellt, wenn durch Zungenverschiebung C 1 über D 185 steht. Mit dieser Einstellung können alle anderen Verhältnisse zwischen Gewicht und Preis abgelesen werden. Die Gewichte auf Skala C stehen den Preisen auf Skala D jetzt wie in einer Tabelle gegenüber. Der Läufer wird nacheinander auf C 15, 25, 12, 175, 185 und 80 geschoben, wobei auf Skala D die zugehörigen Preise — 2,78 DM, 4,63 DM, 22,2 DM, 3,24 DM, 34,2 DM, 148 DM — ablesbar sind. (Zum Ablesen des Preises für 80 kg muß die Zunge nach links durchgeschoben werden, so daß C 10 über D 185 steht.)

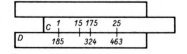

Beispiel 10:
6,5 kg kosten 8,40 DM. Wieviel kosten 3,2 kg?

Als Verhältnisgleichung: $\dfrac{6,5}{8,4} = \dfrac{3,2}{x}$

Soll die C-Skala wieder die Gewichte und die Skala D die Preise angeben, so muß C 65 über D 84 gestellt werden. Dann zeigt der Läufer unter C 32 auf der D-Skala den Preis mit 4,13 DM an. Der Preis je Kilogramm kann auf D unter C 1 abgelesen werden.

Beispiel 11:
Eine Zeichnung ist im Maßstab 1 : 250 angefertigt. Wie lang sind die wirklichen Strecken, wenn sie in der Zeichnung Längen von 1,7 cm, 3,5 cm, 4 cm haben?

Wird C 25 über D 1 gestellt, können auf Skala C die wirklichen Längen der Strecken abgelesen werden. Der Läufer zeigt für D 17, 35 und 4 die entsprechenden C-Werte: 425, 875 und 10, d. h., die wirklichen Längen sind 4,25 cm, 8,75 m und 10 m. (Umgekehrt sind z. B. 9,5 m (C 95) in der Zeichnung 3,8 cm lang (D 38).)

Potenzieren und Wurzelziehen

Potenzen und Wurzeln werden nur mit dem Läufer auf den Skalen D, A, K eingestellt.

Quadrate und Quadratwurzeln

Beispiel 12:
$1,3^2 = 1,69$

Die Grundzahl ist auf der D-Skala einzustellen (D 13) und das zugehörige Quadrat unter dem Läuferstrich auf Skala A abzulesen (169).
Kommastellung: Vergleich $1 \cdot 1 = 1$; $2 \cdot 2 = 4$
Lösung: <u>1,69</u>

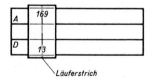

Beispiel 13:
$81^2 = 6560$

Der Läuferstrich wird auf D 81 geschoben. Für die Quadratzahl liest man die Ziffernfolge 656 ab.
Kommastellung: Vergleich $80 \cdot 80 = 6400$
Lösung: <u>6560</u>

Beim Quadratwurzelziehen geht man umgekehrt von Skala A nach D.

Hierbei ist allerdings zu beachten, daß auf der Quadratteilung die logarithmische Skala zweimal abgetragen und somit jede Zahl in der Ziffernfolge doppelt vorhanden ist.

Beispiel 14:
$$\sqrt{9} = 3$$

Der Läuferstrich ist auf A 9 zu bringen und das Ergebnis auf der D-Skala abzulesen (3).

Stellt man aber den Läufer auf A 90 ein, erhält man auf der Grundskala 948; das ist aber die Ziffernfolge für $\sqrt{90}$ oder $\sqrt{9000}$ und nicht für $\sqrt{9}$. Es ist deshalb notwendig, sich vorher darüber klarzuwerden, wo der Radikand auf Skala A einzustellen ist. Das kann durch Überschlag oder durch Beachtung folgender Regel geschehen:
Besteht der Radikand aus ungeradstelligen Zahlen (9; 900; 90 000; 0,9; 0,009), so ist er auf der linken Hälfte der A-Skala (1 ··· 10), bei geradstelligen Zahlen (49; 4900; 490 000; 0,0009; 0,09) auf der rechten Hälfte (10 ··· 100) einzustellen.
Eine dritte Möglichkeit besteht darin, daß man die Wurzeln zu den auf Skala A verzeichneten Zahlen von 1 ··· 100 direkt auf Skala D abliest (ergibt Werte zwischen 1 und 10). Alle Radikanden über 100 und unter 1 werden als Zehnerpotenzen mit Faktoren zwischen 1 und 100 geschrieben:

$$\sqrt{6400} = \sqrt{64 \cdot 100} = \sqrt{64} \cdot \sqrt{100} =$$
$$= \sqrt{64} \cdot 10 = 8 \cdot 10; \text{ Ergebnis } \underline{80}$$

$$\sqrt{0,62} = \sqrt{\frac{62}{100}} = \frac{\sqrt{62}}{\sqrt{100}} = \frac{1}{10} \cdot \sqrt{62} =$$

$$= \frac{1}{10} \cdot 7,87 = \underline{0,787}$$

Kuben und dritte Wurzeln

Beispiel 15:
$$6,3^3 = 250$$

Die Grundzahl 6 wird — genau wie beim Quadrieren — auf der Grundskala D eingestellt. Die dritte Potenz kann dann unter dem Läuferstrich auf Skala K abgelesen werden (25).
Kommastellung: Vergleich 6 · 6 · 6 = 216
Lösung: $\underline{250}$

Beispiel 16:
$$0,63^3 = 0,25$$

Hierfür gilt die gleiche Läufereinstellung wie im Beispiel 15.

Dritte Wurzeln werden in umgekehrter Richtung errechnet, also von K nach D.

Kommastellung:
Für alle Radikanden zwischen 1 und 1000 (K-Skala) sind die dritten Wurzeln ohne weiteres auf D abzulesen; es sind Werte zwischen 1 und 10.
Ist aber der Radikand größer als 1000 oder kleiner als 1, verfährt man beim Ziehen der dritten Wurzel wie beim Quadratwurzelziehen, entweder durch Überschlagsrechnung oder durch Aufstellen einer entsprechenden Stellenregel oder durch Umschreiben der Radikanden in Zehnerpotenzen von Zahlen zwischen 1 und 1000.

$$\sqrt[3]{2400} = \sqrt[3]{2,4 \cdot 1000} = \sqrt[3]{2,4 \cdot 10^3}$$
$$= \sqrt[3]{2,4} \cdot 10 = 1,34 \cdot 10; \text{ Ergebnis } \underline{13,4}$$

$$\sqrt[3]{24\,000} = \sqrt[3]{24 \cdot 1000} = \underline{28,8}$$

$$\sqrt[3]{240\,000} = \sqrt[3]{240 \cdot 1000} = \underline{62,2}$$

$$\sqrt[3]{0,024} = \sqrt[3]{\frac{24}{1000}} = \sqrt[3]{\frac{24}{10}} = \underline{0,288}$$

Multiplikation, Division

13.1		13.2		13.3	
a)	16 · 45	a)	1,6 · 2,5	a)	178 · 26 · 3,5
b)	18 · 24	b)	1,79 · 71,5	b)	1,4 · 180 · 3,2
c)	36 · 195	c)	98,2 · 0,68	c)	142 · 3,1 · 19
d)	265 · 30	d)	1360 · 0,496	d)	28 · 0,42 · 365
e)	1870 · 565	e)	8,05 · 455	e)	1,52 · 2,09 · 4,4
f)	630 · 282	f)	0,66 · 0,605	f)	23,7 · 62,3 · 0,742
g)	845 · 74	g)	1,06 · 0,586	g)	144,5 · 67,8 · 21,5
h)	910 · 1850	h)	8450 · π	h)	0,80 · 6,02 · 34,4
i)	6435 · 522	i)	3260 · π	i)	4,66 · 2,8 · 0,189 · 346

13.4 Berechnen Sie die Fläche A für Rechtecke:

Aufgabe	a)	b)	c)
Länge l	4,82 m	6,85 m	1,12 m
Breite b	3,98 m	4,90 m	0,52 m
Fläche A	?	?	?

Hinweis: $A = l \cdot b$

13.5 Berechnen Sie das Volumen V für Prismen:

Aufgabe	a)	b)	c)	d)
Grundfläche				
Länge l	36,5 cm	1,80 m	7,80 m	4,25 m
Breite b	24 cm	0,12 m	0,30 m	0,49 m
Körperhöhe h	262 cm	2,45 m	1,75 m	6,50 m

Hinweis: $V = l \cdot b \cdot h$

13.6
a) 0,88 : 0,246
b) 446 : 21,8
c) 20,5 : 0,462
d) 382 : 40,8
e) 0,076 : 0,266

13.7
a) 36,8 : 208,5
b) 7,34 : 2,5
c) 4,56 : 0,53
d) 4,97 : π
e) 0,526 : 3,24

13.8
a) $\dfrac{18,8 \cdot 0,462}{21,6 \cdot 6,39}$
b) $\dfrac{4,7 \cdot 11,4}{0,86}$
c) $\dfrac{1,085 \cdot 8,4}{2,75}$

13.9
a) $\dfrac{213,5 \cdot 0,082 \cdot 27,9}{0,468 \cdot 3,9}$
b) $\dfrac{1}{0,785}$
c) $\dfrac{0,643}{17,8}$

Hinweis zu 13.9a): Derartige Aufgaben werden durch abwechselnde Division und Multiplikation gelöst.

13.10
a) $\dfrac{14,1 \cdot 396 \cdot 585}{312 \cdot 109}$
b) $\dfrac{3,72 \cdot 580 \cdot 0,54}{2,08 \cdot 13,4}$

Verhältnisgleichungen

13.11
a) $\dfrac{18}{28,6} = \dfrac{5,4}{x}$
b) $\dfrac{102}{13,5} = \dfrac{41}{x}$
c) $\dfrac{0,69}{8,8} = \dfrac{x}{199}$
d) $\dfrac{x}{3,8} = \dfrac{4,7}{12}$

13.12 Ein junger Facharbeiter verdient in 40 Stunden 448 DM. Wieviel DM bekommt er für 164 Stunden?

13.13 In 178 Stunden verdient ein Geselle 1886,80 DM. Wieviel DM erhält er für a) 8 Stunden, b) 1 Stunde?

13.14 Berechnen Sie den Benzinverbrauch für a) 36 km, b) 68 km, c) 134 km, d) 310 km, wenn ein Lkw durchschnittlich 18,6 l für 100 km braucht.

13.15 Berechnen Sie 18,8 % von 80 kg.

Hinweis für die Lösung: $\dfrac{100}{80} = \dfrac{18,8}{x}$

13.16 Berechnen Sie 23 % von a) 77,6 kg, b) 1060 kg, c) 1890 kg, d) 4,5 t, e) 83,4 t.

13.17 Wieviel % sind 24,8 kg von a) 792 kg, b) 404 kg, c) 93,8 kg?

13.18 Wieviel DM sind 36 % von a) 1090 DM, b) 12,5 DM?

13.19 Wieviel cm lang sind die gegebenen wirklichen Längen in den Maßstäben 1 : 250, 1 : 50, 1 : 25 und 1 : 5 zu zeichnen?

Längen	M 1 : 250	M 1 : 50	M 1 : 25	M 1 : 5
2,40 m	?	?	?	?
1,75 m	?	?	?	?
16,56 m	?	?	?	—
6,20 m	?	?	?	?
10,24 m	?	?	?	—
36,5 cm	—	?	?	?
24 cm	—	?	?	?

13.20 Das Gefälle einer Entwässerungsleitung soll 1 : 50 betragen. Wieviel cm beträgt die Höhendifferenz auf eine Länge von a) 18 m, b) 9,60 m, c) 14,20 m, d) 27,35 m, e) 6,30 m?

13.21 Berechnen Sie das Steigungsverhältnis, wenn die Maße für die waagerecht gemessene Länge (l) und die Höhe (h) betragen:
a) $l = 5,60$ m, $h = 0,40$ m; b) $l = 12,20$ m, $h = 1,20$ m; c) $l = 0,65$ m, $h = 1,30$ m; d) $l = 8,40$ m, $h = 1,80$ m.

13.22 Die Steigung einer Straße beträgt a) 6 %, b) 12,4 %, c) 7,6 %, d) 16,2 %, e) 5,8 %. Wieviel m steigt die Straße auf einer waagerecht gemessenen Strecke von 1,820 km?

Hinweise zu 13.19 $\cdots$ 13.22: vgl. T 16, S. 42.

Quadrate und Quadratwurzeln

13.23
a) $1,39^2$
b) $2,75^2$
c) $0,99^2$
d) $0,066^2$
e) $192,4^2$
f) $14,05^2$
g) $0,0023^2$
h) $44,6^2$
i) $0,045^2$
k) $1,74^2$
l) $0,14^2$
m) $18,06^2$

13.24
a) $\sqrt{6,25}$
b) $\sqrt{3,8}$
c) $\sqrt{20,2}$
d) $\sqrt{57,8}$
e) $\sqrt{1700}$
f) $\sqrt{0,003}$
g) $\sqrt{19650}$
h) $\sqrt{0,865}$
i) $\sqrt{52,5}$

Kuben und dritte Wurzeln

13.25
a) $7,8^3$
b) $0,44^3$
c) $2,46^3$
d) 405^3
e) $16,3^3$
f) $0,76^3$
g) $44,2^3$
h) 128^3
i) $3,4^3$
k) $0,64^3$
l) $18,6^3$
m) $21,8^3$

13.26
a) $\sqrt[3]{202}$
b) $\sqrt[3]{28\,200}$
c) $\sqrt[3]{0,370}$
d) $\sqrt[3]{0,037}$
e) $\sqrt[3]{46,5}$
f) $\sqrt[3]{1930}$

13.27 Berechnen Sie die Kantenlänge l eines Würfels, wenn sein Volumen V a) 1,86 m³, b) 2,37 m³, c) 9240 dm³, d) 8680 cm³ beträgt.

Hinweis: $V = l \cdot l \cdot l$

Zeiteinheiten

Die Einheit der Zeit ist die Sekunde, Einheitenzeichen s.

Abgeleitete Einheiten	Rechnen mit Zeiteinheiten	
	Addieren	Subtrahieren

60 s = 1 Minute = 1 min	15 h 6 min 43 s + 3 h 57 min 48 s	15 h 6 min 43 s − 3 h 57 min 48 s
60 min = 1 Stunde = 1 h	Lösung: 15 h 6 min 43 s	Lösung: 15 h 6 min 43 s
24 Std = 1 Tag = 1 d	+ 3 h 57 min 48 s	− 3 h 57 min 48 s
365 Tage = 1 Gemeinjahr = 1 a	18 h 63 min 91 s	14 h 66 min 43 s
366 Tage = 1 Schaltjahr	umgerechnet 18 h 64 min 31 s	umgerechnet 14 h 65 min 103 s
Einheitenzeichen für Minute	Ergebnis 19 h 4 min 31 s	− 3 h 57 min 48 s
bei Uhrzeiten auch m.		Ergebnis 11 h 8 min 55 s

Umrechnen	Multiplizieren	Dividieren
0,1 h = 0,1 · 60 min = 6 min	3 · 3 h 57 min 48 s	3 h 57 min 48 s : 3
0,1 h = 0,1 · 3600 s = 360 s	Lösung: 9 h 171 min 144 s	Lösung: 1 h 19 min 16 s
$4800 \, s = \dfrac{1 \, min \cdot 4800}{60} = 80 \, min$	umgerechnet 9 h 173 min 24 s	Uhrzeitzeichen h, m, s werden erhöht geschrieben.
$80 \, min = \dfrac{1 \, h \cdot 80}{60} = 1 \, h \, 20 \, min$	Ergebnis 11 h 53 min 24 s	Beispiel: $2^h \, 25^m \, 3^s$

Winkeleinheiten

Benennungen

$\overline{AB}$ und $\overline{AC}$ = Schenkel
A = Scheitelpunkt
∡ α = Winkel Alpha

Messen der Winkel

Die Einheit des Winkels ist 1 Radiant (rad). Er wird durch einen Winkel dargestellt, für den das Verhältnis „Kreisbogen durch Kreisradius" den Zahlenwert 1 hat. Der rechte Winkel (Einheitenzeichen: ∟, sprich: Rechter) ist gleich dem π/2fachen des Radianten; $1^{∟} = (π/2)$ rad. 1 Grad (1°) ist gleich dem 90. Teil des rechten Winkels; $1° = (π/180)$ rad.

1 Grad = 60 Minuten; 1° = 60′; 1′ = 0,01667°
1 Minute = 60 Sekunden; 1′ = 60″; 1″ = 0,00028°

Winkelarten

spitzer Winkel
< 90°

rechter Winkel
= 90°

stumpfer Winkel
> 90° < 180°

gestreckter Winkel = 180°

erhabener Winkel > 180°

Vollwinkel = 360°

Umrechnen von Winkeleinheiten

① 0,4° = ? min
Lösung:
1° = 60′
0,4° = 0,4 · 60′
0,4° = 24′

② 35′ = ? Grad
$1′ = \dfrac{1°}{60}$
$35′ = \dfrac{1° \cdot 35}{60}$
35′ = 0,5833°

③ 0,4° = ? s
Lösung:
1° = 3600″
0,4° = 0,4 · 3600
0,4° = 1440″

Rechnen mit Winkeleinheiten

①   15°   6′   43″
+   3°   57′   48″
  18°   63′   91″
  18°   64′   31″
  19°   4′   31″

②   3°   57′   48″ · 3
  9°   171′   144″
  9°   173′   24″
  11°   53′   24″

Die griechischen Buchstaben für die Benennung der Winkel					
Alpha	Beta	Gamma	Delta	Epsilon	Zeta
$A\,\alpha$	$B\,\beta$	$\Gamma\,\gamma$	$\Delta\,\delta$	$E\,\varepsilon$	$Z\,\zeta$
Eta	Theta	Jota	Kappa	Lambda	My
$H\,\eta$	$\Theta\,\vartheta$	$I\,\iota$	$K\,\kappa$	$\Lambda\,\lambda$	$M\,\mu$
Ny	Xi	Omikron	Pi	Rho	Sigma
$N\,\nu$	$\Xi\,\xi$	$O\,o$	$\Pi\,\pi$	$P\,\rho$	$\Sigma\,\sigma$
Tau	Ypsilon	Phi	Chi	Psi	Omega
$T\,\tau$	$Y\,\upsilon$	$\Phi\,\varphi$	$X\,\chi$	$\Psi\,\psi$	$\Omega\,\omega$

Umrechnen von Zeiteinheiten

4.1 Rechnen Sie in Minuten um:
a) 30 s; b) 20 s; c) 40 s; d) 50 s; e) 35 s.

4.2 Rechnen Sie in Minuten um:
a) 2,5 h; b) 6,3 h; c) $4\frac{1}{4}$ h; d) 0,3 h; e) 0,2 h.

4.3 Rechnen Sie in Stunden und Minuten um:
a) 200 min; b) 450 min; c) 122 min; d) 145 min;
e) 750 min; f) 1000 min.

4.4 Rechnen Sie in Minuten und Sekunden um:
a) 640 s; b) 425 s; c) 155 s; d) 605 s; e) 422 s; f) 355 s;
g) 700 s; h) 1000 s.

4.5 Rechnen Sie in Stunden, Minuten und Sekunden um: a) 17500 s; b) 5850 s; c) 7000 s; d) 12000 s;
e) 15500 s; f) 20220 s; g) 78270 s.

Rechnen mit Zeiteinheiten

14.6 Die einzelnen Arbeitsgänge zur Fertigung von Werkstücken betragen:
a) 3 min + 5,5 min + 16 min + 1,2 min + 40 min +
+ 6,5 min + 7,2 min + 0,4 min;
b) 4,5 min + 13,2 min + 0,4 min + 0,6 min + 9,5 min +
+ 6,3 min + 0,6 min + 2,3 min;
c) 3,6 min + 13,4 min + 19 min + 0,6 min + 0,4 min +
+ 4,9 min + 1,7 min + 0,9 min.

Berechnen Sie die Gesamtarbeitszeiten in Minuten.

14.7 Berechnen Sie in Stunden, Minuten u. Sekunden:
a) 6 h + 14 min + 6 h 50 min 12 s
b) 4,5 h + 0,4 h + 6 h 10 min 30 s
c) 14 h − 10 h 20 min + 2 h 25 min + 3000 s
d) 10,5 h + 0,4 h 20 min − 6 h 40 min 10 s
e) 3750 s + 12 h 55 min 26 s
f) 40 min + 30 min 40 s − 450 s
g) 700 s + 22 h − 350 min
h) 0,9 h + 4,7 h − 42 min − 40 s
i) (2 h + 23 min) · 2,5
k) 4,5 h + 20 min · 5

Umrechnen von Winkeleinheiten

14.8 ··· 13 Wieviel Minuten und Sekunden sind:

14.8	14.9	14.10	14.11	14.12	14.13
0,4°	0,5°	0,36°	0,42°	0,55°	0,75°

14.14 ··· 19 Wieviel Grad, Minuten und Sekunden sind:

14.14	14.15	14.16	14.17	14.18	14.19
4,2°	5,3°	6,25°	8,45°	72,32°	80,48°

14.20 ··· 25 Berechnen Sie in Grad bis zur 3. Kommastelle:

14.20	14.21	14.22	14.23	14.24	14.25
20'	24'	2°40'	3°25'	115'	135'

14.26 ··· 31 Berechnen Sie in Minuten bis zur 3. Kommastelle:

14.26	14.27	14.28	14.29	14.30	14.31
50''	40''	0,7°	0,9°	2'35''	3'42''

Rechnen mit Winkeleinheiten

14.32 ··· 51 Berechnen Sie die Ergebnisse in Grad.

14.32 $40° + 55° + 65°$ **14.33** $25° + 75° + 15°$

14.34 $55°36' + 65°45'$ **14.35** $40°40' + 55°27'$

14.36 $14°15'20'' + 27°45'55'' + 21°16'48''$

14.37 $15°17'25'' + 15°28'45'' + 16°49'55''$

14.38 $115° − 60° − 15°$ **14.39** $120° − 55° − 40°$

14.40 $75°30' − 35°12'$ **14.41** $149°50' − 24°6'$

14.42 $85°45'55'' − 50°50'50'' − 15°15'45''$

14.43 $95°55'20'' − 55°35'12'' − 10°12'24''$

14.44 $35°15' · 4$ **14.45** $45°45' · 3$

14.46 $47°24'16'' · 7,5$ **14.47** $42°40'20'' · 8,5$

14.48 $35°35' : 4$ **14.49** $48°45' : 4$

14.50 $24°45'12'' : 6$ **14.51** $18°45'12'' : 6$

14.52 ··· 57 Berechnen Sie den fehlenden Dreieckswinkel.

Merke: $\alpha + \beta + \gamma = 180°$.

Aufg.	α	β	γ
14.52	35°	12°15'	?
14.53	92°12'	?	56°
14.54	23°15'42''	74°9'	?
14.55	79°23'4''	?	7°45'
14.56	15°29'18''	38°12'27''	?
14.57	112°15'34''	?	47°13'39''

14.58 ··· 63 Berechnen Sie den Mittelpunktswinkel $\left(\alpha = \dfrac{360°}{n}\right)$ und Eckwinkel $\left(\beta = 180° − \alpha = 180° − \dfrac{360°}{n}\right)$ für regelmäßige Vielecke (n = Zahl der Ecken):

14.58 Fünfeck   **14.59** Achteck

14.60 Sechseck   **14.61** Neuneck

14.62 Siebeneck   **14.63** Elfeck

14.64/65 Addieren Sie.   **14.66/67** Subtrahieren Sie.

25°12'13'' 39° 2'48''	50°41'29'' 68°19'34''
14°49'57'' 19°17'30''	17°54'42'' 62°44'35''

14.68/69 Multiplizieren bzw. dividieren Sie.

14.68 61°15'12'' · 3,5   **14.69** 41°45'30'' : 3
      15°14'48'' · 4   82°24'42'' : 4

Das Meter, Einheitenzeichen m

Alles Messen ist Vergleichen. Man mißt die Länge einer Strecke, indem man feststellt, wie oft eine bekannte Länge, die Längeneinheit, in der Strecke enthalten ist.

In der Bundesrepublik Deutschland ist — wie in den meisten Ländern — die gesetzliche Längeneinheit das Meter, Einheitenzeichen m.

Französische Gelehrte legten bereits 1791 das Meter als eine Längeneinheit fest, die etwa dem zehnmillionsten Teil eines Erdmeridianquadranten entspricht. Diese Einheit wurde durch einen Platin-Iridium-Stab, das „Urmeter", verkörpert, der noch heute bei Paris aufbewahrt wird. In Deutschland wurde das Meter als gesetzliche Einheit erst 1871 eingeführt.

Nach der heute geltenden gesetzlichen Definition ist 1 m das 1 650 763,73fache der Wellenlänge der orangeroten Strahlung des Edelgases Krypton im Vakuum.

Teile von Einheiten

$$1 \text{ Meter} = 10 \text{ Dezimeter (dm)}$$
$$1 \text{ Meter} = 100 \text{ Zentimeter (cm)}$$
$$1 \text{ Meter} = 1000 \text{ Millimeter (mm)}$$

Vielfache von Einheiten

$$1000 \text{ Meter} = 1 \text{ Kilometer (km)}$$
$$1852 \text{ Meter} = 1 \text{ Seemeile (sm)}$$

Umrechnen von Längeneinheiten

Die Umrechnungszahl für die Längeneinheiten m, dm, cm und mm ist 10. Soll eine in diesen Einheiten angegebene Länge in die nächstkleinere Einheit umgerechnet werden, multipliziert man den Zahlenwert mit 10; beim Umrechnen in die nächstgrößere Einheit dividiert man den Zahlenwert durch 10. Für kleine Längen wählt man als Einheit cm oder dm, für größere Längen m, für große km.

$$1 \text{ m} = 10 \text{ dm} = 100 \text{ cm} = 1000 \text{ mm}$$
$$1 \text{ dm} = 10 \text{ cm} = 100 \text{ mm}$$
$$1 \text{ cm} = 10 \text{ mm}$$
$$1 \text{ mm} = 0,1 \text{ cm} = 0,01 \text{ dm} = 0,001 \text{ m}$$
$$1 \text{ cm} = 0,1 \text{ dm} = 0,01 \text{ m}$$
$$1 \text{ dm} = 0,1 \text{ m}$$

Beispiel 1: 0,75 m = ? cm

Lösungen:

a) Komma 2 Stellen nach rechts 0,75 m = 75 cm

b) durch Rechnung: 1 m = 100 cm
0,75 m = 0,75 · 100 cm = 75 cm

Beispiel 2: 24 cm = ? dm

Lösungen:

a) Komma 1 Stelle nach links 24 cm = 2,4 dm

b) durch Rechnung: 1 cm = 0,1 dm
24 cm = 24 · 0,1 dm = 2,4 dm

Beispiel 3: 75 mm = ? m

Lösungen:

a) Komma 3 Stellen nach links 75 mm = 0,075 m

b) durch Rechnung: 1 mm = 0,001 m
75 mm = 75 · 0,001 m = 0,075 m

Längen in der Bauzeichnung

Nach DIN 1356 können in Bauzeichnungen u.a. alle Längen unter 1 m in cm, von 1 m und mehr in m angegeben werden. Für das Berechnen müssen jedoch alle Längen die gleiche Einheit haben.

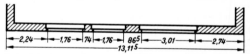

Beispiel: Gesamtlänge l = ? m?
Lösung: l = 2,24 m + 1,76 m + 0,74 m + 1,76 m + + 0,865 m + 3,01 m + 2,74 m = 13,115 m

Zollmaße

Der Zoll ist nach dem „Gesetz über Einheiten im Meßwesen" in der Bundesrepublik Deutschland als Längeneinheit nicht mehr zugelassen. Angelsächsische Länder messen z.T. noch in Zoll. Die Maße eingeführter Baustoffe können daher noch in dieser Einheit angegeben sein.

$$1 \text{ Zoll} = 1 \text{ inch} = 1'' = 25,4 \text{ mm}$$
$$12 \text{ Zoll} = 1 \text{ Fuß} = 1'$$

Umrechnen der Einheiten

Beispiel 1: 2,5' = ?''   Lösung: 2,5 · 12'' = 30''

Beispiel 2: 30'' = ?'   Lösung: $30 \cdot \dfrac{1'}{12} = 2,5'$

Zoll	mm	Zoll	mm
$^1/_8$	3,175	2	50,800
$^1/_4$	6,350	$2^1/_2$	63,500
$^3/_8$	9,525	3	76,200
$^1/_2$	12,700	4	101,600
$^5/_8$	15,875	5	127,000
$^3/_4$	19,050	6	152,400
$^7/_8$	22,225	7	177,800
1	25,400	8	203,200
$1^1/_4$	31,750	9	228,600
$1^1/_2$	38,100	10	254,000
$1^3/_4$	44,450		

Umrechnen von Längeneinheiten

5.1 Rechnen Sie in mm, dm und m um: a) 94 cm; b) 16,5 cm; c) 235,2 cm.

5.2 Rechnen Sie in dm, cm und mm um: a) 4,25 m; b) 138,03 m; c) 0,24 m.

5.3 Rechnen Sie in m, cm und mm um: a) 3,08 dm; b) 49,2 dm; c) 0,16 dm.

5.4 Wieviel cm, dm und m sind: a) 158 mm; b) 386,4 mm?

5.5 Wieviel m sind: a) 214 cm; b) 9,1 cm; c) 0,8 cm; d) 0,6 dm; e) 3,95 dm; f) 893,05 dm; g) 394 mm; h) 8590 mm?

5.6 Wieviel dm sind: a) 631 m; b) 0,07 m; c) 12,30 m; d) 54 cm; e) 7,3 cm; f) 125,2 cm; g) 63 mm; h) 5 mm; i) 754 mm?

5.7 Wieviel cm sind: a) 4,56 m; b) 0,08 m; c) 38,60 m; d) 12,50 m; e) 564,2 dm; f) 2,92 dm; g) 632 mm?

5.8 Rechnen Sie in dm, cm und mm um: a) 3,485 m; b) 18,40 m; c) 408,00 m; d) 46,081 m; e) 6,675 m.

5.9 Addieren Sie nachstehende Längen (Ergebnisse in m):
a) 6 m + 2,3 dm + 45 cm + 8 mm
b) 68 m + 8,9 dm + 7,4 cm + 12 mm
c) 0,008 km + 2,67 km + 12,35 m + 0,85 m

5.10 Wieviel '' sind: a) 15'; b) 3,5'; c) 0,7'; d) 5,2'?

5.11 Wieviel mm sind: a) 7''; b) $3\frac{1}{2}''$; c) $4\frac{3}{4}''$; d) $6\frac{1}{8}''$?

Berechnen von Längen

5.12 Ein I-Träger überdeckt 3 Schaufensteröffnungen mit je 2,76 m Breite und ist durch zwei Mauerpfeiler von je 49 cm Breite unterstützt. Welche Länge muß der Träger haben, wenn die Auflagerlänge an jedem Ende 27 cm beträgt?

5.13 Ermitteln Sie die Außenmaße des im Grundriß dargestellten Gebäudes (Bild).

5.14 Eine freistehende Gartenmauer hat 4 Mauervorlagen (Bild). Die Felder zwischen den Vorlagen sollen gleich groß werden. Berechnen Sie die Feldlängen.

5.15 In der Außenwand eines Gebäudes von 7,24 m Länge sollen drei Fenster (Breite 1,26 m) nach Bild so angelegt werden, daß die beiden Fensterpfeiler gleich breit werden. Welche Abmessungen erhalten die Pfeiler?

5.16 Berechnen Sie für den im Bild dargestellten Gebäuderundriß die fehlenden Maße a, b und c.

5.17 Ermitteln Sie aus dem im Bild gezeichneten Grundrißausschnitt die Gesamtlänge a, die Abstände b und c und die Achsmaße d bis g.

5.18 Für einen Zaun sollen Pfosten im Abstand bis 2,25 m gesetzt werden. Wieviel Pfosten werden gebraucht, und wie groß wird ihr Abstand voneinander, wenn die Länge des Zaunes a) 12,50 m; b) 48,60 m; c) 28,10 m; d) 91,80 m beträgt?

5.19 Über dem Raum mit 4,26 m Länge des im Bild 15.16 dargestellten Grundrisses sollen in der Pfeilrichtung I-Träger mit einem Mittenabstand von 80 cm ··· 90 cm verlegt werden. a) Wieviel Träger sind zu verlegen? b) Wie groß ist der Mittenabstand? c) Wieviel m Träger sind insgesamt zu verlegen, wenn die Auflagerlänge an jedem Ende 22 cm beträgt?

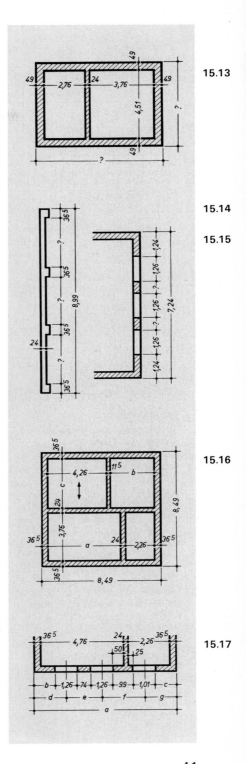

15.13

15.14

15.15

15.16

15.17

Maßstäbe

Gebräuchliche Maßstäbe für Verkleinerungen				
Maßstab	1 : 5	1 : 10	1 : 20	1 : 50
Verhältniszahl	5	10	20	50
Maßstab	1 : 100	1 : 200	1 : 500	1 : 1 000
Verhältniszahl	100	200	500	1 000

Umrechnen wirklicher Längen in Zeichnungsmaße — Rechenvorteile			
Maß-stab	Wirkl. Länge dividieren durch	Ergebnis multiplizieren bzw. dividieren	Berechnung
1 : 5	10	multipliz. mit 2	$\frac{1}{10} \cdot 2$
1 : 50	100	multipliz. mit 2	$\frac{1}{100} \cdot 2$
1 : 20	10	dividieren durch 2	$\frac{1}{10} : 2$
1 : 200	100	dividieren durch 2	$\frac{1}{100} : 2$
1 : 25	100	multipliz. mit 4	$\frac{1}{100} \cdot 4$
1 : 500	1 000	multipliz. mit 2	$\frac{1}{1 000} \cdot 2$

Gegeben: a) wirkliche Länge, b) Maßstab.
Gesucht ist das Zeichnungsmaß.
Lösung: Wirkliche Länge : Verhältniszahl.

Beispiel:
a) Wirkliche Länge = 9,70 m, b) Maßstab 1 : 50.
Gesucht ist das Zeichnungsmaß.
Lösung: 9,70 m : 50 = 0,194 m = 19,4 cm

Gegeben: a) Zeichnungsmaß, b) Maßstab.
Gesucht ist die wirkliche Länge.
Lösung: Zeichnungsmaß · Verhältniszahl.

Beispiel:
a) Zeichnungsmaß = 4,6 cm, b) Maßstab 1 : 50.
Gesucht ist die wirkliche Länge.
Lösung: 4,6 cm · 50 = 230 cm = 2,30 m

Gegeben: a) wirkliche Länge, b) Zeichnungsmaß.
Gesucht ist der Maßstab.
Lösung: Wirkliche Länge : Zeichnungsmaß.

Beispiel:
a) Wirkliche Länge 6,80 cm, b) Zeichnungsmaß
13,6 cm. Gesucht ist der Maßstab.
Lösung: 680 cm : 13,6 cm = 50; Maßstab 1 : 50

Steigungen und Gefälle

Zahlenverhältnis

Steigungen und Gefälle werden als Zahlenverhältnisse ausgedrückt, z. B. 1 : 3. Die Zahl 1 gibt die Höhe h, die zweite Verhältniszahl die waagerechte Länge l in dem rechtwinkligen Dreieck an.

Gegeben: a) Länge, b) Höhe.
Gesucht ist das Steigungsverhältnis.
Lösung: Länge : Höhe.

Beispiel:
a) Länge = 7,20 m, b) Höhe = 0,60 m.
Gesucht ist das Steigungsverhältnis.
Lösung: 7,20 m : 0,60 m = 12
Steigungsverhältnis 1 : 12

Gegeben: a) Steigungsverhältnis, b) Höhe.
Gesucht ist die Länge.
Lösung: Verhältniszahl · Höhe.

Beispiel:
a) Steigungsverhältnis 1 : 12, b) Höhe = 0,60 m.
Gesucht ist die Länge.
Lösung: 12 · 0,60 m = 7,20 m

Gegeben: a) Länge, b) Steigungsverhältnis.
Gesucht ist die Höhe.
Lösung: Länge : Verhältniszahl.

Beispiel:
a) Länge = 100 m, b) Steigungsverhältnis 1 : 3.
Lösung:
Auf   3 m beträgt die Höhe 1 m
Auf   1 m beträgt die Höhe $\frac{1\ m}{3}$
Auf 100 m beträgt die Höhe $\frac{1\ m \cdot 100}{3} = 33,3\ m$

Prozentsatz

Oft werden Steigungen und Gefälle auch in Prozent ausgedrückt. So kann man statt 1 : 100 die Steigung auch mit 1 % angeben.

$$\text{Steigung in \%} = \frac{\text{Höhe} \cdot 100\ \%}{\text{Länge}}$$

$$\text{Länge} = \frac{\text{Höhe} \cdot 100\ \%}{\text{Steigung in \%}}$$

$$\text{Höhe} = \frac{\text{Steigung in \%} \cdot \text{Länge}}{100\ \%}$$

Beispiel:
$l = 7,20\ m$,
$h = 0,60\ m$,
Steigung = ? %.
Lösung:
$\frac{0,60\ m \cdot 100\ \%}{7,20\ m} \triangleq$
$\triangleq 8,33\ m$
Steigung 8,33 %

Maßstäbe

16.1 Welche Länge in cm erhält eine wirkliche Länge von 1 m, wenn sie in den Maßstäben 1 : 5; 1 : 10; 1 : 20; 1 : 50; 1 : 100; 1 : 200; 1 : 500; 1 : 1000 gezeichnet wird?

16.2 Wieviel cm lang sind die gegebenen wirklichen Längen in den aufgeführten Maßstäben zu zeichnen?

Längen	M 1 : 100	M 1 : 50	M 1 : 25	M 1 : 200
00 m	?	?	?	?
10 m	?	?	?	?
25 m	?	?	?	?
05 m	?	?	?	?
92 m	?	?	?	?
36 m	?	?	?	?
4 cm	?	?	?	?
2 cm	?	?	?	?

16.3 Wieviel cm lang sind die gegebenen wirklichen Längen in den aufgeführten Maßstäben zu zeichnen?

Längen	M 1 : 10	M 1 : 5	M 1 : 20	M 1 : 2,5
0,60 m	?	?	?	?
0,72 m	?	?	?	?
0,08 m	?	?	?	?
1,36 m	?	?	?	?
2,08 m	?	?	?	?
65 cm	?	?	?	?
4 cm	?	?	?	?
5,5 cm	?	?	?	?

16.4 Auf einem rechteckigen Grundstück von 28,70 m Breite und 61,65 m Länge werden ein Wohngebäude von 9,24 m × 8,49 m, ein Lagerschuppen von 8,74 m × 12 m, ein Geräteschuppen von 10,07 m × 8,86 m und eine Garage von 5,99 m × 3,74 m gebaut. Wie groß sind die angegebenen Abmessungen im Lageplan im Maßstab a) 1 : 500; b) 1 : 200; c) 1 : 1000 darzustellen?

16.5 Die im Maßstab 1 : 20 aufgetragenen Längen betragen in einer Zeichnung a) 12 cm; b) 14,2 cm; c) 0,7 cm; d) 6,8 cm. Wie groß sind die wirklichen Längen in m?

16.6 In einer Bauzeichnung ist ein Maß von 6,76 m a) 27,04 cm; b) 33,8 cm; c) 13,52 cm lang gezeichnet. In welchem Maßstab ist gezeichnet worden?

Steigungen und Gefälle

16.7 Die Steinzeugrohre einer Entwässerungsleitung sollen mit Gefälle von 1 : 50 verlegt werden. Wieviel beträgt die Höhendifferenz bei a) 23 m; b) 8,70 m; c) 12,35 m Länge?

16.8 In einer Entwässerungsleitung haben die Steinzeugrohre auf 9,80 m (16,40 m) Länge 24,5 cm (24,6 cm) Gefälle. Drücken Sie das Gefälle in Prozent und als Zahlenverhältnis aus.

16.9 Die Steigung einer Straße ist mit 13,5 % angegeben. Um wieviel m steigt die Straße auf einer waagerecht gemessenen Strecke von a) 850 m; b) 670 m; c) 1,22 km?

16.10 Eine Böschung mit 8,74 m Grundmaß hat ein Neigungsverhältnis von a) 1 : 1; b) 1 : 3; c) 1 : 8; d) 1 : 0,8. Wie groß ist die Höhe? Drücken Sie das Verhältnis in Prozent aus.

16.11 Berechnen Sie das Steigungsverhältnis für die Zufahrt zur Kellergarage nach dem Bild.

16.12 Eine Kellergarage liegt mit dem Fußboden a) 1,00 m; b) 1,25 m; c) 1,46 m unter der Erdoberfläche. Wie lang muß die Zufahrt werden, wenn das Gefälle 20 % betragen soll?

16.13 Wie breit wird die Sohle des im Bild dargestellten Grabens?

16.14 Der Zugangsweg zu einem Gebäude soll aus Klinkern mit 2 % Gefälle hergestellt werden. Wieviel cm muß die Höhendifferenz bei a) 7,80 m; b) 12,50 m; c) 9,70 m betragen?

16.15 Der Zementestrichfußboden der Waschküche im Bild soll zum Bodenablauf ein Gefälle erhalten, das auf die Länge von 2,80 m 1,5 % betragen soll. a) Wieviel cm muß der Fußboden am Bodeneinlauf tiefer liegen als an den Wänden? b) Wieviel % beträgt das Gefälle von den drei übrigen Wänden bis zum Bodeneinlauf?

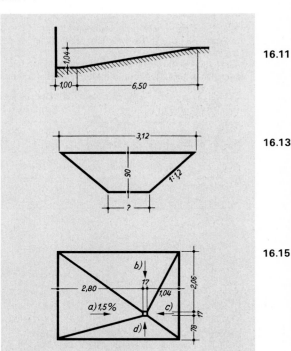

16.11

16.13

16.15

Mauerhöhen

Die Mauerhöhen sollen die Maßordnung für den Hochbau berücksichtigen, wonach die Baurichtmaße den Baunormzahlen 25, $\frac{25}{2}$ (12,5), $\frac{25}{3}$ (8,33), oder $\frac{25}{4}$ (6,25) entsprechen sollen oder davon abzuleiten sind.

Steinformat	Dünnformat DF	Normalformat NF	2 DF; 3 DF	Hohlblocksteine
Steinhöhe	5,2 cm	7,1 cm	11,3 cm	23,8 cm
Schichthöhe = Baurichtmaß	6,25 cm	8,33 cm	12,5 cm	25 cm
Schichtenzahl für 25 cm Höhe	4	3	2	1
Schichtenzahl für 1 m Höhe	16	12	8	4
Dicke der Lagerfugen	1,05 cm	1,2 cm	1,2 cm	1,2 cm

Mauerhöhe = Schichtenzahl · Schichthöhe	Schichtenzahl = Mauerhöhe : Schichthöhe

Beispiel 1:
Welche Mauerhöhe ergeben 34 Schichten aus Steinen im Normalformat?

Lösung:
34 · 8,33 cm ≈ 283 cm = 2,83 m

Beispiel 2:
Wieviel Schichten sind mit Steinen DF für 3,625 m Mauerhöhe zu mauern?

Lösung:
a) 362,5 cm : 6,25 cm = 58 Schichten

b) 3,625 m · 16 Schichten/m = 58 Schichten

Ermittlung der Mauerlängen

Dabei ist vorzugsweise von der Baunormzahl 12,5 cm auszugehen. Das Baurichtmaß für eine Mauerlänge ist 12,5 cm oder ein Vielfaches davon, z. B. 8 · 12,5 cm = 100 cm. Aus dem Baurichtmaß ist das Nennmaß, die wirkliche Mauerlänge, unter Berücksichtigung der Fugen zu errechnen.

a) Bei einer beiderseits frei endigenden Mauer ist das Nennmaß = Baurichtmaß minus 1 cm (Fuge)
b) Bei einer einseitig angebauten Mauer ist das Nennmaß   = Baurichtmaß
c) Bei einer beiderseits angebauten Mauer ist das Nennmaß   = Baurichtmaß plus 1 cm (Fuge)

12,5 cm sind ein Achtelmeter und entsprechen einem Kopf (Steinbreite von 11,5 cm + 1 cm Fuge); aus ihrer Anzahl ermittelt man die Mauerlängen (Bilder siehe Seite 26).

a) Die Länge einer beiderseits frei endigenden Mauer ist:

Anzahl Achtelmeter (Köpfe) · · 12,5 cm − 1 cm

b) Die Länge einer einseitig angebauten Mauer ist:

Anzahl Achtelmeter (Köpfe) · · 12,5 cm

c) Die Länge einer beiderseits angebauten Mauer ist:

Anzahl Achtelmeter (Köpfe) · · 12,5 cm + 1 cm

Aus einer gegebenen Mauerlänge errechnet man die Kopfzahl so:

Anzahl Achtelmeter (Köpfe) = = (Länge + 1 cm) : 12,5 cm

Anzahl Achtelmeter (Köpfe) = = Länge : 12,5 cm

Anzahl Achtelmeter (Köpfe) = = (Länge − 1 cm) : 12,5 cm

Beispiel 1:
Berechnen Sie die Pfeilerbreite nach Bild a, Seite 26.

Lösung:
l = 5 · 12,5 cm − 1 cm = 61,5 cm

Beispiel 2:
Wieviel Köpfe gehen auf einen 61,5 cm breiten Pfeiler?

Lösung:
(61,5 cm + 1 cm) : 12,5 cm = 5

Beispiel 1:
Berechnen Sie die Länge der Mauervorlage nach Bild b, S. 26.

Lösung:
l = 5 · 12,5 cm; l = 62,5 cm

Beispiel 2:
Wieviel Köpfe gehen auf eine 62,5 cm lange Mauervorlage?

Lösung:
62,5 cm : 12,5 cm = 5

Beispiel 1:
Berechnen Sie die Breite der Mauernische nach Bild c, S. 26.

Lösung:
l = 5 · 12,5 cm + 1 cm = 63,5 cm

Beispiel 2:
Wieviel Köpfe gehen auf eine 63,5 cm breite Mauernische?

Lösung:
(63,5 cm − 1 cm) : 12,5 cm = 5

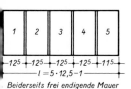

a. Beiderseits frei endigende Mauer

$l = 5 \cdot 12{,}5 - 1$

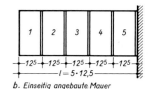

b. Einseitig angebaute Mauer

$l = 5 \cdot 12{,}5$

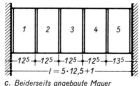

c. Beiderseits angebaute Mauer

$l = 5 \cdot 12{,}5 + 1$

Mauerhöhen

17.1 Welche Mauerhöhe ergeben a) 8 Schichten; b) 42 Schichten aus Steinen im Normalformat?

17.2 Welche Mauerhöhe ergeben a) 27 Schichten; b) 36 Schichten; c) 54 Schichten aus Steinen im Dünnformat?

17.3 Wie hoch ist eine Mauer aus a) 9 Schichten; b) 27 Schichten; c) 35 Schichten (Steine im Format DF)?

17.4 Wieviel Schichten sind mit Steinen im Normalformat für eine Höhe von a) 2,75 m; b) 3,42 m; c) 5,33 m zu mauern?

17.5 Wieviel Schichten sind mit Steinen im Format DF zu mauern, wenn die Mauer a) 2,625 m; b) 3,75 m; c) 3,375 m hoch sein soll?

17.6 Wieviel Schichten müssen mit Steinen im Dünnformat für eine Höhe von a) 2,875 m; b) 3,25 m; c) 1,625 m ausgeführt werden?

Mauerlängen

17.7 Wie lang ist eine Außenmauer mit a) 114 Achtelmetern; b) $92\frac{1}{2}$ Achtelmetern; c) 67 Achtelmetern?

17.8 Welche Querschnittsabmessungen hat ein Mauerpfeiler von a) 6 · 3 Achtelmetern; b) 5 · 4 Achtelmetern; c) $8\frac{1}{2}$ · 7 Achtelmetern?

17.9 Eine Mauervorlage springt a) 4 Achtelmeter; b) $6\frac{1}{2}$ Achtelmeter; c) 3 Achtelmeter an einer Wand vor. Wie groß ist der Vorsprung in cm?

17.10 Eine Zwischenwand in einem Gebäude ist a) 52 Achtelmeter; b) 27 Achtelmeter; c) $43\frac{1}{2}$ Achtelmeter lang. Berechnen Sie die Länge in m.

17.11 Wie breit ist eine Fensteröffnung von a) 7 Achtelmetern; b) 12 Achtelmetern; c) 18 Achtelmetern?

17.12 Eine Außenwand hat eine Länge von a) 23,74 m; b) 15,365 m; c) 8,615 m. Geben Sie die Wandlänge in Achtelmetern an.

17.13 Ein rechteckiger Mauerpfeiler ist in der Grundfläche 74 cm/49 cm groß. a) Berechnen Sie aus den Maßen die Anzahl der Köpfe. b) Wieviel Steine im Normalformat werden auf eine Höhe von 3,25 m gebraucht, wenn für eine Schicht 14 Stück erforderlich sind?

17.14 In einer Mauer sollen zum Aufstellen von Heizkörpern Nischen mit einer Breite von a) 1,26 m; b) 88,5 cm; c) 1,76 m angelegt werden. Wieviel Köpfe sind auf die Breite anzuordnen?

17.15 Die Zwischenwand eines Gebäudes ist a) 3,335 m; b) 4,76 m; c) 5,885 m lang. Rechnen Sie die Länge in Achtelmeter um.

17.16 Eine 88,5 cm breite und 2,08 m hohe Türöffnung soll zugemauert werden. Wieviel Köpfe gehen in eine Schicht? b) Wieviel Schichten (NF) sind zu mauern?

17.17 In dem im Bild skizzierten Grundrißausschnitt sind die Abmessungen in Achtelmetern angegeben. Fertigen Sie eine gleiche Skizze an, und tragen Sie die Maße in m und cm ein.

17.18 Die Abmessungen des Mauerkörpers (Bild) sind in cm und m angegeben. Berechnen Sie aus den Maßen die Anzahl der Köpfe, und fertigen Sie eine Maßskizze an.

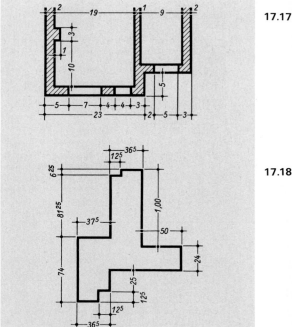

17.17

17.18

Stein- und Mörtelbedarf*

Für 1 m³ Mauerwerk

Steinformat	Wanddicke											
	17,5 cm		24 cm		30 cm		36,5 cm		49 cm		Mittelwert	
	Steine	Mörtel	Steine	Mörtel	Steine	Mörtel	Steine	Mörtel	Steine	Mörtel	Steine	Mörtel
NF; 24 × 11,5 × 7,1	—	—	412	265	—	—	405	278	404	285	**405**	**276**
DF; 24 × 11,5 × 5,2	—	—	550	288	—	—	540	302	538	305	**542**	**300**
2 DF; 24 × 11,5 × 11,3	—	—	275	207	110 +⎫	—	272	220	270	226	**272**	**217**
3 DF; 24 × 17,5 × 11,3	190	164	186	178	110 ⎭	195	—	—	—	—	—	—

Für 1 m² Mauerwerk

Steinformat	Wanddicke									
	5,2 bzw. 7,1 cm		11,5 cm		17,5 cm		24 cm		30 cm	
	Steine	Mörtel	Steine	Mörtel	Steine	Mörtel	Steine	Mörtel	Steine	Mörtel
NF; 24 × 11,5 × 7,1	33	13	50	27	—	—	100	65	—	—
DF; 24 × 11,5 × 5,2	33	11	66	29	—	—	132	70	—	—
2 DF; 24 × 11,5 × 11,3	—	—	33	20	—	—	66	50	—	—
3 DF; 24 × 17,5 × 11,3	—	—	—	—	33	29	—	—	—	—

Für Mauerwerk aus großformatigen Steinen

Wanddicke cm	Steinart	Steinformat	je m²		je m³	
			Steine	Mörtel	Steine	Mörtel
24		5 DF; 30 × 24 × 11,3	26	38	111	156
24	Hochlochziegel	6 DF; 36,5 × 24 × 11,3	22	36	92	151
30		5 DF; 30 × 24 × 11,3	33	50	110	167
36,5		6 DF; 36,5 × 24 × 11,3	33	61	91	168
11,5		61,5 × 24 × 11,5	6,4	8,3	56	72
17,5	Gasbeton-	49 × 24 × 17,5	8	13,7	45,5	78
24	Blocksteine	49 × 24 × 24	8	17,7	33,5	78
30		49 × 24 × 30	8	23,4	27	78
17,5		**17,5** × 36,5 × 23,8	11	17	62	97
17,5		**17,5** × 49 × 23,8	8	15	46	85
24	Hohlblocksteine	**24** × 36,5 × 23,8	11	24	44	97
24	aus	**24** × 49 × 23,8	8	21	33	85
30	Leichtbeton	**30** × 36,5 × 23,8	11	29	36	97
30		**30** × 49 × 23,8	8	26	27	85
36,5		**36,5** × 24 × 23,8	16		44	103

Fußboden — Ziegelpflaster		Steine	Mörtel
NF 24 × 11,5 × 7,1	1 m² flachseitiges Ziegelpflaster auf Sand. Stoßfugen vergossen	33	10
	1 m² desgleichen auf Lagerfuge	33	27
DF 24 × 11,5 × 5,2	1 m² flachseitiges Ziegelpflaster auf Sand. Stoßfugen vergossen	33	8
	1 m² desgleichen auf Lagerfuge	33	25
Estrichfußboden	1 m² Zementestrich 1 : 3; je cm Dicke (Zementmörtel)		11
	1 m² Unterbeton je cm Dicke (Beton)		11

Putzmörtel

1 m² glatter Wandputz 1,5 cm dick	17 l Mörtel	1 m² Rohrdeckenputz	20 l Mörtel
1 m² glatter Wandputz 2 cm dick	22 l Mörtel	1 m² Fugenverstrich für Ziegelmauern	7 l Mörtel
1 m² Rappputz	10 l Mörtel	1 m² Fugenverstrich für Natursteinmauern	15 l Mörtel

* Bei den Steinen ist für Bruch und Verlust 3 % Zuschlag, beim Mörtel für Zusammendrücken und Verlust 23 % Zuschlag enthalten (Mörtelbedarf in *l*). Bei Hohlblocksteinen ist 1. Abmessung die Steinbreite (Wanddicke).

Die Tabellenwerte aus dem Kalktaschenbuch sind nur Anhaltswerte. Die Dichte wurde für Zement mit 1,2 kg/l, für Sand mit 1,3 kg/l angenommen.

Zementmörtel

1000 l Zementmörtel erfordern:				
Mischungsverhältnis (Massenanteile)	Zement		Sand (3 % Feuchte)	
	l	kg	l	kg
1 : 3	390	470	1170	1520
1 : 3,5	340	410	1190	1550
1 : 4	300	360	1200	1560

Beispiel:
Wieviel kg Zement und l Sand erfordern 3060 l Zementmörtel 1 : 3 ?

Lösung:

$$\frac{470 \text{ kg} \cdot 3060}{1000} \approx \underline{1438 \text{ kg Zement}}$$

$$\frac{1170 \; l \cdot 3060}{1000} \approx \underline{3580 \; l \text{ Sand}}$$

Mörtelausbeute

Zur Berechnung des Bedarfs an Bindemitteln und Sand für eine Mörtelmenge dient auch die Ausbeute. Rührt man z. B. Zement und Sand mit Wasser zu Mörtel an, verringert sich das Gesamtvolumen. Man erhält also weniger Mörtel, als die lose Masse (Zement plus Sand) ausmacht. Die aus Zement und Sand gewonnene Mörtelmenge heißt Ausbeute. Sie beträgt 62 % ⋯ 70 % der losen Masse. Die Ausbeute kann durch Versuche festgestellt und in % oder als Verhältnis von Mörtelmenge zur losen Masse ausgedrückt werden.

$$\text{Ausbeute } \% = \frac{\text{Mörtelmenge} \cdot 100\%}{\text{lose Masse (Bindemittel} + \text{Sand)}}$$

Mörtelmenge in l; lose Masse in l

$$\text{Ausbeuteverhältniszahl} = \frac{\text{lose Masse}}{\text{Mörtelmenge}}$$

lose Masse in l; Mörtelmenge in l

Beispiel 1:
6 l Zement und 18 l Sand (1 : 3) ergeben 15 l Mörtel. Wieviel Prozent beträgt die Ausbeute?

Lösung: $\dfrac{15 \; l \cdot 100\%}{6 \; l + 18 \; l} = \dfrac{1500\%}{24} = \underline{62,5\%}$

Beispiel 2:
5 l Zement und 20 l Sand ergeben 17 l Mörtel. Berechnen Sie das Ausbeuteverhältnis.

Lösung: $\dfrac{5 \; l + 20 \; l}{17 \; l} = \dfrac{25 \; l}{17 \; l} = 1,47; \; \underline{1 : 1,47}$

Stein- und Mörtelbedarf

18.1 Wieviel Steine und l Mörtel werden für a) 4,16 m³; b) 0,86 m³; c) 12,463 m³ 36,5 cm dickes Mauerwerk aus Steinen im Normalformat gebraucht?

18.2 Wieviel Steine der Formate 2 DF und 3 DF und l Mörtel werden für a) 0,94 m³; b) 6,25 m³; c) 10,80 m³ 30 cm dickes Mauerwerk gebraucht?

18.3 Errechnen Sie den Stein- und Mörtelbedarf für a) 14,65 m²; b) 36,04 m² 11,5 cm dicke Wände aus Steinen im Format 2 DF.

18.4 Wieviel Steine und l Mörtel werden für a) 3,85 m²; b) 12,20 m²; c) 6,65 m² 17,5 cm dickes Mauerwerk aus Steinen im Format 3 DF gebraucht?

18.5 Für einen Schornsteinkopf werden a) 160; b) 280; c) 325 Mauerziegel im Normalformat in Kalkzementmörtel 2 : 1 : 8 verarbeitet. Wieviel l Mörtel sind erforderlich, wenn für 1000 Steine 680 l gebraucht werden?

18.6 Berechnen Sie a) den Bedarf an Hohlblocksteinen (Größe 24 cm × 36,5 cm × 23,8 cm); b) den Bedarf an Kalkzementmörtel 2 : 1 : 10 für 9,86 m³ 24 cm dickes Mauerwerk.

18.7 Ermitteln Sie für a) 86,70 m²; b) 132,40 m² Fugenverstrich aus Zementmörtel 1 : 3 den Bedarf an Mörtel in l, an Zement in kg und an Sand in l.

18.8 Es sind 68,40 m² (136,20 m²) Wandputz 1,5 cm dick aus Kalkmörtel 1 : 3 herzustellen. Wieviel l Mörtel sind erforderlich?

18.9 Berechnen Sie die Mörtelausbeute in Prozent für Zementmörtel der angegebenen Mischungsverhältnisse in obiger Tabelle.

18.10 Berechnen Sie den Bedarf an Zement in l und an Sand in l für a) 820 l; b) 3150 l; c) 1060 l Zementmörtel 1 : 3,5 bei einer Mörtelausbeute von 66 %.

18.11 Wieviel l Zement und l Sand erfordern 1050 l Zementmörtel 1 : 3,5, wenn die lose Masse das 1,5fache der Mörtelmenge beträgt?

Flächeneinheiten

Eine Fläche hat zwei Ausdehnungen. Die Größe einer Fläche wird in Flächeneinheiten angegeben. Die Einheit der Fläche ist das Quadratmeter, Einheitenzeichen m².

Kleine Flächen mißt man in **Teilen von Einheiten**:

dm² = Quadratdezimeter oder Quadrat von   0,1 m Seitenlänge
cm² = Quadratzentimeter oder Quadrat von   0,01 m Seitenlänge
mm² = Quadratmillimeter oder Quadrat von 0,001 m Seitenlänge

Große Flächen mißt man in **Vielfachen von Einheiten**:

km² = Quadratkilometer oder Quadrat von 1000 m Seitenlänge
ha   = Hektar oder Quadrat von 100 m Seitenlänge
a   = Ar oder Quadrat von 10 m Seitenlänge

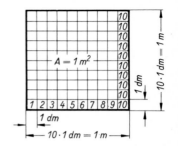

Umrechnen von Flächeneinheiten

Soll eine in den obenstehenden Einheiten angegebene Fläche in die nächstkleinere Einheit umgerechnet werden, multipliziert man den Zahlenwert der Fläche mit 100, beim Umrechnen in die nächstgrößere Einheit dividiert man ihn durch 100.

1 km² = 100 ha	= 10000 a	= 1000000 m²	1 m²	= 0,01 a	= 0,0001 ha	= 0,000001 km²
1 ha =	100 a	= 10000 m²	1 a	= 0,01 ha	= 0,0001 km²
1 a =	100 m²		1 ha	= 0,01 km²
1 m² = 100 dm²	= 10000 cm²	= 1000000 mm²	1 mm²	= 0,01 cm²	= 0,0001 dm²	= 0,000001 m²
1 dm² =	100 cm²	= 10000 mm²	1 cm²	= 0,01 dm²	= 0,0001 m²
1 cm² =	100 mm²		1 dm²	= 0,01 m²

Volumeneinheiten

Der Raum (Körper) hat drei Ausdehnungen. Die Größe eines Raumes, sein Volumen V oder Rauminhalt, wird in Volumeneinheiten angegeben. Die Einheit des Volumens ist das Kubikmeter, Einheitenzeichen m³; das ist ein Würfel mit einer Seitenlänge von 1 m.

Teile von Einheiten

dm³ = Kubikdezimeter oder Würfel von 0,1   m Seitenlänge
cm³ = Kubikzentimeter oder Würfel von 0,01   m Seitenlänge
mm³ = Kubikmillimeter oder Würfel von 0,001 m Seitenlänge

Hohlmaße   1 l (Liter) = 1 dm³
1 hl (Hektoliter) = 100 l = 100 dm³

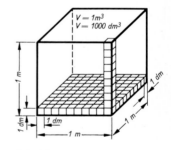

Beispiele:
15 dm³ (l)   = 15000 cm³
5,775 m³   = 5775 dm³ (l)
595 cm³   = 0,595 dm³ (l)
4375 dm³ (l) = 4,375 m³

Umrechnen von Volumeneinheiten

Soll ein in den obenstehenden Einheiten angegebenes Volumen in die nächstkleinere Einheit umgerechnet werden, multipliziert man den Zahlenwert des Volumens mit 1000, beim Umrechnen in die nächstgrößere Einheit dividiert man ihn durch 1000.

1 m³ = 1000 dm³	= 1000000 cm³	= 1000000000 mm³
1 dm³ =	1000 cm³ =	1000000 mm³
1 cm³ =		1000 mm³
1 mm³ = 0,001 cm³	= 0,000001 dm³	= 0,000000001 m³
1 cm³ = 0,001	dm³ = 0,000001	m³
1	dm³ = 0,001	m³

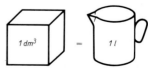

Umrechnungsbeispiele Seite 49.

Flächeneinheiten

Beispiel 1:
Rechnen Sie 0,75 m² in cm² um.

Lösung:
m² bis cm² sind 2 Einheiten. Umrechnungszahl dafür ist 100 · 100 = 10 000.
0,75 m² · 10 000 cm²/m² = 7500 cm²

Beispiel 2:
Rechnen Sie 125 dm² in m² um.

Lösung:
dm² bis m² ist eine Einheit. Umrechnungszahl für eine Einheit ist 100.
125 dm² : 100 dm²/m² = 1,25 m²

19.1 Rechnen Sie in dm² um: 2,75; 24,80; 0,80; 0,9250; 384,05; 0,0080; 96,345 m².

19.2 Rechnen Sie in cm² um: 3,8435; 36,0998; 59,7850; 0,0750; 4,0360; 0,0080; 897,30 m².

19.3 Rechnen Sie in m² um: 384,30; 6483,50; 84,98; 3,45; 0,45; 0,0860; 0,0043 dm².

19.4 Rechnen Sie in cm² um: 1,08; 96,40; 0,75; 0,1625; 684,07; 0,076; 25,482 dm².

19.5 Rechnen Sie in m² um: 5675; 12 068; 78; 38,60; 92 850; 12; 418,60 cm².

19.6 Rechnen Sie in dm² um: 96; 576; 6450; 3480; 9,54; 836,50; 150 cm².

19.7 Rechnen Sie in cm² um: 38 403,50; 684 932,50; 3964,80; 693,80; 142,58; 3,40 mm².

19.8 Rechnen Sie in a um: 483,50; 6289,80; 89,60; 9,08; 0,60; 546; 420; 49 634,50 m².

19.9 Rechnen Sie in m² um: 75; 0,925; 87,46; 628; 115,08; 0,012; 4,35 a.

19.10 Rechnen Sie in ha um: 3260; 53 765; 9,68; 43,04; 120,70; 693,16; 2150,60 a.

19.11 Rechnen Sie in a um: 9,16; 83; 0,045; 112,40; 5,15; 0,87; 2,125 ha.

19.12 Rechnen Sie in km² um: 876; 24; 98,40; 4,168; 6450; 3,95; 181,50 ha.

19.13 Rechnen Sie in ha um: 36; 528; 0,765; 89,50; 7; 0,049; 1,56 km².

19.14 Berechnen Sie die Flächen in dm².
a) 4,40 dm² + 0,46 m² + 45,75 dm² + 150 m²
b) 0,40 dm² + 0,75 dm² + 45 cm² + 400 mm²
c) 40 m² − 13,25 m² + 46 dm² + 750 cm²
d) 2,05 dm² − 1,95 dm² + 42 cm² + 0,4 dm²
e) 35 m² + 0,75 m² − 750 dm² − 405 cm²

19.15 Berechnen Sie die Flächen in dm².
a) 4,05 dm² · 5 + 17,05 dm²
b) 9,33 cm² : 3 − 0,75 cm²
c) 150 m² : 50 + 7,5 m² − 8,05 m²
d) 705 cm² : 3 − 25,50 cm² + 1,5 dm²
e) 0,75 mm² · 10 + 7,25 cm² + 0,4 dm²

Volumeneinheiten

Beispiel 1:
Rechnen Sie 0,750 m³ in cm³ um.

Lösung:
m³ bis cm³ sind 2 Einheiten. Umrechnungszahl dafür ist 1000 · 1000 = 1 000 000.
0,750 m³ · 1 000 000 cm³/m³ = 750 000 cm³

Beispiel 2:
Rechnen Sie 125 cm³ in dm³ um.

Lösung:
cm³ bis dm³ ist eine Einheit. Umrechnungszahl für eine Einheit ist 1000.
125 cm³ : 1000 cm³/dm³ = 0,125 dm³

19.16 Rechnen Sie in dm³ um: 26; 0,08; 42,364; 6,38; 0,03; 5,832; 0,49 m³.

19.17 Rechnen Sie in cm³ um: 4; 0,528; 0,00154; 2,76; 0,018; 0,00056; 38 m³.

19.18 Rechnen Sie in m³ um: 28 653; 9621; 83 290; 396; 48,300; 5,800; 8,070 dm³.

19.19 Rechnen Sie in cm³ um: 8,432; 93,860; 486; 92,300; 8,350; 0,965 dm³.

19.20 Rechnen Sie in m³ um: 4570; 954,20; 320; 128 566; 8732,80; 635,16; 4625 cm³.

19.21 Rechnen Sie in dm³ um: 480; 76; 92,40; 189,60; 3540; 6,75; 1020 cm³.

19.22 Rechnen Sie in cm³ um: 1260; 496; 24 158; 87,50; 734,80; 9008; 425 000 mm³.

19.23 Rechnen Sie in hl um: 120; 87,40; 57; 6240; 369,50; 6,50; 8325 l.

19.24 Rechnen Sie in l um: 56; 473; 2,28; 0,04; 12,25; 0,008; 52,30 hl.

19.25 Rechnen Sie in m³ um: 6280; 936; 38,20; 72 420; 115,40; 4320; 298 l.

19.26 Rechnen Sie in l um: 0,248; 8,37; 52; 0,06; 9,485; 1,048; 3,25 m³.

19.27 Rechnen Sie in l um: 832; 25; 78,40; 190,20; 63 580; 925; 2020 cm³.

19.28 Berechnen Sie die Volumen.
a) 0,5 dm³ + 600 cm³ + 0,004 m³ = ? dm³
b) 14 dm³ + 41 m³ + 4 dm³ = ? dm³
c) 170 mm³ + 4 cm³ + 0,8 dm³ = ? cm³
d) 0,4 hl + 15 l + 500 cm³ = ? l
e) 0,6 dm³ − 240 cm³ + 0,7 m³ = ? dm³
f) 40 l − 0,2 hl + 0,65 hl = ? l

19.29 Berechnen Sie die Volumen.
a) 4,25 dm³ · 0,4 + 0,4 m³ = ? dm³
b) 20 cm³ · 5 − 600 mm³ = ? cm³
c) 0,75 m³ : 0,25 + 50 cm³ = ? dm³
d) 315 l : 15 + 0,3 hl = ? l
e) 345 l : 5 − 16 l = ? l
f) 480 mm³ · 4 + 0,7 cm³ = ? mm³

20 Quadrat

 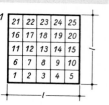 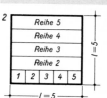
20.9

20.10

20.11

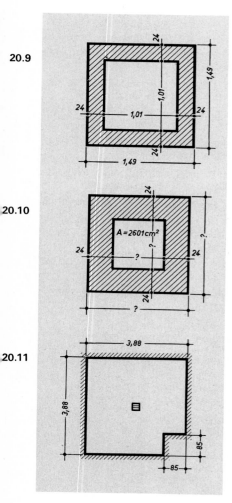

20.1 Ein Quadrat hat eine Seitenlänge von a) 4,25 m; b) 78,5 cm; c) 50,8 dm. Berechnen Sie die Fläche A und den Umfang U.

20.2 Der Umfang eines Quadrats beträgt a) 6,76 m; b) 604,80 cm; c) 49,6 dm. Wie groß ist die Fläche A?

20.3 Die Fläche A eines Quadrats beträgt a) 5,76 m²; b) 510,76 dm²; c) 32,49 cm². Bestimmen Sie die Seitenlänge l.

20.4 Berechnen Sie die Seitenlänge l eines Quadrats, wenn die Fläche A a) 529 cm²; b) 1764 cm²; c) 7,84 m²; d) 40,96 m² beträgt.

20.5 Für eine quadratische Betonsäule ist ein Querschnitt von 2704 cm², für das dazugehörige Fundament ein Querschnitt von 7560 cm² gefordert. Ermitteln Sie die Seitenabmessung der beiden Querschnitte.

20.6 Ein quadratischer Raum hat eine Seitenlänge von 5,76 m (4,135 m). a) Wieviel m² Fußboden sind dafür auszuführen? b) Wieviel m Fußleisten sind anzubringen?

20.7 Die Grundfläche eines quadratischen Mauerpfeilers hat eine Seitenabmessung von 36,5 cm. Wie groß ist a) die Grundfläche in cm²; b) der Umfang in cm?

20.8 Für einen Mauerpfeiler mit a) 49 cm/49 cm; b) 61,5 cm/61,5 cm Querschnitt soll eine Abdeckplatte hergestellt werden, die allseitig 2,5 cm übersteht. Wie groß ist die Platte in m²?

20.9 Ein Revisionsschacht für eine Entwässerungsleitung soll in der Grundfläche die im Bild angegebenen Abmessungen erhalten. Wie groß ist die Mauerfläche in m²?

20.10 Der im Bild im Querschnitt gezeichnete besteigbare Schornstein soll einen lichten quadratischen Querschnitt von 2601 cm² erhalten. Ermitteln Sie a) die lichten Maße in cm; b) die Außenmaße; c) die Mauerfläche in m²; d) den Umfang des Rohrquerschnittes; e) den äußeren Umfang der Mauerfläche.

20.11 Das Bild zeigt die Grundfläche einer Waschküche. a) Wieviel m² Zementestrich sind für den Fußboden herzustellen? b) Um wieviel cm muß der Fußboden an der in der Mitte des Raumes gelegenen Fußbodenentwässerung tiefer liegen, wenn das Gefälle 1,5 % beträgt? c) Berechnen Sie den Raumumfang.

Rechteck

Das Rechteck ist ein Viereck, bei dem die gegenüberliegenden Seiten gleich und die Winkel rechte sind. Die Seiten heißen Länge l und Breite b.

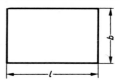

$A = l \cdot b$	$l = \dfrac{A}{b}$	$b = \dfrac{A}{l}$	$U = (l + b) \cdot 2$

Beispiel 1:
Die Länge eines Rechtecks beträgt 4,80 m, die Breite 3,25 m. a) Wie groß ist die Fläche A in m²? b) Wie groß ist der Umfang U in m?

Lösung:
a) $A = l \cdot b$; $A = 4,80 \text{ m} \cdot 3,25 \text{ m}$; $A = \underline{15,60 \text{ m}^2}$

b) $U = (l + b) \cdot 2$; $U = (4,80 \text{ m} + 3,25 \text{ m}) \cdot 2$; $U = \underline{16,10 \text{ m}}$

Beispiel 2:
Bestimmen Sie die Grundrißfläche A des Mauerwerks (Bild rechts) in m².

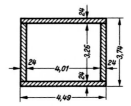

Lösung a):
Addieren Sie die Längen der einzelnen Wände, und multiplizieren Sie die Gesamtlänge mit der Wanddicke.
$A = (4,49 \text{ m} + 3,26 \text{ m}) \cdot 2 \cdot 0,24 \text{ m}$; $A = \underline{3,72 \text{ m}^2}$

Lösung b):
Subtrahieren Sie die Fläche des inneren Rechtecks von der des äußeren.
$A = 4,49 \text{ m} \cdot 3,74 \text{ m} - 4,01 \text{ m} \cdot 3,26 \text{ m}$; $A = \underline{3,72 \text{ m}^2}$

Rhombus (Raute) und Rhomboid

Der Rhombus ist ein verschobenes Quadrat mit je zwei gegenüberliegenden gleich großen Winkeln. Die senkrechte Verbindung zwischen 2 gegenüberliegenden Seiten heißt Höhe h. Trennt man durch die Höhe in einem Endpunkt der Länge ein Dreieck ab und setzt es am anderen Endpunkt wieder an, entsteht ein Rechteck, dessen Fläche gleich der des Rhombus ist.

Für den Rhombus ist demnach:

$A = l \cdot h$	$U = 4 \cdot l$

Ein Rhomboid ist ein verschobenes Rechteck;
dafür ist:

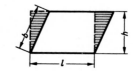

$A = l \cdot h$	$U = (l + b) \cdot 2$

Beispiel:
Die Länge eines Rhombus beträgt 2,60 m, die Höhe 2,20 m. Wie groß ist a) die Fläche A in m²; b) der Umfang U in m?

Lösung:
a) $A = l \cdot h$; $A = 2,60 \text{ m} \cdot 2,20 \text{ m}$; $A = \underline{5,72 \text{ m}^2}$

b) $U = 4 \cdot l$; $U = 4 \cdot 2,60 \text{ m}$; $U = \underline{10,40 \text{ m}}$

Trapez

Das Trapez ist ein Viereck, bei dem zwei gegenüberliegende Seiten parallel sind. Die parallellaufenden Seiten sind l_1 und l_2. Zur Ermittlung der Fläche führt man das Trapez auf ein Rechteck zurück, indem man durch die Endpunkte der Mittellinie Höhen zeichnet.

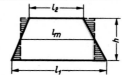

Für ein Trapez ist demnach:

$$A = \frac{l_1 + l_2}{2} \cdot h$$

Beispiel:
Wie groß ist die Fläche A eines Trapezes in m², wenn l_1 5,40 m, l_2 4,20 m und h 2,80 m betragen?

Lösung:
$A = \dfrac{l_1 + l_2}{2} \cdot h$; $A = \dfrac{5,40 \text{ m} + 4,20 \text{ m}}{2} \cdot 2,80 \text{ m}$; $A = \underline{13,44 \text{ m}^2}$

Vierecke

21.1 Berechnen Sie für Rechtecke:
Fläche A und Umfang U.

Aufgabe	a)	b)
Länge l	4,17 m	89 cm
Breite b	3,82 m	64 cm
Fläche A	? m²	? cm²
Umfang U	? m	? cm

21.2 Berechnen Sie für Rechtecke:
Länge l und Umfang U.

Aufgabe	a)	b)
Breite b	2,75 m	9,8 dm
Fläche A	11,55 m²	230 dm²
Länge l	? m	? dm
Umfang U	? m	? dm

21.3 Berechnen Sie für Rechtecke:
Breite b und Umfang U.

Aufgabe	a)	b)
Länge l	5,75 m	16,40 m
Fläche A	14,38 m²	194,34 m²
Breite b	? m	? m
Umfang U	? m	? m

21.4 Berechnen Sie für Rechtecke die fehlenden Werte nach den folgenden Angaben:

Aufgabe	a)	b)
Länge l	? m	78 cm
Breite b	5,66 m	? cm
Fläche A	? m²	? cm²
Umfang U	25,38 m	464 cm

21.5 Ermitteln Sie für den Mauergrundriß a) die Innenmaße, b) die Grundfläche des Mauerwerks wie im Beispiel 2, Seite 51.

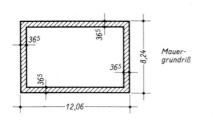

Mauergrundriß

21.6 Führen Sie die Berechnung nach Aufgabe 21.5 durch, wenn die Außenmaße 5,74 m und 4,49 m betragen und die Wände 30 cm dick sind.

21.7 Berechnen Sie für Rhomben die fehlenden Werte nach den folgenden Angaben:

Aufgabe	a)	b)	c)
Länge l	22,30 m	? cm	9,30 m
Höhe h	18,25 m	68 cm	? m
Fläche A	? m²	5460 cm²	65,20 m²
Umfang U	? m	? cm	? m

21.8 Berechnen Sie für Rhomben die fehlenden Werte nach den folgenden Angaben:

Aufgabe	a)	b)	c)
Länge l	? m	12,4 dm	0,95 m
Höhe h	7,82 m	? dm	0,72 m
Fläche A	77,40 m²	111,50 dm²	? m²
Umfang U	? m	? dm	? m

21.9 Berechnen Sie für Rhomboide die fehlenden Werte nach den folgenden Angaben:

Aufgabe	a)	b)	c)
Länge l	4,80 m	7,14 dm	? m
Seite b	3,65 m	? dm	6,25 m
Umfang U	? m	24,52 dm	28,84 m

21.10 Berechnen Sie für Rhomboide die fehlenden Werte nach den folgenden Angaben:

Aufgabe	a)	b)	c)
Länge l	96 cm	18,46 m	? m
Seite b	75 cm	? m	1,18 m
Umfang U	? cm	57,34 m	6,08 m

21.11 Berechnen Sie für Trapeze die fehlenden Werte nach den folgenden Angaben:

Aufgabe	a)	b)	c)
Länge l_1	4,50 m	5,6 dm	6,9 m
Länge l_2	3,90 m	2,7 dm	5,3 m
Höhe h	2,75 m	3,8 dm	? m
Fläche A	? m²	? dm²	27,45 m²

21.12 Berechnen Sie für Trapeze die fehlenden Werte nach den folgenden Angaben:

Aufgabe	a)	b)	c)
Länge l_1	87 cm	3,70 m	0,92 m
Länge l_2	43 cm	1,90 m	0,54 m
Höhe h	56 cm	? m	? m
Fläche A	? cm²	3,92 m²	0,8176 m²

Dreieck

Die Fläche eines Dreiecks ist die Hälfte von der eines Rechtecks mit gleicher Grundlinie l und Höhe h.

$A = \dfrac{l \cdot h}{2}$	$l = \dfrac{2 \cdot A}{h}$	$h = \dfrac{2 \cdot A}{l}$

Umfang U = Summe der 3 Seiten

Einteilung der Dreiecke nach Winkeln und Seiten: rechtwinklig (1), spitzwinklig (2), stumpfwinklig (3), gleichseitig (4), gleichschenklig (5), ungleichschenklig (6).

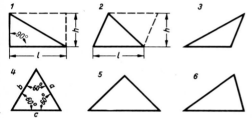

Beispiel 1:
In einem Dreieck ist l = 4,80 m und h = 3,26 m. Wie groß ist die Fläche A in m²?

Lösung: $A = \dfrac{l \cdot h}{2}$; $A = \dfrac{4,80 \text{ m} \cdot 3,26 \text{ m}}{2}$; $A = \underline{\underline{7,82 \text{ m}^2}}$

Beispiel 2:
Ein Dreieck mit l = 6,40 m hat eine Fläche A = 12,24 m². Wie groß ist h in m?

Lösung: $h = \dfrac{2 \cdot A}{l}$; $h = \dfrac{2 \cdot 12,24 \text{ m}^2}{6,40 \text{ m}}$; $h = \underline{\underline{3,83 \text{ m}}}$

Pythagoreischer Lehrsatz

Im rechtwinkligen Dreieck nennt man die den rechten Winkel einschließenden Seiten Katheten (a und b), die dem rechten Winkel gegenüberliegende Seite Hypotenuse (c).

Merke:
Im rechtwinkligen Dreieck ist die Summe der Kathetenquadrate gleich dem Hypotenusenquadrat. Sind zwei Dreieckseiten bekannt, kann die dritte berechnet werden.

$c^2 = a^2 + b^2$	$a^2 = c^2 - b^2$	$b^2 = c^2 - a^2$
$c = \sqrt{a^2 + b^2}$	$a = \sqrt{c^2 - b^2}$	$b = \sqrt{c^2 - a^2}$

Beispiel:
Wie lang ist die Hypotenuse eines rechtwinkligen Dreiecks, wenn die Kathete a = 4 m und die Kathete b = 3 m lang ist?

Lösung:
$c^2 = a^2 + b^2$
$c^2 = (4 \text{ m})^2 + (3 \text{ m})^2$
$c^2 = 16 \text{ m}^2 + 9 \text{ m}^2$
$c^2 = 25 \text{ m}^2$
$c = \sqrt{25 \text{ m}^2}$
$c = \underline{\underline{5 \text{ m}}}$

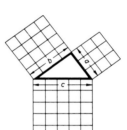

Vielecke

Fünfeck Sechseck Achteck

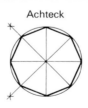

Unregelmäßiges Vieleck zerlegt man in Teilflächen.

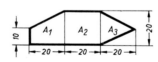

Regelmäßige Vielecke können nach der Tabelle berechnet werden.

A = Summe aller Teilflächen
$A = A_1 + A_2 + A_3$

	Fläche A			Seite s		Umkreishalbm. r_1		Inkreishalbm. r_2	
	aus s	aus r_1	aus r_2	aus r_1	aus r_2	aus s	aus r_2	aus r_1	aus s
Dreieck	0,433	1,299	5,196	1,732	3,464	0,577	2,000	0,500	0,289
Viereck	1,000	2,000	4,000	1,414	2,000	0,707	1,414	0,707	0,500
Fünfeck	1,720	2,377	3,633	1,175	1,453	0,851	1,236	0,809	0,688
Sechseck	2,598	2,598	3,464	1,000	1,155	1,000	1,155	0,866	0,866
Achteck	4,828	2,828	3,314	0,765	0,828	1,306	1,082	0,924	1,207
Zehneck	7,694	2,939	3,249	0,618	0,650	1,618	1,051	0,951	1,539
	mal s^2	mal r_1^2	mal r_2^2	mal r_1	mal r_2	mal s	mal r_2	mal r_1	mal s

Winkelfunktionen im rechtwinkligen Dreieck

In Dreiecken hängen die Seitenverhältnisse von den Winkeln ab. Bei Winkeln gleicher Größe sind auch die Seitenverhältnisse gleich groß; ändert man die Winkel, ändern sich auch die Seitenverhältnisse. Angewandt auf das rechtwinklige Dreieck eines Dachprofils (rechts) heißt das: Je kleiner der Trauf- oder Neigungswinkel α bzw. je größer der Winkel β am Firstpunkt ist, desto kleiner ist bei gleichem Grundmaß die Firsthöhe und Höhe der Dachfläche (in der Neigung gemessen). Das Verhältnis von zwei Dreieckseiten in Beziehung zu einem Winkel wird Winkelfunktion oder trigonometrische Funktion genannt.

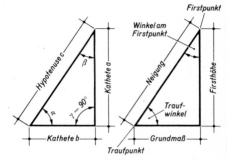

Gebräuchliche Winkelfunktionen

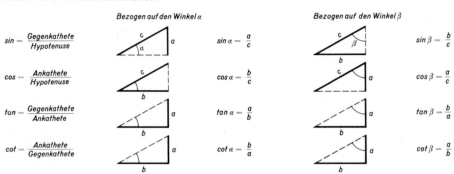

Bezogen auf den Winkel α

$$sin = \frac{Gegenkathete}{Hypotenuse} \qquad sin\,\alpha = \frac{a}{c}$$

$$cos = \frac{Ankathete}{Hypotenuse} \qquad cos\,\alpha = \frac{b}{c}$$

$$tan = \frac{Gegenkathete}{Ankathete} \qquad tan\,\alpha = \frac{a}{b}$$

$$cot = \frac{Ankathete}{Gegenkathete} \qquad cot\,\alpha = \frac{b}{a}$$

Bezogen auf den Winkel β

$$sin\,\beta = \frac{b}{c}$$

$$cos\,\beta = \frac{a}{c}$$

$$tan\,\beta = \frac{b}{a}$$

$$cot\,\beta = \frac{a}{b}$$

Berechnen von Winkeln im Dreieck

Unter Anwendung obenstehender Winkelfunktionen kann man Winkelgrößen ermitteln, wenn 2 Dreieckseiten bekannt sind. Wenn z. B. die Seiten a und b gegeben sind, ist $tan\,\alpha$ bzw. $cot\,\beta$ zu berechnen und der ermittelte Funktionswert — gegebenenfalls der diesem am nächsten kommende Wert — unter tan bzw. cot der Zahlentafel, S. 144, aufzusuchen. Dazu liest man die Gradzahl des Winkels ab.

Beispiel:

Im rechtwinkligen Dreieck eines Dachprofils ist das Grundmaß $b = 4{,}65$ m und die Firsthöhe $a = 5{,}20$ m. Gesucht ist der Traufwinkel α.

Lösung:

$$tan\,\alpha = \frac{a}{b}\,; \quad tan\,\alpha = \frac{5{,}20\ m}{4{,}65\ m}\,; \quad tan\,\alpha = 1{,}1183$$

Abgelesen unter tan 1,1171. Dazu ist $\alpha = \underline{48°\,10'}$.

Der Genauigkeitsgrad ist ausreichend. Notfalls Zwischenwerte ermitteln.

Berechnen von Dreieckseiten

Sind ein Winkel und eine Dreieckseite bekannt, können die beiden anderen Seiten berechnet werden. Dazu stellt man die obenstehenden Formeln nach Bedarf um:

$$sin\,\alpha = \frac{a}{c}\,; \quad a = c \cdot sin\,\alpha\,; \quad c = \frac{a}{sin\,\alpha}$$

$$cos\,\alpha = \frac{b}{c}\,; \quad b = c \cdot cos\,\alpha\,; \quad c = \frac{b}{cos\,\alpha}$$

$$tan\,\alpha = \frac{a}{b}\,; \quad a = b \cdot tan\,\alpha\,; \quad b = \frac{a}{tan\,\alpha}$$

$$cot\,\alpha = \frac{b}{a}\,; \quad b = a \cdot cot\,\alpha\,; \quad a = \frac{b}{cot\,\alpha}$$

Beispiel:

Im rechtwinkligen Dreieck eines Dachprofils ist das Grundmaß $b = 4{,}65$ m und der Traufwinkel $\alpha = 48°\,10'$. Gesucht ist die Höhe c der Dachfläche — in der Neigung gemessen.

Lösung:

$$cos\,\alpha = \frac{b}{c}\,; \quad c = \frac{b}{cos\,48°\,10'} = \frac{4{,}65\ m}{0{,}6670} = \underline{6{,}97\ m}$$

Dreieck — Pythagoras

22.1 Berechnen Sie für Dreiecke die fehlenden Werte nach den folgenden Angaben:

Aufgabe	Grundlinie *l* in m	Höhe *h* in m	Fläche *A* in m²
a)	1,34	0,96	?
b)	10,64	3,16	?
c)	10,08	?	37,80
d)	0,86	?	0,17
e)	?	6,08	72,96
f)	?	0,86	1,20

22.2 Der Giebel eines Gebäudes hat die Form eines gleichschenkligen Dreiecks mit den unter a) ··· d) angegebenen Abmessungen. Wie groß ist die Giebelfläche in m²?

Aufgabe	a)	b)	c)	d)
Giebelbreite in m	8,74	9,115	7,49	10,24
Firsthöhe in m	4,80	5,85	4,26	4,16

22.3 Ermitteln Sie für rechtwinklige Dreiecke die fehlenden Seitenmaße (Wurzeln angenähert, ohne Zwischenrechnungen).

Aufg.	Kathete *a* in m	Kathete *b* in m	Hypotenuse *c* in m
a)	4,25	4,90	?
b)	5,10	4,30	?
c)	6,35	?	7,50
d)	4,60	?	6,20
e)	?	5,40	7,84
f)	?	3,84	6,10

22.4 Berechnen Sie für den Giebel des Schuppens mit Pultdach (Bild): a) die Länge der Giebelschräge; b) die Fläche des Giebels; c) das Neigungsverhältnis der Giebelschräge.

22.5 Für die Giebelfläche im Bild sind zu berechnen: a) die Längen der Giebelschrägen *a* und *b*; b) ihr Neigungsverhältnis.

22.6 In der Grundrißzeichnung für ein Eckgebäude ist die Länge der abgeschrägten Ecke mit 9,26 m angegeben (Bild). a) Wie lang ist Seite *a*? b) Wie groß ist die Gebäudegrundfläche?

22.7 Im Bild 22.6 ist ein Eckgebäude im Grundriß dargestellt, dessen rechtwinklige Ecke im Winkel von 45° abgeschrägt ist. Wie lang wird die schräge Seite, wenn die Seiten *a* 5,36 m sind?

22.8 Als Auffahrt zu einem Grundstück soll eine Rampe geschüttet werden. Die Länge der Rampe — waagerecht gemessen — ist 29,00 m, die Höhe — senkrecht gemessen — ist 5,40 m. Wie lang ist die Rampenoberfläche?

Unregelmäßige Vielecke

22.9 Das Bild zeigt ein unregelmäßiges Viereck. Berechnen Sie a) die Länge der Verbindungslinie *l*; b) die Fläche des Vierecks in m² und a.

22.10 Berechnen Sie die Fläche des unregelmäßigen Vielecks im Bild in m² und a.

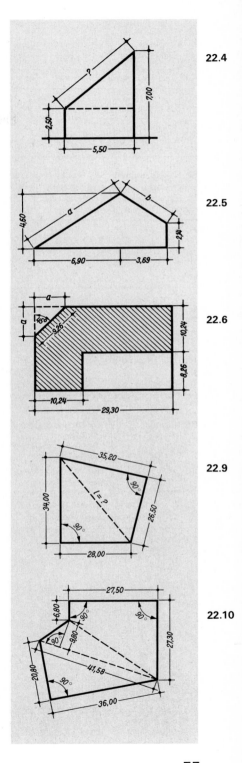

Ermitteln von Winkelfunktionen und Winkeln

22.11 Bestimmen Sie die Winkelfunktionen für die folgenden Winkel:

Aufgabe	Winkel	sin	cos	tan	cot
a)	34°	?	?	?	?
b)	42°50′	?	?	?	?
c)	58°20′	?	?	?	?
d)	31°40′	?	?	?	?
e)	66°	?	?	?	?

22.12 Bestimmen Sie die Winkelfunktionen (angenäherte bzw. geschätzte Werte) für folgende Winkel:

Aufgabe	Winkel	sin	cos	tan	cot
a)	36°12′	?	?	?	?
b)	28°38′	?	?	?	?
c)	74°15′	?	?	?	?
d)	43°45′	?	?	?	?
e)	12°23′	?	?	?	?

22.13 Welche Winkel (auf 10′ gerundet) gehören zu den folgenden Winkelfunktionen?

Aufgabe	sin	cos	tan	cot
a)	0,5300	0,6777	0,7071	0,7840
b)	0,9789	0,3000	0,8172	0,9241
c)	0,7524	0,8951	0,5378	0,6900

Berechnen von Winkeln im rechtwinkl. Dreieck

22.14 Berechnen Sie für rechtwinklige Dreiecke den Winkel α (auf 10′ gerundet) nach den folgenden Angaben:

	Aufgabe	Kathete a in m	Kathete b in m	Hypoten. c in m
Aufgabe	a)	4,80	?	6,60
	b)	5,25	?	7,40
	c)	4,00	?	5,36
	d)	?	3,75	4,10
	e)	?	4,56	6,30
	f)	3,45	5,70	?
	g)	1,20	6,14	?
	h)	4,78	5,40	?

22.15 Berechnen Sie den Neigungswinkel α eines Daches nach folgenden Angaben für Aufg. a) ··· d):

	a)	b)	c)	d)
Grundmaß in m	5,05	3,90	4,56	6,42
Firsthöhe in m	4,60	6,65	2,92	1,30

Berechnen von Seiten im rechtwinkl. Dreieck

22.16 Berechnen Sie für rechtwinklige Dreiecke die fehlenden Seiten nach den folgenden Angaben:

Aufgabe	Kathete a in m	Kathete b in m	Hypoten. c in m	∢ α
a)	?	4,16	?	30°
b)	?	5,20	?	46°
c)	6,80	?	?	48°
d)	1,20	?	?	12°
e)	4,20	?	?	40°
f)	?	?	7,80	58°
g)	?	?	4,30	35°

22.17 Berechnen Sie die Firsthöhe des Daches nach den folgenden Angaben:

	a)	b)	c)	d)
Grundmaß in m	5,60	4,48	3,70	4,82
Winkel α	32°	44°	52°	40°

22.18 Berechnen Sie die Maße für die Dachschräge und die Firsthöhe nach den folgenden Angaben:

	a)	b)	c)	d)
Grundmaß in m	3,80	5,46	4,64	4,90
Winkel α	55°	35°	43°	30°

Regelmäßige Vielecke

Beispiel:
Der Radius r_1 des Umkreises eines regelmäßigen Sechsecks beträgt 3,80 m. Berechnen Sie nach der Tabelle auf Seite 53 a) die Fläche A, b) die Seitenlänge s, c) den Radius r_2 des Inkreises.

Lösung:
a) $A = 2{,}598 \cdot r_1^2$; $A = 2{,}598 \cdot (3{,}80\text{ m})^2$
$A = 2{,}598 \cdot 14{,}44\text{ m}^2$; $A = \underline{37{,}52\text{ m}^2}$

b) $s = 1{,}000 \cdot r_1$; $s = 1{,}000 \cdot 3{,}80\text{ m}$; $s = \underline{3{,}80\text{ m}}$

c) $r_2 = 0{,}866 \cdot r_1$; $r_2 = 0{,}866 \cdot 3{,}80\text{ m}$; $r_2 = \underline{3{,}29\text{ m}}$

22.19 Die Seitenlänge s eines regelmäßigen Sechsecks beträgt 0,75 m (0,86 m). Berechnen Sie nach der Tabelle auf Seite 53 a) die Fläche A; b) den Radius r_1 des Umkreises; c) den Radius r_2 des Inkreises.

22.20 Der Umkreisdurchmesser der Grundfläche eines sechseckigen Betonpfeilers beträgt 76 cm (48 cm). Berechnen Sie nach der Tabelle auf Seite 53 a) die Seitenlänge s; b) die Grundfläche A.

22.21 Der Umkreisdurchmesser der Grundfläche eines achteckigen Mauerpfeilers beträgt 64 cm (52 cm). Berechnen Sie nach der Tabelle auf Seite 53 a) die Seitenlänge s; b) die Grundfläche A.

Kreis

Als Durchmesser d eines Kreises bezeichnet man die Verbindungslinie zweier Punkte des
Kreisbogens, die durch den
Mittelpunkt verläuft. Der Radius r
ist halb so groß wie der Durchmesser.

Kreisumfang U und Durchmesser stehen in einem
bestimmten Verhältnis zueinander. $^1/_7$ des Durch-
messers ist 22mal in dem Kreisumfang enthalten.
Der Kreisumfang ist also $^{22}/_7 \cdot d$ oder $3{,}14 \cdot d$. Die
Zahl 3,14 wird mit dem griechischen Buchstaben
π (Pi) bezeichnet.

Formeln für Kreisumfang und Durchmesser:

$$U = d \cdot \pi \quad \text{oder} \quad U = 2r \cdot \pi \qquad d = \frac{U}{\pi}$$

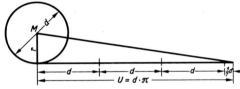

Die Kreisfläche ist flächengleich dem Dreieck, das
als Grundlinie ihren Umfang und als Höhe ihren
Radius hat.

Fläche des Dreiecks: $\quad A = \dfrac{l \cdot h}{2}$

Für $l \cdot h$ wird $U \cdot r$ eingesetzt: $A = \dfrac{U \cdot r}{2}$

Für $U = 2r \cdot \pi$ eingesetzt ist $A = \dfrac{2r \cdot \pi \cdot r}{2}$

Gekürzt: $A = r \cdot r \cdot \pi$ oder $\qquad \boxed{A = r^2 \cdot \pi}$

Aus der Formel $A = r^2 \cdot \pi$ kann durch Einsetzen
von $\dfrac{d}{2}$ für r für die Fläche des Kreises nachstehende
Formel abgeleitet werden.

Für r setzt man $\dfrac{d}{2}$. Dann ist $A = \dfrac{d}{2} \cdot \dfrac{d}{2} \cdot \pi$.

$$\boxed{A = \frac{d^2 \cdot \pi}{4}} \qquad \boxed{d = \sqrt{\frac{4 \cdot A}{\pi}}}$$

Da $\dfrac{\pi}{4} = 0{,}785$ ist, kann die Formel für die Fläche
auch lauten: $A = 0{,}785 \cdot d^2$.

Beispiel 1:
Berechnen Sie den Umfang U und die Fläche A
eines Kreises mit einem Durchmesser $d = 2{,}40$ m.

Lösung:
$U = d \cdot \pi; \quad U = 2{,}40\,\text{m} \cdot 3{,}14; \qquad \underline{U = 7{,}54\,\text{m}}$

$A = \dfrac{d^2 \cdot \pi}{4}; A = \dfrac{2{,}40\,\text{m} \cdot 2{,}40\,\text{m} \cdot 3{,}14}{4}; \quad \underline{A = 4{,}52\,\text{m}^2}$

Beispiel 2:
Wie groß ist der Durchmesser d eines Kreises mit
13,98 m Umfang?

Lösung:
$d = \dfrac{U}{\pi}; \quad d = \dfrac{13{,}98\,\text{m}}{3{,}14}; \quad \underline{d = 4{,}45\,\text{m}}$

Beispiel 3:
Wie groß ist der Durchmesser d eines Kreises, dessen Fläche A 6,29 m² beträgt?

Lösung:
$d = \sqrt{\dfrac{4 \cdot A}{\pi}}; \quad d = \sqrt{\dfrac{4 \cdot 6{,}29\,\text{m}^2}{3{,}14}}; \quad d = \sqrt{8{,}01\,\text{m}^2}$

$\underline{d = 2{,}83\,\text{m}}$

Kreisring

Die Fläche eines Kreisringes erhält man, indem
man die Fläche der kleinen Kreisfläche von der
der großen Kreisfläche subtrahiert.

$$\boxed{A = A_1 - A_2}$$

Es ist $A = r_1^2 \cdot \pi - r_2^2 \cdot \pi$ oder

$$\boxed{A = (r_1^2 - r_2^2) \cdot \pi}$$

oder

$$\boxed{A = \frac{d_1^2}{4} - \frac{d_2^2}{4} \cdot \pi} \quad \text{oder} \quad \boxed{A = (d_1^2 - d_2^2) \cdot 0{,}785}$$

Beispiel:
Wie groß ist die Fläche A eines Kreisringes, wenn
der Durchmesser d_2 des inneren Kreises 1,26 m und
d_1 des äußeren Kreises 1,74 m beträgt?

Lösung:
$A = (r_1^2 - r_2^2) \cdot \pi$
$A = (0{,}87\,\text{m} \cdot 0{,}87\,\text{m} - 0{,}63\,\text{m} \cdot 0{,}63\,\text{m}) \cdot 3{,}14$
$A = (0{,}7569\,\text{m}^2 - 0{,}3969\,\text{m}^2) \cdot 3{,}14; A = 0{,}36\,\text{m}^2 \cdot 3{,}14$
$\underline{A = 1{,}13\,\text{m}^2}$

oder:
$A = \left(\dfrac{d_1^2}{4} - \dfrac{d_2^2}{4} \right) \cdot \pi; A = \left(\dfrac{(1{,}74\,\text{m})^2}{4} - \dfrac{(1{,}26\,\text{m})^2}{4} \right) \cdot 3{,}14$
$A = (0{,}7569\,\text{m}^2 - 0{,}3969\,\text{m}^2) \cdot 3{,}14; \quad \underline{A = 1{,}13\,\text{m}^2}$

Kreisberechnungen mit der Zahlentafel

a) Gesucht ist der Kreisumfang U

Der gegebene Kreisdurchmesser d ist in der Eingangsspalte (d oder n) aufzusuchen, der dazugehörige Kreisumfang in Spalte $d \cdot \pi$ abzulesen. Ist Durchmesser d eine Dezimalzahl, sucht man sie in der Eingangsspalte zunächst unter Weglassen des Kommas auf und setzt im Ergebnis das Komma nach der Stellenregel ein. Kommaverschiebung: wenn in der Eingangsspalte um 1 Stelle, dann auch in der Spalte $d \cdot \pi$ um 1 Stelle.

Beispiele:
$d = 48 \quad \rightarrow U = 150{,}8; \quad d = 480 \quad \rightarrow U = 1508$
$d = 4{,}8 \quad \rightarrow U = 15{,}08; \quad d = 4800 \rightarrow U = 15080$
$d = 0{,}48 \rightarrow U = \quad 1{,}508$

Zwischenwerte sind zu ermitteln, wenn d in der Eingangsspalte nicht ablesbar ist und angenäherte Ergebnisse nicht genügen.

Beispiel:
$d = 775{,}6; \quad U = ?$

Für $d = 776$ ist $U = 2437{,}9$	$\dfrac{10}{10} \hat{=} 3{,}2$
Für $d = 775$ ist $U = \underline{2434{,}7}$	$\dfrac{6}{10} \hat{=} \dfrac{3{,}2 \cdot 6}{10} = 1{,}92$
Tafeldifferenz $\quad\quad\quad 3{,}2$	

$$U = 2434{,}7 + 1{,}92 = \underline{\underline{2436{,}62}}$$

b) Gesucht ist Kreisdurchmesser d aus U

Der gegebene Kreisumfang U ist in Spalte $d \cdot \pi$ aufzusuchen, der dazugehörige Kreisdurchmesser d in der Eingangsspalte abzulesen. Ist die gegebene Zahl für U in Spalte $d \cdot \pi$ nicht aufgeführt, sucht man — wenn ein angenähertes Ergebnis genügt — für U die nächstliegende Zahl auf und liest hierfür das Ergebnis ab.
Für Dezimalzahlen gilt die oben (unter a) angegebene Kommaverschiebung um 1 Stelle.

Beispiele:
$U = 832{,}52 \rightarrow d = 265; \quad U = 83{,}252 \quad \rightarrow d = 26{,}5$
$U = 8{,}3252 \rightarrow d = 2{,}65$

Zwischenwerte sind zu ermitteln, wenn U in Spalte $d \cdot \pi$ nicht ablesbar ist und angenäherte Ergebnisse nicht genügen.

Beispiel:
$U = 833{,}78; \quad d = ?$

Für $U = 835{,}66$ ist $d = 266$	U gegeben $\quad 833{,}78$
	U für $d =$
Für $U = \underline{832{,}52}$ ist $d = 265$	265 ist $\quad \underline{832{,}52}$
Tafeldiff. $\quad 3{,}14$	Differenz $\quad\quad 1{,}26$

$$1{,}26 : 3{,}14 = 0{,}4; \; d = 265 + 0{,}4 \; = \; \underline{\underline{265{,}4}}$$

c) Gesucht ist Kreisfläche A

Der gegebene Kreisdurchmesser d ist in der Eingangsspalte aufzusuchen, die dazugehörige Kreisfläche A in Spalte ⬗-fläche abzulesen. Ist d eine Dezimalzahl, sucht man sie zunächst unter Weglassen des Kommas auf und setzt im Ergebnis das Komma nach folgender Regel ein:
Kommaverschiebung: in der ⬗-fläche um die doppelte Stellenzahl gegenüber der der Eingangsspalte.

Beispiele:
$d = 52 \quad \rightarrow A = 2123{,}72; \quad d = 5{,}2 \rightarrow A = 21{,}2372$
$d = 0{,}52 \rightarrow A = 0{,}212372; \quad d = 520 \rightarrow A = 212372$

Zwischenwerte sind zu ermitteln, wenn d in der Eingangsspalte nicht ablesbar ist und angenäherte Ergebnisse nicht genügen.

Beispiel:
$d = 520{,}6; A = ?$

Für $d = 521$ ist $A = 213189$	$\dfrac{10}{10} \hat{=} 817$
Für $d = 520$ ist $A = \underline{212372}$	$\dfrac{6}{10} \hat{=} \dfrac{817 \cdot 6}{10} = 490{,}2$
Tafeldifferenz $\quad\quad 817$	

$$A = 212372 + 490{,}2 = \underline{\underline{212862{,}2}}$$

23.1 Berechnen Sie den Umfang und die Fläche eines Kreises mit einem Durchmesser von a) 0,58 m; b) 4,06 m; c) 76 cm; d) 12,4 dm; e) 1,54 m; f) 64 cm.

23.2 Wie groß sind der Umfang und die Fläche eines Kreises mit einem Radius von a) 34 cm; b) 0,45 m; c) 3,27 m; d) 16,5 dm; e) 1,05 m; f) 228 cm; g) 0,28 m?

23.3 Berechnen Sie den Durchmesser eines Kreises, wenn die Fläche a) 24,63 m²; b) 19 607 cm²; c) 3217 dm²; d) 0,5283 m²; e) 745 104 cm² beträgt.

23.4 Wie groß ist der Durchmesser eines Kreises mit einem Umfang von a) 5,34 m; b) 113 cm; c) 82,3 dm; d) 18,24 m; e) 860 cm; f) 0,95 m?

23.5 Ein kreisrundes Fenster hat Durchmesser von 0,94 m (1,12 m). Wie groß ist die Fensterfläche?

23.6 Die gemauerte Einfassung für ein kreisrundes Wasserbecken hat außen einen Durchmesser von 6,74 m (4,24 m), innen von 6,26 m (3,76 m). Berechnen Sie a) die Mauerfläche; b) den Außenumfang.

Kreisausschnitt

Teilt man den Umfang eines Kreises in 360 gleiche Bogenteile und verbindet die Endpunkte eines Bogenteils mit dem Kreismittelpunkt, so entsteht ein Kreisausschnitt mit Mittelpunktswinkel 1°.

Die **Bogenlänge** b für einen Kreisausschnitt mit einem Mittelpunktswinkel von 1° ist der 360. Teil des Kreisumfanges $d \cdot \pi$, also $\dfrac{d \cdot \pi \cdot 1°}{360°}$; bei einem beliebigen Mittelpunktswinkel α ist:

$$b = \frac{d \cdot \pi \cdot \alpha}{360°} \quad \text{oder} \quad b = \frac{r \cdot \pi \cdot \alpha}{180°}$$

Die **Fläche** A beträgt bei einem Mittelpunktswinkel von 1° den 360. Teil der ganzen Kreisfläche. Bei beliebigem Mittelpunktswinkel α ist:

$$A = \frac{r^2 \cdot \pi \cdot \alpha}{360°} \quad \text{oder auch} \quad A = \frac{b \cdot r}{2}$$

Beispiel:
Ein Kreisausschnitt hat einen Radius von 1,20 m und einen Mittelpunktswinkel von 50°. Wie groß ist a) die Bogenlänge b, b) die Fläche A?

Lösung:

a) $b = \dfrac{r \cdot \pi \cdot d}{180°}$; $\quad b = \dfrac{1,20\,\text{m} \cdot 3,14 \cdot 50°}{180°}$

$\quad b = \underline{1,05\,\text{m}}$

b) $A = \dfrac{r^2 \cdot \pi \cdot \alpha}{360°}$; $\quad A = \dfrac{1,20\,\text{m} \cdot 1,20\,\text{m} \cdot 3,14 \cdot 50°}{360°}$

$\quad A = \underline{0,63\,\text{m}^2}$

Bei bekannter Bogenlänge kann die Lösung zu b) auch heißen:

$A = \dfrac{b \cdot r}{2}$; $\quad A = \dfrac{1,05\,\text{m} \cdot 1,20\,\text{m}}{2}$; $\quad A = \underline{0,63\,\text{m}^2}$

Kreisabschnitt

Der Kreisabschnitt wird von der Sehne s und dem Bogen b begrenzt.
Die **Fläche** A für den Kreisabschnitt wird ermittelt, indem man zuerst die Fläche des dazugehörigen Kreisausschnittes berechnet und davon die Fläche des Dreiecks subtrahiert, um die der Kreisausschnitt größer ist.

$$A = \frac{b \cdot r}{2} - \frac{s \cdot (r - h)}{2}$$

Radius r ist:
$$r = \frac{h}{2} + \frac{s^2}{8h}$$

Angenäherte Formel für A:
$$A \approx \frac{2}{3} \cdot s \cdot h$$

Beispiel:
Die Sehne s eines Kreisabschnittes ist 1,60 m lang, die Höhe $h = 0,28$ m. Wie groß ist a) die Fläche A, b) der Radius r?

Lösung:

a) $A \approx \dfrac{2}{3} \cdot s \cdot h$; $A \approx \dfrac{2}{3} \cdot 1,60\,\text{m} \cdot 0,28\,\text{m}$; $A \approx \underline{0,30\,\text{m}^2}$

b) $r = \dfrac{h}{2} + \dfrac{s^2}{8h}$; $\quad r = \dfrac{0,28\,\text{m}}{2} + \dfrac{1,60\,\text{m} \cdot 1,60\,\text{m}}{8 \cdot 0,28\,\text{m}}$

$\quad r = \underline{1,28\,\text{m}}$

Ellipse

Die **Fläche** A der Ellipse wird ähnlich wie beim Kreis berechnet, nur wird für $r \cdot r$ das Produkt aus der halben großen Achse $\dfrac{d_1}{2}$ und der halben kleinen Achse $\dfrac{d_2}{2}$ gesetzt.

$$A = \frac{d_1}{2} \cdot \frac{d_2}{2} \cdot \pi$$

Umfang annähernd:
$$U \approx \frac{d_1 + d_2}{2} \cdot \pi$$

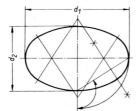

Beispiel:
Bei einer Ellipse ist die große Achse $d_1 = 2,40$ m, die kleine Achse $d_2 = 1,60$ m lang. Wie groß ist a) die Fläche A, b) der Umfang U?

Lösung:

a) $A = \dfrac{d_1}{2} \cdot \dfrac{d_2}{2} \cdot \pi$; $\quad A = \dfrac{2,40\,\text{m}}{2} \cdot \dfrac{1,60\,\text{m}}{2} \cdot 3,14$

$\quad A = \underline{3,01\,\text{m}^2}$

b) $U \approx \dfrac{d_1 + d_2}{2} \cdot \pi$; $\quad U \approx \dfrac{2,40\,\text{m} + 1,60\,\text{m}}{2} \cdot 3,14$

$\quad U \approx \underline{6,28\,\text{m}}$

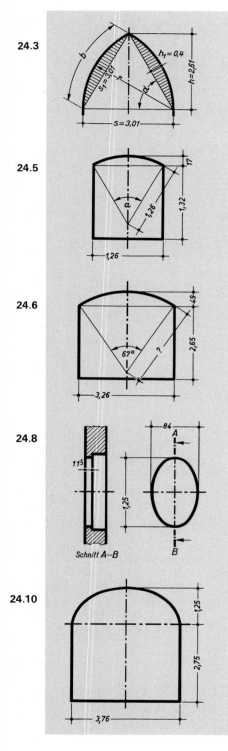

Kreisausschnitt

24.1 Berechnen Sie die Bogenlänge b und die Fläche A für eine Kreisausschnitt mit einem Radius r von 3,38 m und einem Mittelpunktswinkel α von a) 65°; b) 105°.

24.2 Berechnen Sie die Bogenlänge b und die Fläche A für eine Kreisausschnitt nach den für Radius und Mittelpunktswinkel a gegebenen Werten.

Aufgabe	a)	b)	c)	d)
Radius r in m	1,08	3,16	0,45	0,9
Mittelpunktswinkel α in °	87	145	12	38

24.3 Bei dem normalen Spitzbogen im Bild sind die Boge halbmesser r gleich der Spannweite s. a) Wie groß ist Winkel b) Wie groß ist die Bogenlänge b? c) Wie groß ist die Fläche des Spitzbogens? (Die Fläche berechnet man aus dem gleich seitigen Dreieck und den beiden Kreisabschnitten nach der ang näherten Kreisabschnittsformel.)

24.4 Führen Sie die Berechnung für einen Spitzbogen wie in Au gabe 24.3 mit $s = 2,26$ m, $h = 1,96$ m und $h_1 = 0,30$ m durc

Kreisabschnitt

24.5 Der Radius des Segmentbogens der Maueröffnung im Bi beträgt, wie die Spannweite s, 1,26 m. a) Wie groß ist der Mitte punktswinkel? b) Wie lang ist die Bogenleibung? c) Welc Fläche hat die Fensteröffnung (für Kreisabschnitt angenäher Formel)?

24.6 Die Schaufensteröffnung in einer gefugten Mauer (Bil ist von der gesamten zu fugenden Fläche abzuziehen, die 24 c tiefer Leibungen sind hinzuzurechnen. Berechnen Sie a) de Bogenradius; b) die Länge des Bogens; c) die Fensterfläche (f Kreisabschnitt angenäherte Formel); d) die Leibungsfläche (ohne Sohlbank).

Ellipse

24.7 Berechnen Sie den Umfang und die Fläche einer Ellipse nac folgenden Abmessungen:

Aufgabe	a)	b)	c)	d)
Große Achse d_1 in m	4,26	0,84	1,54	2,5
Kleine Achse d_2 in m	2,72	0,38	0,82	1,4

24.8 In einer Wand soll ein ellipsenförmiges Fenster (Bild) m 11,5 cm tiefer äußerer Leibung angelegt werden. a) Wie groß i die Fensterfläche? b) Wie lang ist die Fensterleibung? c) Welc Fläche hat die Fensterleibung?

24.9 Führen Sie die Berechnung für Ellipsen mit folgenden Ab messungen wie in Aufgabe 24.8 durch:
$d_1 = 0,92$ m; $d_2 = 0,52$ m ($d_1 = 1,52$ m; $d_2 = 0,86$ m).

24.10 Die Toreinfahrt im Bild ist mit einem ellipsenförmige Bogen (Korbbogen) überdeckt. Die Leibung ist 24 cm tief. a) W groß ist die Fläche der Öffnung? b) Wie lang ist die Bogenleibung c) Wie groß ist die gesamte Leibungsfläche?

Flach- oder Segmentbogen

Für die Ausführung des Bogens werden die Spannweite s und die Stichhöhe h angegeben. Die Stichhöhe soll zwischen $1/6$ und $1/12$ der Spannweite liegen.

Der **Bogenradius** r wird nach der folgenden Formel berechnet (vgl. T 24, Seite 59):

$$r = \frac{h}{2} + \frac{s^2}{8h}$$

Die **Bogenleibung** b_2 (Bogenlänge) kann rechnerisch nach der folgenden Formel (T 24, Seite 59) ermittelt werden:

$$b_2 = \frac{r \cdot \pi \cdot \alpha}{180°}$$

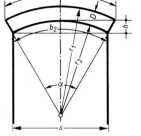

Zum Anwenden der Formel für die Bogenlänge b muß der Mittelpunktswinkel α bekannt sein oder mit dem Winkelmesser bestimmt werden. Er beträgt für die Stichhöhen von $1/6$ bis $1/12$ der Spannweite:

Stichhöhe als Bruchteil der Spannweite	$\frac{1}{6}s$	$\frac{1}{7}s$	$\frac{1}{8}s$	$\frac{1}{9}s$	$\frac{1}{10}s$	$\frac{1}{11}s$	$\frac{1}{12}s$
Mittelpunktswinkel α	74°	64°	56°	50°	45°	41°	38°

Beispiel:
Ein Flachbogen mit einer Spannweite von 2,76 m hat eine Stichhöhe von $h = 1/10$ der Spannweite (27,6 cm). Berechnen Sie a) den Bogenradius r_2; b) die Länge der Bogenleibung b_2 (bei $h = \frac{1}{10}s$ ist $\alpha = 45°$).

Lösung:
a) $r_2 = \frac{h}{2} + \frac{s^2}{8h}$; $\quad r_2 = \frac{0,276\,\text{m}}{2} + \frac{2,76\,\text{m} \cdot 2,76\,\text{m}}{8 \cdot 0,276\,\text{m}}$

$r_2 = \underline{3,59\,\text{m}}$

b) $b_2 = \frac{r_2 \cdot \pi \cdot \alpha}{180°}$; $\quad b_2 = \frac{3,59\,\text{m} \cdot 3,14 \cdot 45°}{180°}$

$b_2 = \underline{2,82\,\text{m}}$

Rundbogen

Bogenleibung b_2:
(Bogenlänge)

$$b_2 = r_2 \cdot \pi \quad \bigg| \quad b_2 = \frac{d_2 \cdot \pi}{2} \quad \bigg| \quad b_2 = \frac{s \cdot \pi}{2}$$

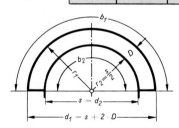

Die Schichtenzahl für den Bogen soll ungerade sein. Eine Schichtdicke ist gleich der Steindicke (7,1 cm bzw. 5,2 cm) plus einer Fugendicke.

Schichtzahl = Bogenlänge : Schichtdicke

$$\text{Fugendicke} = \frac{\text{Bogenlänge} - \text{Anzahl der Bogensteine} \cdot \text{Steindicke}}{\text{Anzahl der Fugen}}$$

Die Keilfugen sollen an der Bogenleibung mind. 0,5 cm, am Bogenrücken höchst. 2 cm dick sein.

Beispiel 1:
Ein Rundbogen hat eine Spannweite $s = 1,01$ m. Er soll $1/2$ Stein (11,5 cm) dick aus Steinen DF hergestellt werden. a) Wie lang ist die Bogenleibung b_2? b) Wieviel Schichten sind nötig, wenn die Fugen an der Bogenleibung 6 mm $\cdots$ 8 mm (Schichtdicke 5,8 cm $\cdots$ 6 cm) dick sein sollen? c) Wie dick werden die Fugen an der Bogenleibung b_2? d) Wie lang ist der Bogenrücken b_1? e) Wie dick werden die Fugen am Bogenrücken?

Lösung:
a) $b_2 = \frac{s \cdot \pi}{2}$; $\quad b_2 = \frac{101\,\text{cm} \cdot 3,14}{2}$; $\quad b_2 = \underline{158,6\,\text{cm}}$

b) 158,6 cm : 5,9 cm = 26,9; gewählt $\underline{27\ \text{Schichten}}$

c) $\frac{158,6\,\text{cm} - 27 \cdot 5,2\,\text{cm}}{28} \approx \underline{0,6\,\text{cm Fugendicke}}$

d) Durchmesser d_1 für den Bogenrücken b_1 ist:
$d_1 = s + 2 \cdot D$
$d_1 = 101\,\text{cm} + 2 \cdot 11,5\,\text{cm} = 124\,\text{cm}$
$b_1 = \frac{d_1 \cdot \pi}{2}$; $\quad b_1 = \frac{124\,\text{cm} \cdot 3,14}{2}$; $\quad b_1 \approx \underline{195\,\text{cm}}$

e) $\frac{195\,\text{cm} - 27 \cdot 5,2\,\text{cm}}{28} = \underline{1,95\,\text{cm Fugendicke}}$

Werden die Fugen am Bogenrücken dicker als 2 cm, sind Keilsteine zu verwenden.

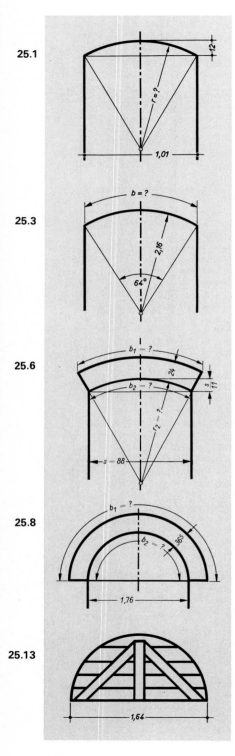

25.1 Wie groß ist der Radius für einen Flachbogen (Bild), wenn die Spannweite 1,01 m (1,38 m) und die Stichhöhe 12 cm (14 cm) betragen?

25.2 Berechnen Sie den Radius für einen Flachbogen, wenn die Spannweite 1,635 m (2,135 m) und die Stichhöhe 18 cm (27 cm) betragen.

25.3 Berechnen Sie die Länge der Bogenleibung für einen Flachbogen (Bild) mit einem Radius von 2,16 m (1,05 m) und einem Mittelpunktswinkel von 64° (45°).

25.4 Wie groß ist die Länge des Bogenrückens für den Flachbogen nach Aufgabe 25.3, wenn die Bogendicke 36,5 cm beträgt?

25.5 Wie groß ist die Länge der Bogenleibung für einen Flachbogen mit einer Spannweite von a) 1,51 m; b) 2,13 m; c) 3,51 m bei einer Stichhöhe von $\frac{1}{8}$ der Spannweite?

25.6 Eine Türöffnung von 88 cm (1,01 m) Breite (Bild) soll durch einen Flachbogen mit einer Stichhöhe von $\frac{1}{11}$ der Spannweite überdeckt werden. a) Wie groß ist der Bogenradius r_2? b) Wie groß ist die Länge der Bogenleibung b_2? c) Wie lang ist der Bogenrücken b_1 bei einer Bogendicke von 24 cm?

25.7 Eine Maueröffnung von 3,26 m (3,51 m) Breite soll durch einen 49 cm dicken Flachbogen mit einer Stichhöhe von 32,6 cm (39 cm) überdeckt werden. Wie groß ist a) der Bogenradius, b) die Länge der Bogenleibung? c) Wieviel Schichten aus Steinen im Normalformat sind erforderlich? (Fugendicke an der Leibung 6 mm ··· 8 mm.)

25.8 Wie lang sind die Bogenleibung und der Bogenrücken für den Rundbogen (Bild)?

25.9 Der Radius für einen Rundbogen beträgt a) 0,44 m; b) 0,63 m; c) 0,75 m; die Bogendicke 24 cm. Berechnen Sie die Länge der Bogenleibung und des Bogenrückens.

25.10 Ein $\frac{1}{2}$ Stein dicker Rundbogen aus Steinen im Dünnformat hat an der Leibung eine Bogenlänge von 1,77 m (2,04 m). a) Wieviel Schichten sind dafür erforderlich, wenn die Fugendicke an der Bogenleibung 6 mm ··· 9 mm betragen soll (Schichtdicke ca. 6 cm)? b) Wie dick werden die Fugen an der Bogenleibung?

25.11 Ein 24 cm dicker Rundbogen aus Steinen im Normalformat hat an der Leibung eine Bogenlänge von 2,76 m (2,95 m). a) Wieviel Schichten aus Steinen im Normalformat sind auszuführen, wenn die Fugen an der Leibung 6 mm ··· 9 mm dick sein sollen (Schichtdicke etwa 8 cm)? b) Wie dick werden die Fugen an der Bogenleibung?

25.12 Ein Rundbogen mit einer Spannweite von 2,51 m (3,01 m) und einer Bogendicke von 24 cm (36,5 cm) soll aus Steinen NF hergestellt werden. a) Wie lang ist die Bogenleibung? b) Wieviel Schichten sind auszuführen, wenn die Schichtdicke an der Leibung 7,7 cm ··· 8 cm betragen soll? c) Wie lang ist der Bogenrücken? d) Wie dick werden die Fugen am Bogenrücken?

25.13 Zur Einrüstung eines Rundbogens werden 2 Lehrbogen nach Bild gebraucht. Wie groß ist die Fläche der beiden Lehrbogen?

Würfel

Der Würfel wird von 6 quadratischen Flächen begrenzt.

Volumen (Rauminhalt) =
Seite mal Seite mal Seite

$$V = l \cdot l \cdot l$$

Oberfläche =
Seitenquadrat mal sechs

$$A_o = l \cdot l \cdot 6$$

Beispiel:
$l = 0,64$ m, $V = ?$ m³.

Lösung:
$V = l \cdot l \cdot l$
$V = 0,64$ m $\cdot 0,64$ m $\cdot 0,64$ m
$V = \underline{0,262\ \text{m}^3}$

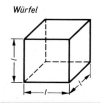

Würfel

Prisma

Das Prisma ist ein Körper, bei dem Grund- und Deckfläche A gleich sind.

Das Volumen V des Prismas ist Grundfläche mal Höhe.

$$V = A \cdot h$$

Der Mantel besteht aus den Seitenflächen. Die Fläche des Mantels A_M ist Umfang mal Höhe.

$$A_M = U \cdot h$$

Die Oberfläche A_o besteht aus der Grund- und Deckfläche und dem Mantel.

$$A_o = 2 \cdot A + A_M$$

Beispiel:

Die rechteckförmige Grundfläche eines Prismas hat eine Länge von 0,75 m und eine Breite von 0,48 m. Die Höhe des Prismas ist 1,60 m. Berechnen Sie: a) Volumen, b) Mantel, c) Oberfläche.

Lösung:

a) $V = A \cdot h$; $V = 0,75$ m $\cdot 0,48$ m $\cdot 1,60$ m;
$\qquad V = \underline{0,576\ \text{m}^3}$

b) $A_M = U \cdot h$; $A_M = (0,75\,\text{m} + 0,48\,\text{m}) \cdot 2 \cdot 1,60\,\text{m}$;
$\qquad A_M = \underline{3,94\ \text{m}^2}$

c) $A_o = 2 \cdot A + A_M$; $A_o = 2 \cdot 0,75\,\text{m} \cdot 0,48\,\text{m} + 3,94\,\text{m}^2$;
$\qquad A_o = \underline{4,66\ \text{m}^2}$

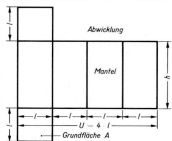

Prisma

Deckfläche

Abwicklung

Mantel

Grundfläche

Grundfläche quadratisch $U = 4 \cdot l$ *Grundfläche A*

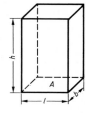 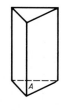

Hohlzylinder

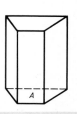 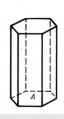 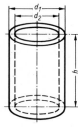

Zylinder und Hohlzylinder

Das Volumen V des Zylinders ist wie beim Prisma Grundfläche mal Höhe.

$$V = A \cdot h$$

Die Mantelfläche A_M ist ein Rechteck. Sie ist Kreisumfang mal Zylinderhöhe.

$$A_M = d \cdot \pi \cdot h$$

Die Oberfläche A_o besteht aus der Grund- und Deckfläche und dem Mantel.

$$A_o = 2 \cdot A + A_M$$

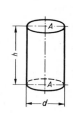

Zylinder

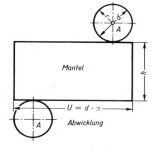

Mantel

$U = d \cdot \pi$

Abwicklung

26.1 Berechnen Sie das Volumen V und die Oberfläche A_O eines Würfels mit einer Seitenlänge von a) 1,28 m; b) 12,5 cm; c) 0,84 m; d) 37,5 cm.

26.2 Wieviel l faßt ein würfelförmiges Gefäß mit einer Seitenlänge von a) 26 cm; b) 0,53 m; c) 3,8 dm?

26.3 Berechnen Sie das Volumen, den Mantel und die Oberfläche für Prismen mit quadratischer Grundfläche nach folgenden Maßangaben:

Aufgabe	a	b	c	d
Seitenlänge l in m	0,28	0,82	0,55	0,36
Höhe h in m	2,45	3,20	2,84	2,65

26.4 Berechnen Sie das Volumen, den Mantel und die Oberfläche für Prismen mit rechteckiger Grundfläche nach folgenden Maßangaben:

Aufgabe	a	b	c	d
Grundfläche:				
Länge l in m	0,34	0,96	0,41	0,72
Breite b in m	0,27	0,65	0,28	0,54
Höhe h des Prismas in m	2,25	3,80	2,63	2,76

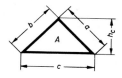

26.5 Berechnen Sie das Volumen, den Mantel und die Oberfläche für Prismen mit dreieckiger Grundfläche nach folgenden Maßangaben:

Aufgabe	a	b	c
Grundfläche: Seite c in m	6,80	9,26	7,90
Höhe h_c in m	4,15	4,80	3,45
Seiten a und b in m	5,37	6,67	5,24
Höhe h des Prismas in m	8,20	10,45	9,40

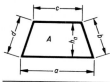

26.6 Berechnen Sie das Volumen, den Mantel und die Oberfläche für Prismen mit trapezförmiger Grundfläche nach folgenden Maßangaben:

Aufgabe	a	b	c
Grundfläche: Seite a in m	0,42	1,20	8,50
Seite c in m	0,24	0,86	5,38
Seiten b und d in m	0,36	0,67	5,33
Höhe h_a in m	0,35	0,65	5,10
Höhe h des Prismas in m	0,80	2,42	9,85

Beispiel:
Wie groß sind V, A_M und A_O für ein 2,50 m hohes Prisma, dessen Grundfläche ein regelmäßiges Sechseck mit Seitenlänge $s = 25$ cm ist?

Lösung:
Grundfläche A nach Tabelle Seite 45:

$A = 2{,}598 \cdot s^2$; $A = 2{,}598 \cdot 0{,}25\,\text{m} \cdot 0{,}25\,\text{m}$; $A \approx 0{,}16\,\text{m}^2$

$V = A \cdot h$; $V = 0{,}16\,\text{m}^2 \cdot 2{,}50\,\text{m}$; $V = \underline{0{,}400\,\text{m}^3}$

$A_M = U \cdot h$; $A_M = 6 \cdot 0{,}25\,\text{m} \cdot 2{,}50\,\text{m}$; $A_M = \underline{3{,}75\,\text{m}^2}$

$A_O = 2 \cdot A + A_M$; $A_O = 2 \cdot 0{,}16\,\text{m}^2 + 3{,}75\,\text{m}^2$; $A_O = \underline{4{,}07\,\text{m}^2}$

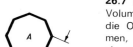

26.7 Berechnen Sie das Volumen, den Mantel und die Oberfläche für Prismen, deren Grundfläche ein regelmäßiges Achteck darstellt, nach folgenden Maßangaben:

Aufgabe	a	b	c
Grundfläche: Seite s in m (T 14 Seite 45)	0,12	0,26	0,34
Höhe h des Prismas in m	1,25	2,80	3,20

Beispiel:
Ein Zylinder hat einen Durchmesser von $d = 0{,}42$ m ($r = 0{,}21$ m) und eine Höhe von 2,30 m. Berechnen Sie:
a) Volumen V, b) Mantel A_M, c) Oberfläche A_O.

Lösung:
a) $V = A \cdot h$; $V = r^2 \cdot \pi \cdot h$
$V = 0{,}21\,\text{m} \cdot 0{,}21\,\text{m} \cdot 3{,}14 \cdot 2{,}30\,\text{m}$; $V = \underline{0{,}318\,\text{m}^3}$

b) $A_M = d \cdot \pi \cdot h$; $A_M = 0{,}42\,\text{m} \cdot 3{,}14 \cdot 2{,}30\,\text{m}$
$A_M = \underline{3{,}03\,\text{m}^2}$

c) $A_O = 2 \cdot A + A_M$; $A_O = 2 \cdot r^2 \cdot \pi + A_M$
$A_O = 2 \cdot 0{,}21\,\text{m} \cdot 0{,}21\,\text{m} \cdot 3{,}14 + 3{,}03\,\text{m}^2$; $A_O = \underline{3{,}31\,\text{m}^2}$

26.8 Berechnen Sie Volumen, Mantel und Oberfläche für Zylinder mit den Abmessungen:

Aufgabe	a	b	c	d
Durchmesser d in m	0,28	0,64	0,56	0,72
Höhe h in m	2,60	3,45	3,15	3,60

26.9 Berechnen Sie Volumen, äußere (A_{M1}) und innere (A_{M2}) Mantelfläche für Hohlzylinder mit den Abmessungen:

Aufgabe	a	b	c
Außendurchmesser d_1 in m	0,32	0,52	0,68
Innendurchmesser d_2 in m	0,14	0,28	0,40
Höhe h in m	2,25	2,75	3,00

Pyramide

Das Volumen der Pyramide ist gleich dem dritten Teil eines Prismas mit gleicher Grundfläche und Höhe.

$$V = \frac{A \cdot h}{3}$$

Mantel = Summe der Seitendreiecke

Die Höhe der Seitendreiecke kann zeichnerisch oder nach dem Pythagoras ermittelt werden. Bei einer Pyramide mit quadratischer Grundfläche ist die Höhe h_s der Seitendreiecke:

$$h_s = \sqrt{h^2 + \left(\frac{l}{2}\right)^2}$$

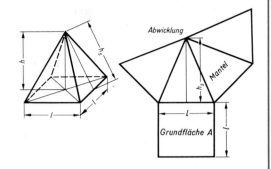

Abwicklung

Mantel

Grundfläche A

Pyramidenstumpf

Angenäherte Formel: Volumen V = Querschnittsfläche A_m in halber Höhe des Pyramidenstumpfes mal Höhe h. Die Seitenlängen der Querschnittsfläche ergeben sich aus den parallelen Seiten l_1 und l_2 der Seitenflächen.

Formel 1:
(angenähert)

$$V \approx A_m \cdot h$$

Nach Formel 2 erhält man das Volumen, indem man von dem Volumen der vollen Pyramide das Volumen der Ergänzungspyramide subtrahiert. Dazu muß die Höhe h_1 der vollen Pyramide und die Höhe h_2 der Ergänzungspyramide zeichnerisch oder rechnerisch (Dreisatz) ermittelt werden (Beispiel).

Formel 2:

$$V = \frac{A_1 \cdot h_1}{3} - \frac{A_2 \cdot h_2}{3}$$

Formel 3:

$$V = \frac{h}{3} \cdot (A_1 + A_2 + \sqrt{A_1 \cdot A_2})$$

Formel 4:

$$V = \frac{h}{6} \cdot (A_1 + A_2 + 4 \cdot A_m)$$

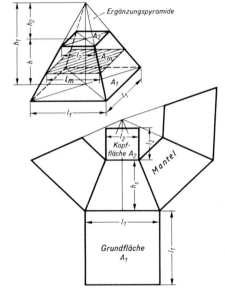

Ergänzungspyramide

A_2

A_m

A_1

Kopffläche A_2

Mantel

Grundfläche A_1

Beispiel:
Berechnen Sie das Volumen des Pyramidenstumpfes (Bild) nach Formel 2.

Lösung:
Höhe der vollen Pyramide aus Dreieck ABC:
Bei 1,65 m Verjüngung ist Höhe = 4,60 m

Bei 1,00 m Verjüngung ist Höhe = $\dfrac{4,60\ m}{1,65}$

Bei 2,80 m Verjüngung ist Höhe = $\dfrac{4,60\ m \cdot 2,80}{1,65}$

Höhe der vollen Pyramide $h_1 = 7,81$ m

$h_2 = 7,81\ m - 4,60\ m = 3,21\ m$; $V = \dfrac{A_1 \cdot h_1}{3} - \dfrac{A_2 \cdot h_2}{3}$

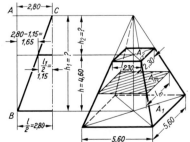

$$V = \frac{(5,60\ m)^2 \cdot 7,81\ m}{3} - \frac{(2,30\ m)^2 \cdot 3,21\ m}{3} = \underline{\underline{75,980\ m^3}}$$

Keil — Obelisk

Der Keil hat die Form eines liegenden, im Querschnitt dreieckförmigen Prismas, bei dem die Kopfflächen an beiden Enden abgeschrägt sind. Keilform hat das Walmdach.

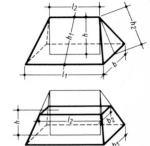

Das Volumen erhält man, indem man den Querschnitt $\frac{b \cdot h}{2}$ mit der mittleren Kantenlänge $\frac{2\,l_1 + l_2}{3}$ multipliziert.

$$V = \frac{b \cdot h}{6} \cdot (2\,l_1 + l_2)$$

Das Volumen vom Obelisk berechnet man nach der Formel:

$$V = \frac{h}{6} \cdot (2\,l_1 b_1 + l_1 b_2 + b_1 l_2 + 2\,l_2 b_2)$$

Beispiel:
Bei einem Walmdach sind die Länge $l_1 = 12,80$ m, die Breite $b = 9,24$ m, die Firsthöhe $h = 5,10$ m und die Firstlänge $l_2 = 6,80$ m. Wie groß ist a) das Volumen V, b) die Höhe h_1, c) die Höhe h_2?

Lösung:

a) $V = \dfrac{b \cdot h}{6} \cdot (2\,l_1 + l_2)$

$V = \dfrac{9,24 \text{ m} \cdot 5,10 \text{ m}}{6} \cdot (2 \cdot 12,80 \text{ m} + 6,80 \text{ m})$

$V = \underline{254,470 \text{ m}^3}$

b) $h_1 = \sqrt{h^2 + \left(\dfrac{b}{2}\right)^2}$

$h_1 = \sqrt{(5,10 \text{ m})^2 + \left(\dfrac{9,24 \text{ m}}{2}\right)^2}$; $h_1 = \underline{6,88 \text{ m}}$

c) $h_2 = \sqrt{h^2 + \left(\dfrac{l_1 - l_2}{2}\right)^2}$

$h_2 = \sqrt{(5,10 \text{ m})^2 + \left(\dfrac{12,80 \text{ m} - 6,80 \text{ m}}{2}\right)^2} = \underline{5.92 \text{ m}}$

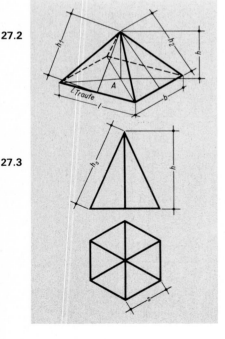

27.2

27.3

Pyramide — Pyramidenstumpf

27.1 Berechnen Sie Volumen und Mantel für Pyramiden mit quadratischer Grundfläche nach folgenden Maßangaben:

Aufgabe		a)	b)	c)	d)
Seite l der Grundfläche	in m	5,40	3,86	6,50	4,70
Höhe h der Pyramide	in m	7,25	5,60	8,75	5,90
Höhe h_s der Seiten-					
dreiecke	in m	7,74	5,92	9,33	6,35

27.2 Ein Turmdach (Bild) hat folgende Abmessungen: Seite $l = 8,50$ m, Seite $b = 7,80$ m, Turmhöhe $h = 4,60$ m, Höhe $h_1 = 6,26$ m, Höhe $h_2 = 6,03$ m. Berechnen Sie das Volumen und die Dachfläche.

27.3 Berechnen Sie das Volumen des Dachraumes und die Dachfläche für Turmdächer (sechseckige Pyramide, Bild) nach Tabelle auf S. 53 mit folgenden Abmessungen:

Aufgabe		a)	b)	c)	d)
Trauflänge s	in m	3,80	5,20	4,40	6,10
Turmhöhe h	in m	8,25	11,40	9,65	13,50
Höhe h_s im					
Dachflächendreieck	in m	8,92	12,24	10,35	14,50

7.4 Berechnen Sie das Volumen eines Betonfundaments mit quadratischer Grundfläche (Bild) mit folgenden Abmessungen nach Formel 2, Seite 65:

Aufgabe		a)	b)	c)	d)
Seite l_1 der Grundfläche	in m	1,20	0,85	1,60	1,45
Seite l_2 der Kopffläche	in m	0,70	0,55	0,90	0,85
Höhe h	in m	0,65	0,90	1,25	1,10

27.5 Berechnen Sie das Volumen eines Betonfundaments mit rechteckiger Grundfläche (Bild) mit nachstehenden Abmessungen nach Formel 1, Seite 65:

Aufgabe		a)	b)	c)
Seite l_1 der Grundfläche	in m	1,60	1,52	1,26
Seite b_1 der Grundfläche	in m	1,16	1,24	0,92
Seite l_2 der Kopffläche	in m	0,96	0,92	0,70
Seite b_2 der Kopffläche	in m	0,696	0,75	0,51
Höhe h	in m	0,85	0,90	0,80

Keil — Obelisk

27.6 Ein Walmdach über rechteckiger Grundfläche hat die im Bild angegebenen Abmessungen. Berechnen Sie a) das Volumen V, b) die Höhe h_1 und die Fläche einer trapezförmigen Dachfläche, c) die Höhe h_2 und die Fläche einer dreieckförmigen Dachfläche.

27.7 Berechnen Sie das Volumen für ein Walmdach über rechteckiger Grundfläche mit folgenden Abmessungen:

Aufgabe		a)	b)	c)	d)
Trauflänge l_1	in m	13,50	12,75	15,30	11,24
Trauflänge b	in m	8,74	9,50	10,40	9,30
Firsthöhe h	in m	4,90	5,40	4,10	5,60
Firstlänge l_2	in m	7,10	7,14	6,76	4,44

27.8 Ermitteln Sie für ein Walmdach mit den in Aufgabe 27.7 unter a) ··· d) angegebenen Abmessungen a) die Höhe h_1 und die Fläche einer trapezförmigen Dachfläche, b) die Höhe h_2 und die Fläche einer dreieckförmigen Dachfläche.

27.9 Berechnen Sie das Volumen für ein Betonfundament (Obelisk) nach folgenden Abmessungen:

Aufgabe		a)	b)	c)
Länge l_1 der Grundfläche	in m	1,64	1,96	1,50
Breite b_1 der Grundfläche	in m	1,34	1,66	1,24
Länge l_2 der Deckfläche	in m	0,60	0,58	0,66
Breite b_2 der Deckfläche	in m	0,30	0,28	0,40
Fundamenthöhe h	in m	0,90	1,20	0,72

27.10 Ein Sandhaufen (Bild) hat nach dem Schütten und Abgleichen die Form eines Obelisk. Abmessungen: Länge l_1 der Grundfläche = 6,60 m, Breite b_1 der Grundfläche = 4,40 m, Länge l_2 der Deckfläche = 3,80 m, Breite b_2 der Deckfläche = 1,60 m, Höhe h = 1,40 m. Berechnen Sie das Volumen.

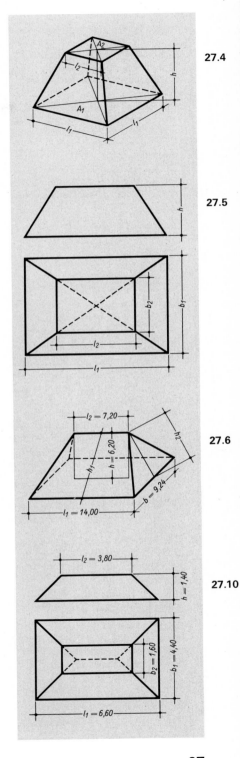

27.4

27.5

27.6

27.10

67

Kegel

Das Volumen ist gleich dem dritten Teil eines Zylinders mit gleicher Grundfläche und Höhe.

$$V = \frac{A \cdot h}{3}$$

Der Mantel ist gleich dem Umfang des Grundkreises mal Länge der Mantellinie h_s dividiert durch 2.

$$A_M = \frac{d \cdot \pi \cdot h_s}{2}$$

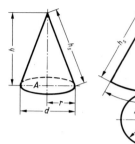

Beispiel:
Bei einem Kegel ist: Durchmesser des Grundkreises 3,20 m, Höhe 5,30 m, Länge der Mantellinie 5,54 m. Berechnen Sie a) Volumen, b) Mantel.

Lösung:

a) $V = \frac{A \cdot h}{3}$; $V = \frac{r^2 \cdot \pi \cdot h}{3}$

$V = \frac{1,60\,m \cdot 1,60\,m \cdot 3,14 \cdot 5,30\,m}{3}$; $V = \underline{\underline{14,201\,m^3}}$

b) $A_M = \frac{d \cdot \pi \cdot h_s}{2}$; $A_M = \frac{3,20\,m \cdot 3,14 \cdot 5,54\,m}{2}$

$A_M = \underline{\underline{27,83\,m^2}}$

Kegelstumpf

Nach der angenäherten Formel ist das Volumen $V \approx$ mittlere Grundfläche A_m mal Höhe h.

Formel 1:
(angenähert)

$$V \approx \left(\frac{r_1 + r_2}{2}\right)^2 \cdot \pi \cdot h \qquad V \approx A_m \cdot h$$

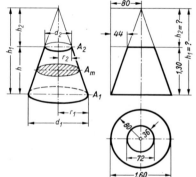

Nach Formel 2 erhält man das genaue Volumen, indem man von dem Volumen des vollen Kegels das Volumen des Ergänzungskegels subtrahiert. Die Ermittlung der dafür nötigen Höhe h_1 des vollen Kegels und der Höhe h_2 des Ergänzungskegels siehe Pyramidenstumpf, Seite 65.

Formel 2:

$$V = \frac{A_1 \cdot h_1}{3} - \frac{A_2 \cdot h_2}{3}$$

Formel 3:

$$V = 0,262 \cdot h \cdot (d_1^2 + d_2^2 + d_1 \cdot d_2)$$

Beispiel:
Berechnen Sie a) das Volumen des Kegelstumpfes (Bild rechts) nach Formel 1, b) Höhe h_1 des vollen Kegels und Höhe h_2 des Ergänzungskegels. Zu b) vgl. Beispiel Pyramidenstumpf, S. 65.

Lösung:

a) $V \approx \left(\frac{r_1 + r_2}{2}\right)^2 \cdot \pi \cdot h$

$V \approx \left(\frac{0,80\,m + 0,36\,m}{2}\right)^2 \cdot 3,14 \cdot 1,30\,m$; $V \approx \underline{\underline{1,373\,m^3}}$

b) $h_1 = \frac{1,30\,m \cdot 0,80\,m}{0,44\,m} = \underline{\underline{2,36\,m}}$

$h_2 = 2,36\,m - 1,30\,m = \underline{\underline{1,06\,m}}$

Kugel — Faß

Die Kugel hat $^2/_3$ des Volumens eines Zylinders, dessen Durchmesser und Höhe gleich dem Kugeldurchmesser sind.

$$V = \frac{4}{3} r^3 \cdot \pi$$

$$A_o = r^2 \cdot \pi \cdot 4$$

Faß (angenähert):

$$V \approx \pi \cdot \frac{h}{12} \cdot (2\,d_m^2 + d^2)$$

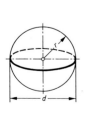

28.1 Berechnen Sie das Volumen V und die Mantelfläche A_M für Kegel nach folgenden Maßangaben (Bild):

Aufgabe		a)	b)	c)
Durchm. d des Grundkreises	in m	2,40	3,66	1,60
Höhe h des Kegels	in m	3,85	5,40	2,80
Länge h_s der Mantellinie	in m	4,03	5,70	2,91

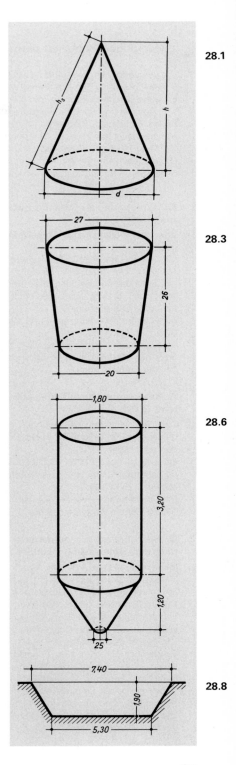

28.1

28.2 Berechnen Sie das Volumen des Dachraumes und die Dachfläche für ein kegelförmiges Turmdach mit folgenden Abmessungen:

Aufgabe		a)	b)	c)
Durchm. d des Grundkreises	in m	5,80	7,60	8,50
Höhe h des Dachkegels	in m	9,65	14,20	18,30
Länge h_s der Mantellinie	in m	10,08	14,70	18,78

28.3 Welches Volumen in l hat ein Eimer mit den im Bild angegebenen Abmessungen (Formel 1, Seite 68)?

28.3

28.4 Ein Holzkübel hat am Boden einen lichten Durchmesser von 26 cm (32 cm), am oberen Rande von 36 cm (44 cm) und eine Höhe von 38 cm (48 cm). Wieviel l faßt er (Formel 1, Seite 68)?

28.5 Ein Bottich mit der Form eines abgestumpften Kegels hat am Boden einen lichten Durchmesser von 64 cm (82 cm) und am oberen Rande von 88 cm (1,16 m). Die Höhe beträgt 46 cm (92 cm). Wieviel l faßt der Bottich (Formel 1, Seite 68)?

28.6 Ein kreisrunder Zementsilo hat die im Bild angegebenen Abmessungen. a) Wie groß ist sein Volumen in m³ (Kegelstumpf nach Formel 1, Seite 68)? b) Wieviel t Zement mit einer Rohdichte von 1,2 kg/l kann er aufnehmen?

28.6

28.7 Ein Kieshaufen hat die Form eines abgestumpften Kegels. Er hat am Boden einen Durchmesser von 3,40 m, am oberen Rande von 1,80 m und eine Höhe von 0,75 m. Wieviel m³ enthält der Haufen (Formel 1, Seite 68)?

28.8 Das Bild zeigt einen senkrechten Schnitt durch eine kreisrunde Baugrube. Wieviel m³ Boden sind dafür ausgeschachtet worden (Formel 1, Seite 68)?

28.9 Eine Betonsäule mit der Form eines abgestumpften Kegels hat am Fuß einen Durchmesser von 80 cm, am Kopf einen Durchmesser von 60 cm und eine Höhe von 3,40 m. Wie groß ist ihr Volumen in m³ (Formel 2, Seite 68)?

28.10 Führen Sie die Berechnungen wie in Aufgabe 28.9 für eine Betonsäule durch, deren Durchmesser am Fuß 64 cm, am Kopf 40 cm und deren Höhe 2,80 m beträgt.

28.11 Den Durchmesser einer Kugel kann man durch Messen des Umfangs ermitteln. Der Umfang beträgt a) 50 cm; b) 2,23 m; c) 1,35 m. Wie groß ist der Durchmesser?

28.12 Berechnen Sie das Volumen und die Oberfläche einer Kugel mit a) 26 cm; b) 0,88 m Durchmesser.

28.13 Welches Volumen in l hat ein Faß mit einem lichten Bodendurchmesser $d = 56$ cm (62 cm), einem lichten Mittendurchmesser $d_m = 68$ cm (74 cm) und einer lichten Höhe $h = 95$ cm (1,05 m)?

28.8

69

Wand- und Schornsteinmauerwerk

Die angegebenen und durch Skizzen veranschaulichten Hinweise für die Ermittlung der Massen entsprechen den dafür in den Technischen Vorschriften der Verdingungsordnung (VOB) gegebenen Richtlinien. Sie werden ergänzt und im Zusammenhang mit anderen Maurerarbeiten in Tafel 37, Seite 104 ff., — Massenberechnung — gebracht. Die Angaben für den Baustoffbedarf sind Tafel 18, Seite 46 f., — Baustoffbedarf — zu entnehmen.

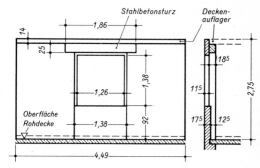

A. Berechnung für Wände nach dem Raummaß (m³)

Von dem Volumen des Mauerwerks werden abgezogen:
Öffnungen über 0,25 m³ Einzelgröße (Beispiel 1),
Nischen über 0,25 m³ Einzelgröße (Beispiel 1),
einbindende, durchbindende und eingebaute Bauteile über je 0,25 m³ Größe (gilt auch für einbindende Schornsteine),
Schlitze für Rohrleitungen und dergleichen über 0,1 m² Querschnitt,
durchgehende Luftschichten im Mauerwerk, jedoch nur mit dem über 7 cm Dicke hinausgehenden Teil der Luftschichten.

B. Berechnung für Wände nach dem Flächenmaß (m²)

Z.B. bei leichten Trennwänden und Verblendmauerwerk. Von der Fläche des Mauerwerks werden abgezogen:
Öffnungen über 1,0 m² Einzelgröße (Beispiel 2),
durchbindende Bauteile (Deckenplatten und dgl.) über je 0,25 m² Größe.
Bei Verblendmauerwerk werden Leibungen bis 13 cm Tiefe nicht mitgemessen.

C. Berechnung für gemauerte Schornsteine nach dem Raummaß (m³) oder Längenmaß (m)

Im Wohnungsbau sind für einzelne Feuerstätten Hausschornsteine mit 13,5 cm/13,5 cm, 13,5 cm/20 cm und 20 cm/20 cm Querschnitt ausreichend.
Die Außenmaße für Schornsteinquerschnitte ergeben sich aus den Rohrabmessungen und der Wangendicke, die im allgemeinen 11,5 cm beträgt.
Die Höhe des Schornsteins wird von Oberfläche Fundament bis unter den Schornsteinkopf — das ist in Höhe Oberfläche Dachhaut oder einige Schichten darunter — gemessen.
Schornsteine aus ummauerten Formstücken (Schamotterohre) sind mit näheren Angaben nach dem Längenmaß (m) anzugeben, Schornsteinköpfe in gleicher Weise, jedoch in Stück.

Beispiel 1 (Ermittlung in m³):
a) Wieviel m³ Mauerwerk sind für die Wand (Bild) auszuführen? b) Wieviel Steine 2 DF und 3 DF und wieviel l Mörtel werden gebraucht?

Lösung:
a) $V = 4,49\,\text{m} \cdot 0,30\,\text{m} \cdot 2,75\,\text{m} =$ 　3,704 m³
Abzug für Fensteröffnung, Nische, Sturz und Deckenauflager:
$1,26\,\text{m} \cdot 0,30\,\text{m} \cdot 1,38\,\text{m} = 0,522\,\text{m}^3$
$1,38\,\text{m} \cdot 0,125\,\text{m} \cdot 0,92\,\text{m} = 0,159\,\text{m}^3$ (entfällt)
$1,86\,\text{m} \cdot 0,185\,\text{m} \cdot 0,25\,\text{m} = 0,086\,\text{m}^3$ (entfällt)
$4,49\,\text{m} \cdot 0,185\,\text{m} \cdot 0,14\,\text{m} = \underline{0,116\,\text{m}^3}$ (entfällt)

Abzug 　　　　　　　　　　　　　　$\underline{0,522\,\text{m}^3}$

$$V_{ges} = 3,182\,\text{m}^3$$

b) $3,182\,\text{m}^3 \cdot 110\,\text{St./m}^3 = 350$ Steine 2 DF
　　　　　　　　dazu 　　350 Steine 3 DF
$3,182\,\text{m}^3 \cdot 195\,\text{l/m}^3 \approx 620$ l Mörtel

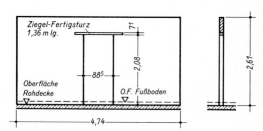

Beispiel 2 (Ermittlung nach m²):
Berechnen Sie: a) das Wandmauerwerk (Bild) aus Steinen 2 DF in m², b) den Bedarf an Steinen und Mörtel.

Lösung:
a) $A = 4,74\,\text{m} \cdot 2,61 =$ 　　　　12,37 m²
Abzug Türöffnung $0,885\,\text{m} \cdot 2,08\,\text{m} = \underline{1,84\,\text{m}^2}$

$$A_{ges} = 10,53\,\text{m}^2$$

b) $10,53\,\text{m}^2 \cdot 33\,\text{St./m}^2 = 348$ Steine
$10,53\,\text{m}^2 \cdot 20\,\text{l/m}^2 \approx 211$ l Mörtel

A. Mauern — berechnet nach dem Raummaß (m³)

Angaben über Baustoffbedarf stehen auf Seiten 46 und 47.

Kellermauern aus klein-, mittel- u. großformatigen Steinen

29.1 Eine Kellerinnenwand aus Steinen NF soll 8,26 m lang, 24 cm dick und 2,00 m hoch sein (Bild). Sie ist mit 2 Türöffnungen von je 76 cm Breite und 1,885 m Höhe zu versehen. a) Wieviel m³ Mauerwerk sind dafür herzustellen? b) Wieviel Steine und Mörtel werden gebraucht?

29.2 Die im Bild im Schnitt dargestellte Kellerinnenwand aus Steinen 2 DF ist 5,51 m lang, 36,5 cm dick und 2,125 m herzustellen und mit einer 88,5 cm breiten und 2,01 m hohen Türöffnung zu versehen. a) Wieviel m³ Mauerwerk sind auszuführen? b) Wieviel Steine und l Mörtel werden gebraucht?

29.3 Eine 30 cm dicke Kelleraußenwand aus Steinen 2 DF und 3 DF ist 4,24 m (6,365 m) lang und 2,25 m (2,50 m) hoch. Zum Auflagern der Kellerdecke hat sie oben in der ganzen Wandlänge eine 18,5 cm breite und 14 cm hohe Aussparung (Bild). In der Wand sind 2 Fensteröffnungen von je 0,76 m/0,51 m Größe. a) Wieviel m³ Mauerwerk sind dafür anzusetzen? b) Wieviel Steine und l Mörtel werden benötigt?

29.4 Im Kellergeschoß eines Gebäudes ist eine 6,26 m lange, 2,00 m hohe und 24 cm dicke Innenwand aus Hohlblocksteinen 24 cm × 49 cm × 23,8 cm mit einer 0,76 m/2,00 m großen Türöffnung herzustellen. a) Wieviel m³ Mauerwerk sind auszuführen? b) Wieviel Steine und l Mörtel werden gebraucht?

29.5 Die im Bild im Grundriß dargestellten Außenmauern eines Kellergeschosses sollen aus KS-Vollsteinen NF 2,25 m hoch ausgeführt werden. Für die Auflagerung der Kellerdecke haben alle Wände oben an der Innenseite eine 25 cm breite und 16 cm hohe Aussparung. a) Wieviel m³ Mauerwerk sind für die Ausführung anzurechnen? b) Wieviel Steine und l Mörtel werden gebraucht?

Teillösung:

$$V = (11{,}74\,\text{m} + 8{,}51\,\text{m}) \cdot 2 \cdot 0{,}365\,\text{m} \cdot 2{,}25\,\text{m} = 33{,}261\,\text{m}^3$$
$$\text{Abzug: } (11{,}51\,\text{m} + 8{,}51\,\text{m}) \cdot 2 \cdot 0{,}25\,\text{m} \cdot 0{,}16\,\text{m} = \underline{1{,}602\,\text{m}^3}$$
$$V_{\text{ges}} = \underline{\underline{31{,}659\,\text{m}^3}}$$

29.6 Führen Sie die Rechnung wie in Aufgabe 29.5 durch, jedoch mit den im Bild 29.5 eingeklammerten Maßen für die Wandlängen.

29.7 Das Bild zeigt die Außenmauern eines Kellergeschosses im Grundriß. Die Mauern sollen 2,25 m hoch aus Hohlblocksteinen 30 cm × 36,5 cm × 23,8 cm hergestellt werden. a) Wieviel m³ Mauerwerk sind auszuführen? b) Wieviel Steine und l Mörtel werden gebraucht?

Geschoßmauern aus klein-, mittel- u. großformatigen Steinen

29.8 Bei der Innenwand im Bild wird die erste Schicht aus Steinen NF, die folgenden Schichten 2,50 m hoch aus Steinen 3 DF hergestellt. Für die Überdeckung der Türöffnung dienen zwei im Querschnitt 24 cm/11,5 cm große und 1,49 m lange Stahlbeton-Fertigstürze. a) Wieviel m³ Mauerwerk sind auszuführen? b) Wieviel Steine NF (je m 8 Stck.) und 3 DF werden gebraucht?

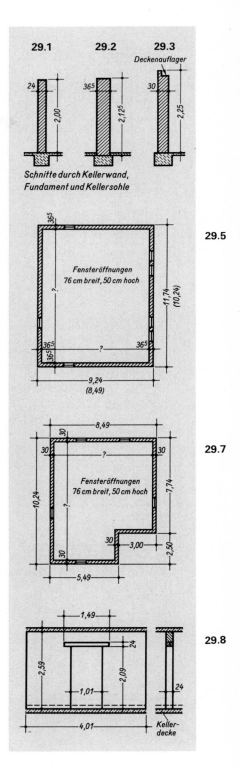

29.1 29.2 29.3
Deckenauflager

Schnitte durch Kellerwand, Fundament und Kellersohle

29.5
Fensteröffnungen 76 cm breit, 50 cm hoch

29.7
Fensteröffnungen 76 cm breit, 50 cm hoch

29.8
Kellerdecke

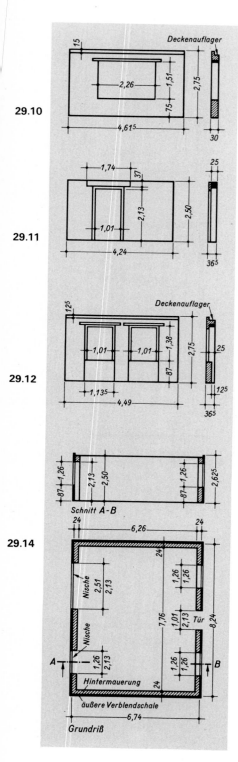

29.9 Führen Sie die Rechnung nach Aufgabe und Bild 29. unter Berücksichtigung folgender Angaben durch:
Wand: 5,26 m lang, 24 cm dick, 2,61 m hoch; Türöffnung: 0,885 breit, 2,09 m hoch; Türüberdeckung: Ziegel-Fertigsturz 1,49 lang, 7,1 cm hoch (nicht abziehen!).

29.10 Für die Außenwand im Bild ist eine Fensteröffnung ohn Anschlag vorgesehen, die oben mit einem 2,74 m langen, 30 cm breiten und 11,3 cm hohen Ziegel-Fertigsturz überdeckt ist. Da Deckenauflager ist für die ganze Wandlänge 18,5 cm breit un 15 cm hoch auszusparen. a) Wieviel m³ Mauerwerk sind aus zuführen? Wieviel Steine und wieviel Liter Mörtel werde gebraucht, wenn b) Steine 2 DF und 3 DF, c) Steine 5 D (30 cm × 24 cm × 11,3 cm) gebraucht werden?

29.11 Die Türöffnung der Außenwand im Bild soll an der Wand innenseite von einem 24 cm breiten Stahlbetonsturz überdeck werden. a) Wieviel m³ Mauerwerk sind herzustellen? Wievie Steine und wieviel Liter Mörtel werden gebraucht, wenn b) Stein NF, c) Steine 6 DF (36,5 cm × 24 cm × 11,3 cm) verwende werden?

29.12 Die Außenwand im Bild hat zwei, mit 7,1 cm hohen Ziegel-Fertigstürzen überdeckte Fensteröffnungen, unter denen 12,5 cm tiefe Mauernischen liegen. Zur Auflagerung der Decke ist die Wand oben auf die ganze Länge 25 cm breit und 12,5 cm tief ausgespart. a) Wieviel m³ Mauerwerk sind auszuführen (Stürze nicht abziehen!)? b) Wieviel Steine 2 DF und wieviel Liter Mörtel werden benötigt?

29.13 Eine Außenwand aus Leichtbeton-Vollsteinen 2 DF und 3 DF ist 8,24 m lang, 30 cm dick und 2,75 m hoch. Darin sind 3 Fensteröffnungen mit je 1,26 m Breite und 1,38 m Höhe und 3 Nischen mit je 1,38 m Breite, 12,5 cm Tiefe und 0,88 m Höhe anzulegen. Für 3 Fensterstürze sind Aussparungen mit je 1,74 m Länge, 30 cm Breite und 37 cm Höhe notwendig. Außerdem ist die Wand oben zur Deckenauflagerung 25 cm breit und 15 cm hoch auszusparen. a) Wieviel m³ Mauerwerk sind aus zuführen? b) Wieviel Steine und wieviel Liter Mörtel werden gebraucht?

29.14 Die im Bild im Grundriß und Schnitt gezeigten Außen wände eines Gebäudes bestehen aus einer äußeren 12,5 cm dicken Verblendschale und einer inneren Schale, der 24 cm dicken Hintermauerung. a) Zu ermitteln ist das Hinter mauerwerk, wobei abzuziehen sind: 2 Stück je 2,13 m hohe Fensteröffnungen, 2 Stück je 1,26 m hohe Fensteröffnungen, 1 Türöffnung und 1 Ziegel-Fertigsturz mit 2,99 m Länge, 24 cm Breite und 11,3 cm Höhe. Wieviel Steine und wieviel Liter Mörtel werden gebraucht, wenn b) Steine 2 DF, c) Steine 5 DF (30 cm × 24 cm × 11,3 cm) verwendet werden?

Hinweis für die Lösung der Aufgabe 29.14:
Ein Beispiel zeigt die Teillösung zu Aufgabe 29.5, Seite 71. Bei Wänden gleicher Dicke werden Fenster- und Türöffnungen, soweit sie gleich hoch sind, nicht einzeln berechnet. Vielmehr zählt man ihre Breitenmaße zusammen und ermittelt das Gesamt volumen V_{ges}.

Mauern mit Vorlagen und Mauerpfeiler

Merke: Mauervorlagen werden dem Mauerwerk zugerechnet.

29.15 Für die im Bild dargestellte freistehende Mauer mit Vorlagen aus Vollziegeln NF sind zu berechnen: a) das Volumen, b) die Anzahl der Steine und der Mörtelbedarf in *l*, c) die Maße zwischen den Vorlagen.

29.16 Das Bild zeigt die Außenwand einer Halle. a) Wieviel m³ Mauerwerk sind dafür auszuführen? Wieviel Steine und wieviel Liter Mörtel werden dafür gebraucht, wenn b) Steine NF, c) Steine 2 DF verwendet werden?

29.17 Die 18,49 m lange und 24 cm dicke Außenwand einer Halle ist durch 5 Stück je 61,5 cm breite Mauervorlagen zu verstärken, die an beiden Wandseiten 12,5 cm vorspringen. Wand und Vorlagen sind 4,25 m hoch. a) Wieviel m³ Mauerwerk sind auszuführen? b) Wieviel Steine 2 DF und wieviel Liter Mörtel werden gebraucht? c) Wie lang sind die Felder zwischen den Mauervorlagen?

29.18 Ein quadratischer Mauerpfeiler ist im Querschnitt 36,5 cm/36,5 cm (49 cm/49 cm) groß und 2,75 m (3,25 m) hoch herzustellen. a) Wieviel m³ Mauerwerk sind auszuführen? b) Wieviel Schichten sind für Steine NF (2 DF) notwendig? c) Wieviel Steine werden gebraucht, wenn je Schicht 5 Stück (10 Stück) erforderlich sind? d) Berechnen Sie den Mörtelbedarf in *l* (für 100 Steine 70 (84) Liter Mörtel). e) Wieviel m² Ansichtsflächen sind zu fugen?

29.19 Ein rechteckiger Mauerpfeiler soll in der Grundfläche 49 cm/61,5 cm (36,5 cm/74 cm) groß und 2,99 m (3,49 m) hoch sein. a) Wieviel m³ Mauerwerk sind auszuführen? b) Wieviel Schichten sind bei 12,5 cm Schichthöhe notwendig? c) Wieviel Steine werden gebraucht, wenn je Schicht 6 Stück 3 DF und 1 Stück 2 DF (im Mittel 8 Stück 2 DF und 1 Stück 3 DF) erforderlich sind? d) Berechnen Sie den Mörtelbedarf in *l*, wenn 1 m³ Mauerwerk 180 *l* (225 *l*) Mörtel erfordert. e) Wieviel m² Ansichtsflächen sind zu fugen?

29.20 Das Bild zeigt die Grundfläche eines 3,50 m hohen Eckpfeilers. a) Wieviel m³ Mauerwerk sind dafür auszuführen? b) Wieviel Schichten sind bei Steinen NF notwendig? c) Wieviel Steine werden gebraucht (je Schicht 16 Stück)? d) Berechnen Sie den Mörtelbedarf in *l* (für 100 Steine 70 *l* Mörtel). e) Wieviel m² Ansichtsflächen sind zu fugen?

29.21 Ein Mauerpfeiler mit Vorlage, dessen Grundfläche das Bild zeigt, ist 2,87 m hoch. a) Wieviel m³ Mauerwerk sind dafür auszuführen? b) Wieviel Schichten sind bei 12,5 cm Schichthöhe notwendig? c) Wieviel Steine werden gebraucht (je Schicht im Mittel 7 Stück 2 DF und 1 Stück 3 DF)? d) Berechnen Sie den Mörtelbedarf in *l* (je m³ Mauerwerk 225 *l* Mörtel). e) Wieviel m² Ansichtsflächen sind zu fugen?

29.22 Das Bild zeigt die Grundfläche eines stumpfwinkligen Eckpfeilers, dessen Höhe 1,75 m betragen soll. Berechnen Sie: a) das Volumen, b) die Anzahl der Steine 2 DF, wenn je Schicht 10 Stück gebraucht werden, c) den Bedarf an Mörtel in *l* (je m³ Mauerwerk 225 *l* Mörtel), d) die äußere, zu fugende Ansichtsfläche in m².

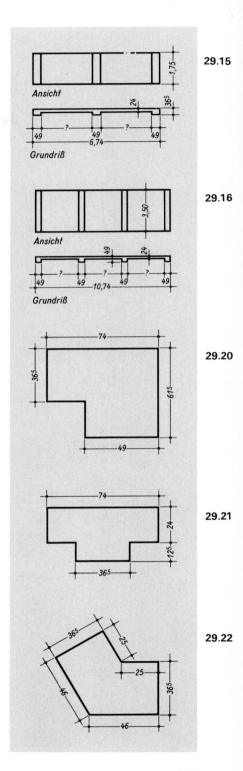

29.15

Ansicht

Grundriß

29.16

Ansicht

Grundriß

29.20

29.21

29.22

73

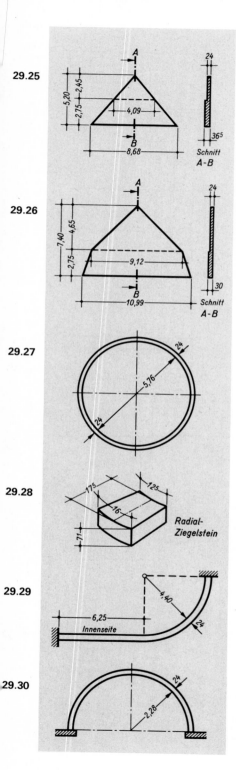

29.25

Schnitt A-B (24, 36,5)

29.26

Schnitt A-B (24, 30)

29.27

29.28

Radial-Ziegelstein

29.29

Innenseite

29.30

Giebelmauerwerk

29.23 Ein dreieckförmiger Brandgiebel soll 10,24 m breit, 5,80 m hoch sein und eine Wanddicke von 24 cm haben. a) Wieviel m² Mauerwerk sind dafür auszuführen? b) Wieviel Steine 3 DF und wieviel *l* Mörtel werden gebraucht?

29.24 Ein 30 cm dicker dreieckförmiger Mauergiebel soll 9,24 m breit und 5,10 m hoch sein. Darin ist ein 1,51 m breites und 1,26 m hohes Fenster anzulegen. Für einen Ziegel-Fertigsturz ist eine 1,99 m lange, 30 cm breite und 11,3 cm hohe Aussparung notwendig. a) Wieviel m³ Mauerwerk sind auszuführen? b) Wieviel Steine 2 DF und 3 DF und wieviel Liter Mörtel werden gebraucht?

29.25 Das Giebelmauerwerk im Bild ist im oberen Teil abgesetzt. a) Wieviel m³ Mauerwerk sind auszuführen? b) Wieviel Steine 2 DF und wieviel Liter Mörtel werden gebraucht?

29.26 Das Giebelmauerwerk des Mansardendaches im Bild soll im unteren Teil 30 cm dick aus Hohlblocksteinen 30 cm × 36,5 cm × 23,8 cm, im oberen Teil 24 cm dick aus Leichtbeton-Vollsteinen 2 DF hergestellt werden. a) Wieviel m³ Mauerwerk sind für jeden Giebelteil auszuführen? b) Wieviel Hohlblocksteine und Leichtbeton-Vollsteine werden gebraucht? c) Wieviel Liter Mörtel sind insgesamt erforderlich?

Runde Mauern

29.27 Das Bild zeigt die 75 cm hohe Einfassung für ein Wasserbecken aus Vollziegeln NF im Grundriß. Die Außenfläche der Mauer ist auf eine Höhe von 40 cm zu fugen, die Innenfläche auf 75 cm Höhe zu putzen. a) Wieviel m³ Mauerwerk sind herzustellen? b) Wieviel m² Außenfläche sind zu fugen? c) Wieviel m² Innenfläche sind zu putzen? d) Ermitteln Sie die Anzahl der Steine für eine Schicht aus dem Innenumfang (auf 1 m Umfang 8,1 Steine) und daraus die Gesamtanzahl der Steine; der Verlust beträgt 4 %.

29.28 Ein kreisrunder Schacht einer Entwässerungsleitung hat einen lichten Durchmesser von 1,00 m, eine Wanddicke von 17,5 cm und eine Höhe von 1,50 m. a) Wie groß ist das Volumen des Mauerwerks? b) Wieviel m² innere Wandfläche sind zu fugen? c) Wieviel 7,1 cm hohe Radial-Ziegelsteine (Bild) werden gebraucht (je Schicht 24 Stück)?

29.29 Eine Gartenmauer aus Vollziegeln NF hat in der Grundfläche die Abmessungen nach Bild und eine Höhe von 1,25 m. a) Wie groß ist das Volumen der Mauer? b) Wieviel m² Mauerfläche sind an der Außenseite zu fugen? c) Wieviel m² Mauerfläche sind an der Innenseite zu fugen?

29.30 Die an beiden Enden angebaute halbkreisförmige, im Grundriß im Bild dargestellte Sockelmauer soll aus Klinkern DF 75 cm hoch hergestellt und an beiden Sichtflächen (ohne Abdeckung) gefugt werden. a) Wieviel m³ Mauerwerk sind auszuführen? Berechnen Sie in m²: b) die äußere Sockelfläche, c) die innere Sockelfläche. d) Ermitteln Sie die Anzahl der erforderlichen Steine für eine Schicht aus dem Innenumfang (auf 1 m Umfang 8,1 Steine) und daraus die Gesamtanzahl der Steine; der Verlust beträgt 4 %.

Mauerwerk aus Natursteinen

Für 1 m³ Mauerwerk aus Bruchsteinen werden etwa 1,25 m³ lose Bruchsteine und 330 l Mörtel gebraucht.

29.31 Die Rückwand eines überdachten Freisitzes ist nach Bild 25 cm dick aus Bruchsteinen als unregelmäßiges Schichtenmauerwerk zu errichten. a) Wieviel m³ Bruchsteinmauerwerk sind auszuführen (für den Kreisabschnitt der Türöffnung angenäherte Formel verwenden)? b) Wieviel m³ lose Bruchsteine und wieviel l Kalkzementmörtel werden gebraucht? c) Wieviel m² Ansichtsflächen (Öffnung einseitig abziehen) sind zu fugen?

29.32 Zu einer Grundstückseinfriedung soll eine gerade, 16,40 m lange, 50 cm dicke und 1,65 m hohe Mauer aus Bruchsteinen — unregelmäßiges Schichtenmauerwerk — errichtet werden. a) Wieviel m³ Bruchsteinmauerwerk sind auszuführen? b) Wieviel m³ lose Bruchsteine und wieviel Liter Mörtel werden gebraucht? c) Wieviel m² Ansichtsflächen sind zu fugen (beiderseitig)?

29.33 Die im Bild im Grundriß dargestellten Fundamente für die Außenwände eines Gebäudes sollen aus Bruchsteinen 80 cm hoch erstellt werden. a) Wieviel m³ Bruchsteinfundamente sind auszuführen? b) Wieviel m³ lose Bruchsteine und wieviel l Mörtel sind dafür erforderlich (je m³ Mauerwerk 380 l Mörtel)?

29.34 Auf den im Bild 29.33 gezeigten Fundamentmauern ist das Sockelmauerwerk 52 cm hoch als unregelmäßiges Schichtenmauerwerk herzustellen. Die Außenmaße für das Sockelmauerwerk sind die gleichen wie für das Fundamentmauerwerk; die Dicke der Sockelmauern beträgt 40 cm. a) Wieviel m³ Sockelmauerwerk sind herzustellen? b) Wieviel m³ lose Bruchsteine und wieviel l Mörtel werden gebraucht? c) Wieviel m² äußere Sichtflächen sind zu fugen?

29.35 Für die Zufahrt zu einer Kellergarage sind zwei Stützmauern nach Bild als hammerrechtes Schichtenmauerwerk 45 cm dick herzustellen. a) Wieviel m³ Mauerwerk sind auszuführen? b) Wieviel m³ lose Bruchsteine und wieviel l Mörtel werden gebraucht?

29.36 Das Sockelmauerwerk für einen achteckigen Gartenpavillon soll 55 cm hoch aus Bruchsteinen nach Bild errichtet werden. Der Radius für den Umkreis der Grundfläche beträgt $r_1 = 2,25$ m. a) Wie lang ist die Achteckseite s? b) Wieviel m² Außenflächen des Sockelmauerwerks sind zu fugen?

29.37 Der im Bild im Grundriß dargestellte Mauerabschnitt einer Grundstückseinfriedung aus Bruchsteinen ist als unregelmäßiges Schichtenmauerwerk 90 cm hoch herzustellen. a) Wieviel m³ Mauerwerk sind auszuführen? b) Wieviel m³ lose Bruchsteine und wieviel Liter Mörtel werden gebraucht?

29.38 Bei einem Torhäuschen ist an der Giebelseite eine Mauer aus Bruchsteinen vorgesehen, in der die Toröffnung mit einem Rundbogen abschließen soll. Maßangaben: Giebelbreite 6,50 m; Höhe des Giebelrechtecks (bis zum Traufpunkt) 3,80 m; Höhe des Giebeldreiecks (von Traufpunkthöhe bis zum Firstpunkt) 2,70 m; Torbreite 3,50 m; Torhöhe bis zum Bogenwiderlager 2,80 m; Dicke der Mauer 40 cm. Wieviel m³ Mauerwerk sind auszuführen?

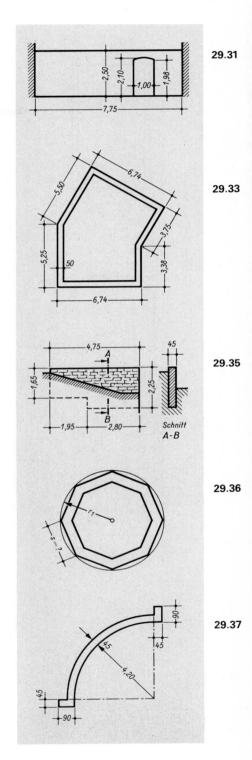

29.31

29.33

29.35

29.36

29.37

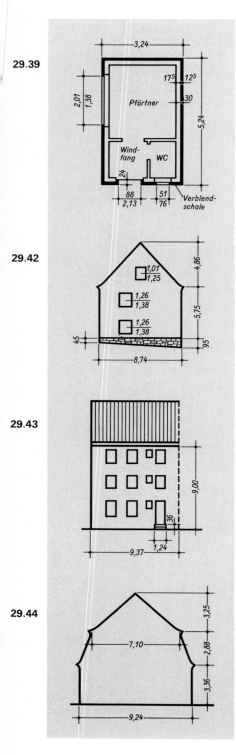

B. Mauern — berechnet nach dem Flächenmaß (m²)
(Siehe Tafel 29, Seite 70.)

Hier nicht angegebener Baustoffbedarf steht auf Seite 46.

Verblendmauerwerk — Fugenverstrich

Berechnet werden die außen sichtbaren Wandflächen, es gelten also stets ihre Außenmaße.

29.39 Nach der Grundrißzeichnung zu einem Pförtnerhäuschen (Bild) bestehen die Außenwände dazu aus 2 Schalen. Die äußere Verblendschale aus Vormauerziegeln DF ist 2,625 m hoch. a) Wieviel m² Verblendmauerwerk sind auszuführen? b) Wieviel Ziegel und wieviel Liter Mörtel werden gebraucht (je m² 66 Ziegel und 36 l Mörtel)?

29.40 Bild 29.14 (S. 72) zeigt die Außenwände eines Gebäudes im Grundriß und Schnitt. Die Verblendschale aus Vormauerziegeln im Dünnformat ist 11,5 cm + 1 cm (Fuge) = 12,5 cm dick. a) Wieviel m² Verblendmauerwerk sind auszuführen? b) Wieviel Vormauerziegel und wieviel Liter Mörtel werden gebraucht (je m² 66 Ziegel und 36 l Mörtel)?

29.41 Ein Mauergiebel soll mit Vormauerziegeln verblendet werden. Seine Breite beträgt 9,74 m, die Höhe bis zur Traufe 3,85 m, die Höhe des Giebeldreiecks 5,25 m. a) Wieviel m² Verblendmauerwerk sind auszuführen? b) Wieviel Vormauerziegel (Dünnformat) und wieviel l Mörtel werden gebraucht? (1 m² erfordert 66 Ziegel und 36 l Mörtel.)

29.42 Der Sockel des Giebels im Bild soll mit Bruchsteinen, das übrige Giebelmauerwerk mit Vormauerziegeln im Dünnformat verblendet werden. Die Fensterleibungen sind 11,5 cm tief. a) Wieviel m² Bruchsteinverblendung sind auszuführen? b) Wieviel m² Giebelflächen sind mit Ziegeln zu verblenden?

29.43 Das Bild zeigt die Vorderansicht zu einem Doppelhaus. Die Außenfläche soll mit Vormauerziegeln im Dünnformat verblendet und gefugt werden. Öffnungsgrößen: Außentür 1,01 m/ 2,30 m; 8 Fenster je 1,01 m/1,51 m; 3 Fenster je 0,51 m/0,76 m (nicht abziehen). a) Wieviel m² sind zu verblenden? b) Wieviel Vormauerziegel und wieviel l Mauermörtel werden gebraucht? (1 m² erfordert 66 Ziegel und 36 l Mörtel.) c) Wieviel m Fenstersohlbänke sind herzustellen, wenn sie an jeder Seite 5 cm in das Mauerwerk einbinden?

29.44 Der Giebel des Mansardendaches im Bild soll mit Vormauerziegeln im Normalformat verblendet werden. a) Wieviel m² Verblendmauerwerk sind auszuführen? b) Wieviel Vormauerziegel und wieviel l Mörtel werden gebraucht? (1 m² erfordert 50 Ziegel und 35 l Mörtel.)

29.45 Eine beiderseits angebaute Einfriedungsmauer ist 12,76 m lang, 1,50 m hoch und 24 cm dick. Sie ist aus Hochbauklinkern im Dünnformat als Sichtmauerwerk zu errichten, an beiden Seiten zu fugen und oben mit Dachpfannen abzudecken. a) Wieviel m² Mauerwerk sind herzustellen? b) Wieviel Klinker und l Mauermörtel werden gebraucht? c) Wieviel l Fugenmörtel sind erforderlich? d) Wieviel Dachpfannen werden benötigt, wenn auf 1 m Mauerlänge 5 Pfannen gehen? e) Geben Sie die für die Mauerlänge notwendige Anzahl von Achtelmetern (Kopfzahl) und die für die Höhe erforderliche Schichtzahl an.

ichte Trennwände

ichte Trennwände werden zwischen den sie begrenzenden änden und Decken gemessen, auch wenn sie zur Aussteifung diese einbinden.

.46 Berechnen Sie a) die Fläche, b) die Anzahl der Steine ochlochziegel 2 DF) und den Mörtelbedarf in *l* für die im Bild rgestellte 11,5 cm dicke Wand mit einer Türöffnung.

.47 Eine 11,5 cm dicke Trennwand aus Kalksand-Lochsteinen DF ist 4,76 m lang und 2,50 m hoch herzustellen. Darin ist e 1,76 m breite und 2,12 m hohe Türöffnung anzulegen, die t einem 2,24 m langen und 24 cm hohen Stahlbeton-Fertigsturz erdeckt wird. Berechnen Sie: a) die Wandfläche; b) die Anzahl r Steine und den Mörtelbedarf in *l*.

.48 Eine Trennwand im Dachgeschoß (Bild) soll 11,5 cm dick s Leichtbeton-Vollsteinen 2 DF hergestellt werden. a) Wie el m² Wand sind zu mauern? b) Wieviel Steine und wieviel er Mörtel werden gebraucht?

.49 In den Dachschrägen eines Wohnhauses sind 3 Stück ,5 cm dicke und 1,25 m hohe Leichtwände mit Längen von 76 m, 4,51 m und 2,38 m aus Bimssteinen 2 DF auszuführen. uszusparen sind 2 Öffnungen von je 51 cm × 76 cm Größe. Wie groß ist die Wandfläche in m² (ohne Abzug)? b) Wieviel ² Wandflächen sind für die Ermittlung des Baustoffbedarfs ein- setzen (Öffnungen abziehen)? c) Wieviel Steine und wieviel Mörtel werden gebraucht?

.50 Im ausgebauten Dachgeschoß soll eine 7,5 cm dicke and aus 61,5 cm × 24 cm großen Wandbauplatten (Gasbeton) ch Bild ausgeführt werden. a) Berechnen Sie die Wandfläche m². b) Wieviel Platten und wieviel Liter Mörtel werden ge- aucht (je m² 6,4 Stück Platten und 5,4 *l* Mörtel)?

.51 Die im Bild gezeigte Trennwand im ausgebauten Dach- schoß ist aus 10 cm dicken Wandbauplatten (Gasbeton) her- stellen. Zur Überdeckung der Türöffnung dient eine 1,24 m nge und 24 cm hohe Sturzplatte. a) Wie groß ist die Wand- che (Sturzplatte nicht abziehen)? b) Wieviel Platten (für die urzplatte 2 Stück abziehen) und wieviel Liter Mörtel werden braucht (je m² 6,4 Stück Platten und 7,2 *l* Mörtel)?

.52 Das Bild zeigt den Obergeschoß-Grundriß eines Ein- milien-Reihenhauses. Die Innenwände darin sind 2,58 m hoch, e Türöffnungen (Rohbaumaße) zu den Zimmern 0,885 m × 08 m, zum Baderaum 0,76 m × 2,08 m groß. Die 11,5 cm dicke ittelwand soll aus Kalksand-Vollsteinen NF ausgeführt werden; r die 5 cm dicken Trennwände sind 99 cm × 32 cm große Bims- mentplatten zu verwenden.

erechnen Sie: a) die Wandfläche für die 11,5 cm dicke Mittel- and in m²; b) für die Wand die Anzahl der Steine und den Mörtel- darf in *l*; c) die Wandfläche der 5 cm dicken Plattenwände ins- samt (Längen addieren); d) den Bedarf an Bimszementplatten d Fugenmörtel dafür, wenn je m² einschließlich Verlust 3,15 Plat- n und 3 *l* Mörtel gebraucht werden.

.53 Berechnen Sie a) die Fläche in m²; b) die Anzahl der Steine d den Mörtelbedarf in *l* für eine 7,1 cm dicke, 3,76 m lange und 525 m hohe Trennwand aus Steinen NF (je m² 33 Steine und *l* Mörtel).

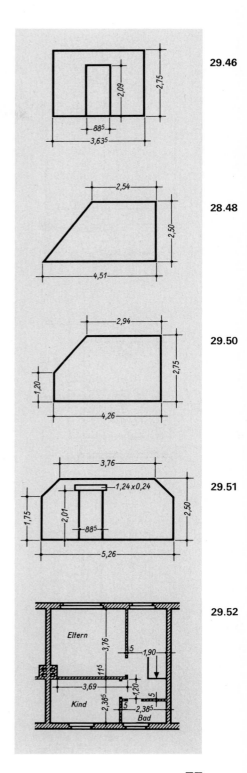

29.46

28.48

29.50

29.51

29.52

77

C. Schornsteinmauerwerk

29.54 Das Bild zeigt einen durchbindenden Schornstein in eine 24 cm dicke Wand. Wieviel m³ Mauerwerk sind a) für di Wand, b) für den Schornstein auszuführen? c) Wieviel Voll ziegel NF benötigt man je m Schornstein und für den Schornstei in ganzer Höhe (je Schicht 9 Stück)? d) Wieviel Liter Mörtel werde für den ganzen Schornstein gebraucht (für 100 Vollziegel 70 Mörtel)?

Hinweis: Wandmauerwerk = ganze Wandlänge minus Schorn steinbreite mal Wanddicke mal Wandhöhe.

29.55 Der Schornstein im Bild bindet mit 11,5 cm dicker Wang in die Wand ein. Wieviel m³ Mauerwerk sind a) für die Wand b) für den Schornstein herzustellen? c) Wieviel Vollziegel N benötigt man je m Schornstein und für den Schornstein in ganze Höhe (je Schicht 12 Stück)? d) Wieviel Liter Mörtel werde für den ganzen Schornstein gebraucht (für 100 Vollziegel 70 Mörtel)?

Hinweis: Wandmauerwerk = ganze Wandlänge mal Wanddicke mal Wandhöhe minus Volumen der Schornsteinnische.

29.56 Ein Schornstein mit 3 Rohren 20 cm/20 cm ist in de Grundfläche 1,06 m × 0,43 m groß und 10,75 m hoch. a) Wievie m³ Schornsteinmauerwerk sind auszuführen? b) Wieviel Schichter sind mit Vollziegeln NF zu mauern? c) Errechnen Sie aus de Schichtenzahl den Ziegelbedarf (je Schicht 13 Ziegel). d) Be rechnen Sie den Bedarf an Mauermörtel in *l*, wenn 100 Steine 70 Mörtel erfordern.

Vorbemerkung:

Schornsteine aus Schamotterohren werden außen ummauert. Die folgende Übersicht bringt einige Angaben, die zur Ermittlung der Maße für die Ummauerung notwendig sind.

Lichter Rohr- querschnitt	Rohraußenmaße	
14 cm/14 cm	19 cm/19 cm	Bei diesen Querschnitten muß die Dämmschicht zwischen Wand und Roh ren mindestens 2 cm dick sein, bei größeren min destens 3 cm.
12 cm/18 cm	18 cm/24 cm	
16,5 cm/16,5 cm	22 cm/22 cm	
18 cm/18 cm	24 cm/24 cm	

29.57 Der Schornstein vor einem Mauerstoß (Bild A und B) besteht aus zwei 16,5 cm/16,5 cm großen Schamotterohren. a) Berechnen Sie die Außenmaße *l* und *b* der zweiseitigen Um mauerung (Bild A) und die Außenmaße *l*₁ und *b*₁ der vierseitigen Ummauerung (Bild B). b) Wieviel Hochlochziegel 2 DF werden je m der zweiseitigen (je Schicht 4 Stück) und der vierseitigen Ummauerung (je Schicht 8 Stück) gebraucht? c) Wieviel Liter Mörtel sind je m für beide Ausführungen (A und B) erforderlich (für 100 Steine 65 *l* Mörtel)?

29.58 Führen Sie die Lösung wie in Aufgabe 29.57 für einen Schornstein mit 4 Schamotterohren (Bild 29.58) durch. Stein bedarf je Schicht für zweiseitige Ummauerung 6 Stück, für vierseitige Ummauerung 13 Stück. Die Außenmaße *l* und *b* sind so zu wählen, daß sie nach ganzen oder halben Achtelmetern (6,25 cm) aufgehen.

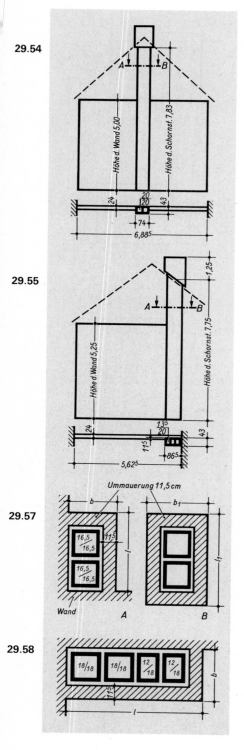

Betonzuschlag: Kornzusammensetzung, Siebversuch, Sieblinien

Zur Prüfung der Zuschläge oder einzelner Korngruppen auf die Kornzusammensetzung dienen Siebversuche mit Prüfsieben. Ein Prüfsatz besteht aus Maschensieben und Quadratlochsieben mit Maschen- bzw. Lochweiten von 0,25 mm, 0,5 mm, 1 mm, 2 mm, 4 mm, 8 mm, 16 mm, 31,5 mm, 63 mm und 90 mm.

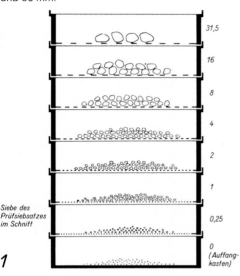

Siebe des
Prüfsiebsatzes
im Schnitt

1

Für den Siebversuch stellt man die Siebe auf einem Auffangkasten so übereinander, daß die Siebweiten von unten nach oben größer werden. Die Lochweite des obersten Siebes richtet sich nach dem Größtkorn des zu prüfenden Zuschlags.

Die Prüfmenge eines Zuschlaggemisches oder einer Korngruppe wird aus einer größeren, vorher sorgfältig ausgewählten Probemenge entnommen; sie richtet sich nach dem Größtkorn und beträgt bei Zuschlägen mit dichtem Gefüge

für Größtkorn 8 mm 2000 g
für Größtkorn 16 mm 3500 g
für Größtkorn 32 mm 5000 g
für Größtkorn 63 mm 10000 g

Für das Sieb 31,5 mm ist die Kornbezeichnung 32 mm. Das vorher bei 105 °C getrocknete Prüfgut wird in das oberste Sieb eingebracht und durch Sieben in einzelne Korngruppen zerlegt. Zuerst wägt man den Rückstand auf dem obersten Sieb, anschließend schüttet man die Rückstände der folgenden Siebe und des Auffangkastens nacheinander dazu, wobei jedesmal die Masse in g festzustellen ist.

Die Wägeergebnisse sind aus drei Einzelversuchen zu ermitteln und in eine Tabelle einzutragen. Ihre Summe rechnet man in Masse-% — bezogen auf die Gesamtmasse — um. Der Durchgang in % ist der jeweilige Ergänzungswert auf 100.

Beispiel für einen Siebversuch mit 5000 g des Siebgutes 0/32 mm

Rückstand bei Versuch Nr.	Auff. 0	Siebweiten in mm						
		0,25	1	2	4	8	16	31,5
Rückstand 1 in g	5000	4800	4060	3460	3120	2440	1300	150
Rückstand 2 in g	5000	4720	4020	3440	3130	2470	1290	180
Rückstand 3 in g	5000	4780	4070	3420	3090	2420	1320	200
Gesamtrückst. in g	15000	14300	12150	10320	9340	7330	3910	530
Rückstand in %	100	95,3	81	68,8	62,3	48,9	26,1	3,5
Durchgang in %	0	4,7	19	31,2	37,7	51,1	73,9	96,5
Körnungsziffer k	3,86							

In der Tabelle fügt man die Körnungsziffer k zu. Sie ergibt sich aus der Summe der in % angegebenen Rückstände auf den Sieben 0,25 ⋯ 31,5, indem man die Summe durch 100 dividiert.
Im Beispiel also:

$$\frac{385,8}{100} = \underline{\underline{3,86}}$$

Die ermittelten Durchgänge werden in die in den Betonvorschriften enthaltenen Siebliniendarstellungen eingetragen und mit Linien verbunden (Bild 2 und 3). Stetige Sieblinien von Korngemischen sollen zwischen den Sieblinien A und C verlaufen. Der Bereich zwischen den Sieblinien A und B zeigt günstige, der Bereich zwischen B und C noch brauchbare Korngemische an.

Die Sieblinie für obiges Beispiel wird in die Siebliniendarstellung im Bild 3 eingetragen. Sie verläuft etwa in der Mitte zwischen den Sieblinien A und B.
Bei unstetigen Sieblinien (Ausfallkörnungen) von Zuschlägen fehlen einzelne Korngruppen. Sie sollen zwischen der Sieblinie C und der unteren, gestrichelten Grenzsieblinie U liegen.

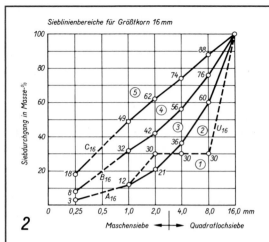

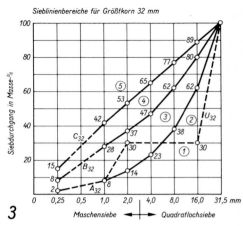

Wasserzementwert – Konsistenz des Frischbetons

Wasserzementwert

Der w/z-Wert ist das Verhältnis zwischen der Masse (dem Gewicht) des in einer Betonmischung enthaltenen Wassers (Zugabewasser und Eigenfeuchtigkeit der Zuschläge) und der Masse (dem Gewicht) des Zementes. Mit zunehmendem w/z-Wert nimmt die Festigkeit des Betons ab.

Bei Stahlbeton darf er mit Rücksicht auf den Rostschutz der Bewehrung bei Zement der Festigkeitsklasse B 25 den Wert 0,65, bei Zement $\geqq$ Z 35 den Wert 0,75 nicht übersteigen. Einzuhalten sind außerdem gegebene Höchstwerte für besondere Anforderungen an den Beton.

Beispiel 1:
Für 1 m³ Fertigbeton werden 300 kg Zement und 1880 kg Zuschlag gebraucht. Wieviel Wasser ist zuzugeben, wenn der w/z-Wert 0,52 betragen soll und die Eigenfeuchtigkeit des Zuschlags 3,5 % beträgt?

Lösung:
Wasserbedarf 300 kg · 0,52 $\quad$ = 156,00 kg
Eigenfeuchtigkeit 3,5 % von 1880 kg = $\quad$ 65,80 kg

Wasserzugabe $\qquad$ 90,20 kg

Beispiel 2:
Wie groß ist der w/z-Wert, wenn eine Betonmischung aus 50 kg Zement, 263 kg Zuschlag (Eigenfeuchtigkeit 3 %) und 21 l Wasser hergestellt wird?

Lösung:
Wassergehalt $21 \text{ kg} + \dfrac{263 \text{ kg} \cdot 3}{100} = 28{,}89 \text{ kg} \approx 29 \text{ kg}$

w/z-Wert = 29 kg : 50 kg = 0,58

Konsistenz

Die drei Konsistenzbereiche K 1 — steif, K 2 — plastisch, K 3 — weich sind Angaben für die Steife und damit für die Verarbeitbarkeit des Betons. Gegebenenfalls ist die Konsistenz durch ein bestimmtes Verdichtungsmaß festzulegen, das durch einen Verdichtungsversuch (auch durch Ausbreitversuch) zu ermitteln ist.

Verdichtungsversuch:
Die Betonmischung wird in einen 400 mm hohen Blechkasten mit 200 mm × 200 mm Grundfläche lose eingefüllt und oben abgestrichen. Sie ist — am besten durch Rütteln — so lange zu verdichten, bis sie nicht mehr nachsackt. Die Höhe h des verdichteten Betons wird gemessen.

Das Verdichtungsmaß v ist $\qquad$ $\boxed{v = \dfrac{400}{h}}$

Es gelten folgende Werte:

Konsistenzbereich	Verdichtungsmaß v
K 1	1,45 ··· 1,26
K 2	1,25 ··· 1,11
K 3	1,10 ··· 1,04

Wird die Konsistenz durch einen Ausbreitversuch bestimmt, muß das Ausbreitmaß a für K 2 $\leqq$ 40 cm sein, für K 3 kann es 41 cm ··· 50 cm betragen.

Beispiel:
Der im Blechkasten verdichtete Beton ist 320 mm hoch. Zu ermitteln sind Verdichtungsmaß v und Konsistenzbereich.

Lösung: $\qquad v = \dfrac{400}{320}; \quad v = \underline{1{,}25}$

Konsistenzbereich = $\underline{\text{K 2}}$

Betonzuschläge: Abschlämmbare Bestandteile

Abschlämmbare Bestandteile werden durch Absetzversuche festgestellt und in Masse-% zur Gesamtmasse der Zuschlagprobe angegeben.
In einen Meßzylinder von 1000 cm³ Volumen gibt man etwa 500 g lufttrockenen Zuschlag und 750 g Wasser. Eine Stunde nach kräftigem Durchschütteln wird das Volumen der abgesetzten Schicht an der Skale des Zylinders in cm³ abgelesen.
Die Trockenmasse m der in 1 cm³ der Schlämmschicht enthaltenen abschlämmbaren Bestandteile kann mit 0,6 g angenommen werden.

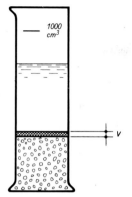

Trockenmasse m in g (V in cm³):

$$m = V \cdot 0,6 \text{ g/cm}^3$$

Trockenmasse m in %:
Für den Anteil in Prozent gibt DIN 4226 Richtwerte, z. B. 4 % für Korngruppe 0/4, 2 % für 2/8, 0,5 % für 4/16, 4/32 und andere.

Beispiel:
Zuschlag: 500 g; Korngruppe 2/8; Schicht 7 cm³. $m = ?$%.
Lösung:
$m = 7$ cm³ $\cdot$ 0,6 g/cm³ $= 4,2$ g
$$m = \frac{4,2 \text{ g} \cdot 100\%}{500 \text{ g}} = \underline{0,84\%}$$

Betonmischungen: Ermittlung des Baustoffgehaltes

Die amtlichen Bestimmungen geben für die Betonfestigkeitsklassen bis B 25 (DIN 1045, Tabelle 4) unter Berücksichtigung des Sieblinienbereiches der Zuschläge und des Konsistenzbereiches des Betons Mindestzementgehalte in kg je m³ verdichteten Beton an. Diese sind bei der Ermittlung des Baustoffgehaltes des Betons zu berücksichtigen und gegebenenfalls nachzuweisen.

Beispiel:
Zu ermitteln ist die Zusammensetzung eines Betons nach folgenden Angaben:
Festigkeitsklasse des Betons B 25, Zementfestigkeitsklasse Z 35, Sieblinienbereich des Zuschlags „günstig", Mindestzementgehalt je m³ verdichteten Beton für Konsistenzbereich K 2 = 310 kg, w/z-Wert = 0,58.

Ermittlungen:

Frischbeton-Rohdichte ϱ_R

Es werden 3 Probewürfel mit je 20 cm Kantenlänge aus einer Betonmischung 1 + 6 + 0,58 (Zement + Zuschlag + Wasser), z. B. aus 8 kg Zement, 48 kg Zuschlag und 4,6 kg Wasser (in Massenanteilen) hergestellt. Durch Wägen der Würfel und Subtraktion der Schalungsmassen erhält man die Würfelmassen in kg, aus denen das Mittel — hier angenommen 18,9 kg — maßgebend ist.
Die Frischbeton-Rohdichte ϱ_R ist der Quotient aus der Masse m des Würfels und dem Volumen V des Würfels; $V = 2$ dm $\cdot$ 2 dm $\cdot$ 2 dm = 8 dm³.

$\varrho_R = \dfrac{m}{V}$	ϱ_R in kg/dm³ m in kg; V in dm³

Frischbeton-Rohdichte $\varrho_R = \dfrac{18,9 \text{ kg}}{8 \text{ dm}^3} = 2,36$ kg/dm³
und Masse m für 1 m³ verdichteten Beton:
$$m = \frac{18,9 \text{ kg} \cdot 1000 \text{ dm}^3}{8 \text{ dm}^3} = 2362,5 \text{ kg} \approx \underline{2363 \text{ kg}}$$

Baustoffgehalt für 1 m³ verdichteten Beton

Zement $\dfrac{2363 \text{ kg}}{1 + 6 + 0,58} \approx$ 312 kg
Zuschlag 312 kg $\cdot$ 6 = 1872 kg
Wasser 312 kg $\cdot$ 0,58 $\approx$ 181 kg

2365 kg

Der Zuschlag ist wenigstens nach 2 Korngruppen, von denen eine im Bereich 0 ··· 4 mm liegt, getrennt anzuliefern und getrennt zu lagern. Die Einzelmassen betragen (Sieblinie B, vgl. S. 80):

von Korngruppe 0/4 mm $\dfrac{1872 \text{ kg} \cdot 47}{100} \approx$ 880 kg
von Korngruppe 4/32 mm $\dfrac{1872 \text{ kg} \cdot 53}{100} \approx$ 992 kg
zus. 1872 kg

Feststellen einer Mischerfüllung

Die für 1 m³ verdichteten Beton bekannten Baustoffgehalte sind durch die erforderliche Anzahl der Mischungen zu dividieren. Für eine Mischergröße von 250 l sind je m³ 6 Mischungen nötig.
Je nach Mischerfüllung werden gebraucht:
Zement 312 kg : 6 = 52 kg
Zuschlag 0/4 mm 880 kg : 6 $\approx$ 147 kg
Zuschlag 4/32 mm 992 kg : 6 $\approx$ 165 kg
Wasser 181 kg : 6 $\approx$ 30 kg

Betonzuschläge

30.1 In 3 Siebversuchen mit je 5000 g Zuschlägen (Korngruppe 0/32 mm) sind auf den angegebenen Sieben nachstehend eingetragene Rückstände in g festgestellt worden:

Sieb mm	0	0,25	1	2	4	8	16	31,5
Rückst. 1	5000	4710	4230	3810	3300	2870	1780	120
Rückst. 2	5000	4640	4210	3820	3280	2910	1790	—
Rückst. 3	5000	4680	4240	3850	3270	2900	1770	170

Stellen Sie die Angaben in Tabellenform nach dem gegebenen Beispiel dar, und ermitteln Sie: a) die Gesamtrückstände in g, b) die Rückstände in % zur Gesamtmasse, c) die Durchgänge in % (Ergänzungswerte zu 100), d) die Körnungsziffer k. e) Tragen Sie die Werte von c) in eine Sieblinendarstellung ein, und zeichnen Sie die Sieblinie. f) Beurteilen Sie die Kornzusammensetzung.

30.2 In 3 Siebversuchen mit je 5000 g Zuschlägen (Korngruppe 0/32 mm) sind auf den angegebenen Sieben nachstehend eingetragene Rückstände in g festgestellt worden:

Sieb mm	0	0,25	1	2	4	8	16	31,5
Rückst. 1	5000	4660	3820	3270	2880	2100	1140	240
Rückst. 2	5000	4680	3790	3260	2840	2070	1130	—
Rückst. 3	5000	4650	3810	3280	2850	2090	1170	—

Stellen Sie die Angaben in Tabellenform nach dem gegebenen Beispiel dar, und ermitteln Sie: a) die Gesamtrückstände in g, b) die Rückstände in % zur Gesamtmasse, c) die Durchgänge in % (Ergänzungswerte zu 100), d) die Körnungsziffer k. e) Tragen Sie die Werte von c) in eine Sieblinendarstellung ein, und zeichnen Sie die Sieblinie. f) Beurteilen Sie die Kornzusammensetzung nach dem Verlauf der Sieblinie.

30.3 In 3 Siebversuchen mit je 3500 g Zuschlägen (Korngruppe 0/16 mm) sind auf den angegebenen Sieben nachstehend eingetragene Rückstände in g festgestellt worden:

Sieb mm	0	0,25	1	2	4	8	16
Rückst. 1	3500	3110	2240	1890	1360	720	—
Rückst. 2	3500	3130	2210	1880	1380	680	—
Rückst. 3	3500	3100	2230	1860	1350	710	110

Führen Sie die in Aufgabe 30.1 genannten Ermittlungen durch.

Wasserzementwert

30.4 Für die Trommelfüllung einer Mischmaschine werden 1 Sack (50 kg) Zement und 254 kg trockener Kiessand gebraucht. Wieviel Wasser ist beizugeben, wenn der w/z-Wert a) 0,45, b) 0,52, c) 0,63 betragen soll?

30.5 Zu der Trommelfüllung einer Mischmaschine werden a) 25 kg Zement und 240 kg Kiessand, b) 50 kg Zement und 280 kg Kiessand verwandt. Wieviel Wasser ist zuzugeben, wenn der w/z-Wert 0,7 betragen soll und die Eigenfeuchtigkeit des Kiessandes 3,8 % beträgt?

30.6 Eine Betonmischung besteht aus 300 kg Zement, 1850 kg Kiessand und a) 142 l, b) 150 l, c) 160 l Wasser. Wie groß ist der w/z-Wert?

30.7 Für 1 m³ Fertigbeton werden a) 180 kg Zement und 1990 kg Kiessand, b) 280 kg Zement und 1910 kg Kiessand gebraucht. Wieviel Wasser ist zuzugeben, wenn der w/z-Wert 0,72 betragen soll und die Eigenfeuchtigkeit des Kiessandes 2,8 % beträgt?

Betonkonsistenz

30.8 Bei normgerecht durchgeführten Versuchen zur Feststellung von Verdichtungsmaßen (siehe Seite 80) wurde die Höhe des verdichteten Betons mit a) 305 mm, b) 355 mm, c) 370 mm, d) 310 mm, e) 290 mm gemessen. Wie groß ist das Verdichtungsmaß v, und welcher Konsistenzbereich gilt für den geprüften Beton?

30.9 Welches Mindest- und welches Höchstmaß gilt bei Verdichtungsversuchen für die Höhe des verdichteten Betons im Konsistenzbereich a) K 1, b) K 2, c) K 3? (Die Mindest- und Höchstwerte für die Bereiche stehen auf Seite 80.)

Abschlämmbare Bestandteile

30.10 Bei Absetzversuchen mit 500 g Betonzuschlägen der Korngruppe 0/4 mm wurde für die Schlämmschicht das Volumen mit a) 16 cm³, b) 9 cm³, c) 18 cm³, d) 12 cm³ abgelesen. Wie groß ist der Gehalt an abschlämmbaren Bestandteilen in % zur Gesamtmasse?

30.11 Absetzversuche mit 600 g Betonzuschlägen der Korngruppe 2/8 mm haben für das Volumen der Schlämmschicht folgende Werte ergeben: a) 18 cm³, b) 8 cm³, c) 22 cm³, d) 14 cm³. Wie groß ist der Gehalt an abschlämmbaren Bestandteilen in % zur Gesamtmasse?

Frischbeton-Rohdichte

30.12 Ein Probewürfel aus verdichtetem Frischbeton hat eine Kantenlänge von 20 cm und wiegt a) 19,3 kg, b) 18,8 kg, c) 19 kg. Wie groß ist die Frischbeton-Rohdichte ϱ_R in kg/dm³ und die Masse m je m³ in kg?

30.13 Ein Meßkasten mit 0,55 m² Grundfläche ist 28 cm hoch mit verdichtetem Frischbeton gefüllt. Der Inhalt wiegt a) 165 kg, b) 154 kg, c) 168 kg. Wie groß ist die Frischbeton-Rohdichte ϱ_R in kg/dm³ und die Masse m je m³ in kg?

Baustoffgehalt für Beton

30.14 Gefordert wird ein Beton mit 300 kg Zement je m³ verdichteten Beton. Die Masse je m³ einer verdichteten Versuchsmischung ist mit 2360 kg und der Wassergehalt mit 150 l festgestellt.

Bestimmen Sie: a) den Zuschlagbedarf je m³ in kg, b) das Mischungsverhältnis in Massenanteilen, c) den Zuschlag- und Wasserbedarf für eine Trommelfüllung mit je 100 kg Zement, d) den Zuschlagbedarf je m³ Beton und je Trommelfüllung in Liter.

Anmerkung zu d): In besonderen Fällen sind in kg angegebene Zuschläge in Liter umzurechnen. Dann ist für mehrmals zu entnehmende Proben die Masse je Liter festzustellen. Wiegen z.B. 10 Liter (= 10 dm³) Zuschläge 17 kg, ist die Masse je l (je dm³) 1,7 kg, und 268 kg entsprechen 268 kg · 1 l : 1,7 kg = 158 l.

30.15 Ein Beton B 10 soll 210 kg Zement je m³ verdichteten Beton enthalten. Die Masse je m³ einer Versuchsmischung ist mit 2275 kg und der Wasserzementwert mit 0,7 ermittelt worden.

Bestimmen Sie: a) Zuschlag- und Wasserbedarf je m³ in kg, b) das Mischungsverhältnis in Massenanteilen, c) den Zuschlag- und Wasserbedarf für eine Trommelfüllung mit 50 kg Zement, d) den Zuschlagbedarf je m³ Beton und je Trommelfüllung in Liter.

30.16 Wieviel kg Zuschlag und wieviel l Wasser sind für 50 kg Zement zu verwenden, wenn das Mischungsverhältnis in Massenanteilen a) 1 : 6,5 : 0,6, b) 1 : 7,4 : 0,58, c) 1 : 5,2 : 0,46 beträgt?

30.17 Aus einer Betonmischung im Mischungsverhältnis 1 : 6,8 : 0,7 sind drei Probewürfel mit je 20 cm Kantenlänge hergestellt, von denen die Durchschnittsmasse 18,2 kg beträgt. Ermitteln Sie: a) die Frischbeton-Rohdichte in kg/dm³ und die Masse je m³ in kg, b) den Bedarf je m³ an Zement, Zuschlag (in kg) und Wasser in l. c) Teilen Sie den Zuschlag in die Korngruppen 0/4 mm (38 %) und 4/32 mm (62 %) auf. d) Stellen Sie den Baustoffgehalt für eine Mischerfüllung eines 250-l-Mischers fest, wenn je m³ 6 Mischungen nötig sind.

30.18 Aus einer Betonmischung im Mischungsverhältnis 1 : 5,8 : 0,6 in Massenanteilen sind drei Probewürfel mit je 20 cm Kantenlänge hergestellt, von denen die Durchschnittsmasse 19,12 kg beträgt. Ermitteln Sie: a) die Frischbeton-Rohdichte in kg/dm³ und die Masse je m³ in kg, b) den Bedarf je m³ an Zement (in kg), Zuschlag (in kg) und Wasser in l. c) Teilen Sie den Zuschlag in Korngruppen 0/4 mm (56 %) und 4/16 mm (44 %) auf. d) Stellen Sie den Baustoffgehalt für eine Mischerfüllung eines 250-l-Mischers fest, wenn je m³ 6 Mischungen nötig sind.

Betonfundamente

Vorbemerkung:

Die Masse je Liter für Zuschläge ist, wenn nichts anderes angegeben ist, mit 1,7 kg anzunehmen. Fundamentschalung wird in der Abwicklung der geschalten Betonflächen gemessen.

30.19 Das im Bild im Grundriß gezeichnete Betonfundament für eine Freitreppe ist 0,80 m hoch. a) Wieviel m³ Fundamentbeton sind herzustellen? b) Wieviel kg Zement und Zuschlag und wieviel l Wasser werden dafür gebraucht, wenn die Zementmasse je m³ Fertigbeton 190 kg und das Mischungsverhältnis 1 : 10,2 : 0,4 in Massenanteilen betragen soll?

30.20 Führen Sie die Berechnung für den im Bild gezeigten Grundriß für ein Freitreppenfundament wie in Aufgabe 30.19 durch.

30.21 Die im Bild im Grundriß gezeigten Betonfundamente eines Gebäudes sind 30 cm hoch. a) Wieviel m³ Fundamentbeton sind herzustellen? b) Wieviel kg Zement und Zuschlag und wieviel l Wasser werden dafür gebraucht, wenn die Zementmasse je m³ Fertigbeton 180 kg und das Mischungsverhältnis 1 : 10,7 : 0,4 in Massenanteilen betragen soll?

30.22 Für die Betonfundamente im Bild 30.21 ist an den Seiten außen und innen eine Schalung nötig. Wieviel m² Schalung sind auszuführen?

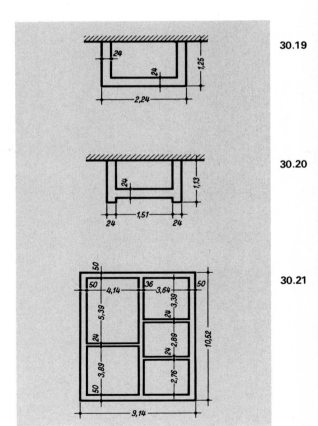

30.19

30.20

30.21

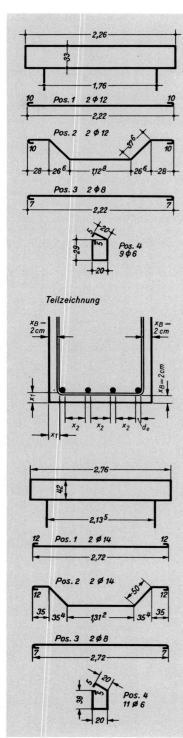

30.23

Teilzeichnung

$x_B = 2\,cm$ $x_B = 2\,cm$

$x_B = 2\,cm$

30.27

Stahlbetonbalken

Merke:
Die Balkenschalung wird in der Abwicklung der geschalte Betonflächen gemessen.

30.23 Der Stahlbetonbalken im Bild liegt in einer 24 cm dicke Wand. Verlangt ist dafür ein Beton B 25 mit 300 kg Zement j m³ Fertigbeton. a) Wieviel m³ Beton sind herzustellen? b) Wievie kg Zement und wieviel kg Zuschlag werden beim Mischungsver hältnis 1 : 6,1 in Massenanteilen gebraucht?

30.24 a) Berechnen Sie Längen und Massen der Stahlbewehrun für den Balken in Aufgabe 30.23, und tragen Sie die Ergebniss in eine Stahlliste ein.

Pos.	Anzahl	Länge l		Stahl-durch-messer	Masse m	
		einzeln	gesamt		je m	ins-gesam
		in m	in m	in mm	in kg	in kg
1	?	?	?	12	0,888	?
2	?	?	?	12	0,888	?
3	?	?	?	8	0,395	?
4	?	?	?	6	0,222	?

b) Wie groß sind die in der Teilzeichnung mit x_1 angegebene Betondeckung und die mit x_2 bezeichneten Abstände der Be wehrungsstäbe?

30.25 Berechnen Sie die Schalung für den Balken in Aufgab 30.23 in m².

30.26 Ein Stahlbetonbalken in einer 24 cm dicken Wand über deckt eine Maueröffnung von 2,01 m Breite und ist 2,51 m lang Die Betonquerschnittsfläche ist wie in Aufgabe 30.23, die Stahl bewehrung ebenfalls, die Längsstäbe sind nur entsprechen länger. Berechnen Sie a) das Volumen des Balkens, b) Länge und Massen der Stahlbewehrung (Stahlliste), c) die Schalung

30.27 Das Bild zeigt einen Stahlbetonbalken in einer 24 cm dicken Wand. Wieviel m³ Beton enthält der Balken?

30.28 a) Berechnen Sie Längen und Massen der Stahlbewehrun für den Balken in Aufgabe 30.27, und tragen Sie die Ergebniss in eine Stahlliste ein.

Pos.	Anzahl	Länge l		Stahl-durch-messer	Masse m	
		einzeln	gesamt		je m	ins-gesam
		in m	in m	in mm	in kg	in kg
1	?	?	?	14	1,21	?
2	?	?	?	14	1,21	?
3	?	?	?	8	0,395	?
4	?	?	?	6	0,222	?

b) Wie groß sind die in der Teilzeichnung mit x_1 angegebene Betondeckung und die mit x_2 bezeichneten Abstände der Be wehrungsstäbe?

30.29 Berechnen Sie die Schalung für den Balken in Aufg. 30.27

0.30 Zum Überdecken von 8 Maueröffnungen (Innentüren) in 1,5 cm dicken Wänden sind Stahlbeton-Fertigstürze anzuferti-en. Sturzmaße: Länge 1,24 m; Breite 11,5 cm; Höhe 24 cm. Bewehrung je Sturz:
  Tragstäbe (je einer oben und unten) 12 mm Durchmesser.
  Bügel 6 mm Durchmesser, je 54 cm lang.
Stellen Sie nach vorhergehenden Mustern eine Stahlliste auf (Betondeckung 1,5 cm, Hakenlänge 10 cm).

Stahlbetonplatten

Merke:
Die Deckenplattenschalung wird zwischen den Wänden nach den geschalten Betonflächen gemessen.

0.31 a) Wieviel m² groß ist die Deckenplatte aus Stahlbeton im Bild? b) Wieviel m³ Beton sind dafür herzustellen?

0.32 Berechnen Sie Längen und Massen der Stahlbewehrung für die Deckenplatte in Aufgabe 30.31, und tragen Sie die Ergebnisse in eine Stahlliste ein.

Pos.	Anzahl	Länge *l*		Stahl-durch-messer	Masse *m*	
		einzeln	gesamt		je m	ins-gesamt
		in m	in m	in mm	in kg	in kg
1	?	?	?	10	0,617	?
2	?	?	?	10	0,617	?
3	?	3,95	?	7	0,302	?

0.33 Berechnen Sie die Deckenplattenschalung für die Deckenplatte in Aufgabe 30.31.

0.34 Die Deckenplatte im Bild ist mit Baustahlgewebe bewehrt. a) Wieviel m² ist die Deckenplatte groß (lichte Raummaße + allseitig 12,5 cm Auflager)? b) Wieviel m³ Beton sind auszuführen (Dicke der Decke 12 cm)?

0.35 Tragen Sie Längen, Breiten und Massen der Baustahlgewebematten für die Deckenplatte in Aufgabe 30.34 in eine Mattenliste ein, und ermitteln Sie die Gesamtmasse.

Stück	Gewebe				Länge	Breite	Masse *m*	
	Abstand der		Durchm. der				je m²	ge-samt
	Längs-stäbe	Quer-stäbe	Längs-stäbe	Quer-stäbe				
	in mm				in m	in m	in kg	in kg
	untere Bewehrung							
2	R 150	250	5,5 d	4,5	?	?	2,76	?
1	R 150	250	5,5 d	4,5	?	?	2,76	?
	obere Randbewehrung							
2	300	150	4,0	5,0	?	?	1,36	?
								?

0.36 Berechnen Sie die Schalung für die Deckenplatte in Aufgabe 30.34.

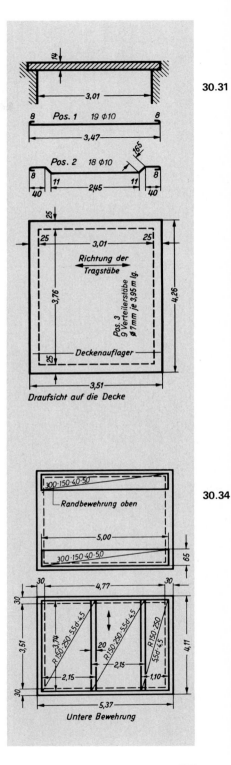

30.31

8 Pos. 1 19 Φ10 8

Pos. 2 18 Φ10

Richtung der Tragstäbe

Pos. 3 9 Verteilerstäbe Φ7mm je 3,95 m lg.

Deckenauflager

Draufsicht auf die Decke

30.34

300·150·40·50

Randbewehrung oben

300·150·40·50

R 150·250·5,5d·4,5

R 150·250·5,5d·4,5

R 150·250·5,5d·4,5

Untere Bewehrung

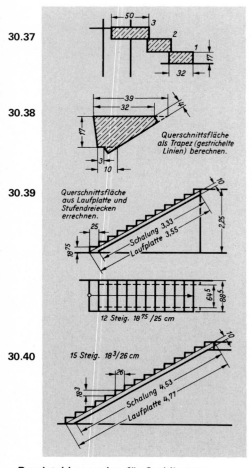

30.37

30.38
Querschnittsfläche als Trapez (gestrichelte Linien) berechnen.

30.39
Querschnittsfläche aus Laufplatte und Stufendreiecken errechnen.

Schalung 3,33
Laufplatte 3,55

12 Steig. 18⁷⁵/25 cm

30.40
15 Steig. 18³/26 cm

Schalung 4,53
Laufplatte 4,77

Rundstahl, gewalzt, für Stahlbeton

d	Querschnitt in cm² von Stück					
mm	1	2	3	4	5	6
12	1,13	2,26	3,39	4,52	5,65	6,78
14	1,54	3,08	4,62	6,16	7,70	9,24
16	2,01	4,02	6,03	8,04	10,45	12,06
18	2,54	5,08	7,62	10,16	12,70	15,24
20	3,14	6,28	9,42	12,56	15,70	18,84
22	3,80	7,60	11,40	15,20	19,00	22,80
24	4,52	9,04	13,56	18,08	22,60	27,12

d	Querschnitt in cm² von Stück					
mm	1	7	8	9	10	11	12
6	0,28	1,98	2,26	2,54	2,83	3,11	3,39
8	0,50	3,52	4,02	4,52	5,03	5,53	6,03
10	0,79	5,50	6,28	7,07	7,85	8,64	9,42
12	1,13	7,92	9,05	10,18	11,31	12,44	13,57
14	1,54	10,78	12,32	13,85	15,39	16,93	18,47

Betontreppen

30.37 Die im Querschnitt gezeichneten Stufen der Freitreppe i
Bild sind 1,37 m lang aus Beton herzustellen. Wieviel m³ fertig
Betonmasse erfordern die Stufen zusammen?

30.38 Für eine gerade Treppe sind 15 Stück je 1,24 m lang
Stufen aus Stahlbeton mit dem im Bild gezeigten Querschnitt an
zufertigen. Wieviel m³ Fertigbeton sind herzustellen?

30.39 Das Bild zeigt eine Kellertreppe aus Beton, die durc
halbsteindicke Wangenmauern unterstützt ist. a) Wieviel m
Beton sind dafür herzustellen? b) Wieviel kg Zement und k
Kiessand werden beim Mischungsverhältnis 1 : 6,1 in Massenan
teilen gebraucht (300 kg Zement je m³)? c) Wieviel m² Unter
sichtsflächen sind zwischen den Wangenmauern zu schalen?

30.40 Die im Querschnitt im Bild gezeigte gerade Treppe au
Stahlbeton ist 1,10 m breit herzustellen und mit Natursteinplatte
zu belegen. Wieviel m³ Beton sind zu fertigen?

Umrechnen von Betonstählen

30.41 Für die Zugbewehrung eines Stahlbetonbalkens sin
5 Rundstähle $\emptyset$ 16 mm erforderlich. Weil Stähle mit dem an
gegebenen Durchmesser nicht vorrätig sind, ist eine Umrech
nung für Stähle $\emptyset$ 14 mm und $\emptyset$ 20 mm nötig.

Lösung (Querschnitte s. nebenstehende Rundstahltabelle):
Erforderlich sind: 5 $\emptyset$ 16 mm mit A_e =   10,45 cm
Gewählt werden: 3 $\emptyset$ 14 mm mit A_e = 4,62 cm²
   2 $\emptyset$ 20 mm mit A_e = 6,28 cm²

$$A_{ges} = 10,90 \text{ cm}^2$$

30.42 Für die Zugbewehrung eines 24 cm breiten Stahlbeton
balkens

— sind erforderlich	— werden verwendet
a) 5 $\emptyset$ 14 mm	Stähle $\emptyset$ 16 mm und 12 mm
b) 4 $\emptyset$ 20 mm	$\emptyset$ 22 mm und 18 m
c) 3 $\emptyset$ 22 mm und 2 $\emptyset$ 18 mm	$\emptyset$ 24 mm und 12 m
d) 6 $\emptyset$ 14 mm	$\emptyset$ 18 mm und 12 mr

Ermitteln Sie Anzahl und Querschnitt der Stähle.

30.43 Für die Zugbewehrung einer Stahlbetondecke sind je r
Deckenausschnittbreite 11 Rundstähle $\emptyset$ 8 mm erforderlich
Verwendet werden sollen jedoch Stähle $\emptyset$ 10 mm, wobei de
Gesamtstahlquerschnitt je m Ausschnittbreite unverändert bleib
In welchem Abstand sind die Stähle zu verlegen?

Lösung (Querschnitte s. nebenstehende Rundstahltabelle):
Erford. Stahlquerschnitt A_e je m: 11 $\emptyset$ 8 mm $\triangleq$ 5,53 cm²
Verwend. Stahlquerschnitt A_e für 1 $\emptyset$ 10 mm = 0,79 cm²
Anzahl der Stähle je m: 5,53 cm² : 0,79 cm² = 7
Abstand der Stähle: 100 cm : 7 = 14,3 cm

30.44 Für die Zugbewehrung einer Stahlbetondecke sind je r

Ausschnittbreite erforderlich	wird Rundstahl verwende
a) 8 $\emptyset$ 10 mm	$\emptyset$ 8 mm
b) 8 $\emptyset$ 12 mm	$\emptyset$ 10 mm
c) 12 $\emptyset$ 8 mm	$\emptyset$ 10 mm
d) 9 $\emptyset$ 10 mm	$\emptyset$ 8 mm

In welchem Abstand sind die Rundstähle zu verlegen?

1 Abdichtung von Gebäuden gegen Bodenfeuchtigkeit

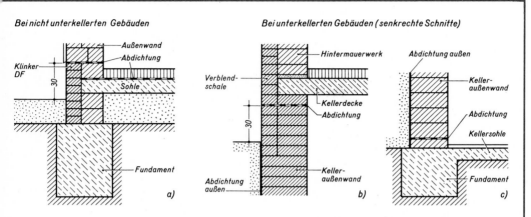

Bei nicht unterkellerten Gebäuden

Bei unterkellerten Gebäuden (senkrechte Schnitte)

Bei Berechnung der Abdichtungen nach dem Flächenmaß (m²) werden die durch die Abdichtung bedeckten Flächen gemessen. Aussparungen für Öffnungen und dergleichen bis zu 0,10 m² Einzelgröße werden nicht abgezogen.

1.1 Wieviel m² Wandflächen sind für die im Grundriß dargestellte Autogarage (Bild) waagerecht gegen Feuchtigkeit abzudichten (ohne Toröffnung)? (Vgl. Tafel 21, S. 51, Beispiel 2.)

1.2 Die Grundrißzeichnung zu einem Pförtnerhäuschen zeigt Bild 29.39 (S. 76). Außer auf den Außenwänden des nicht unterkellerten Gebäudes soll auf die ganze Fläche unter dem Fußboden, auch unter den Innenwänden durchgehend, eine Abdichtung aufgeklebt werden, die auf allen Außenwänden je 8,5 cm weit aufliegt (s. auch Bild a oben). a) Wieviel m² Außenwandflächen (Türöffnung abziehen) sind abzudichten? b) Wieviel m² waagerechte Abdichtung sind auf der Sohle — unter dem Fußboden — aufzukleben (kein Abzug)?

1.3 Die Abdichtung der Außenwände des im Grundriß gezeigten Wochenendhauses soll, wie in Aufgabe 31.2 beschrieben, ausgeführt werden. Berechnen Sie wie angegeben: a) die Abdichtung für die Außenwände, b) die Abdichtung auf der Sohle.

1.4 Für den Kellergeschoß-Grundriß des Gebäudes im Bild sind zu ermitteln: a) die waagerechten Abdichtungen für die Außenwände zweifach, wobei in der Lage unter der Kellerdecke (Bild b oben) je Kellerfenster eine 76 cm breite Fläche abzuziehen ist, b) die Abdichtung für die Innenwände und Schornsteinvorlage (nur unten, Bild c), c) der Dichtungsanstrich senkrecht auf den Kelleraußenwänden (Anstrichhöhe 1,45 m, kein Abzug).

1.5 Die Abdichtungsarbeiten für das Kellergeschoß des Gebäudes im Bild sollen wie in Aufgabe 31.4 ausgeführt und ermittelt werden. Berechnen Sie die Abdichtungen a) für die Außenwände, b) für die Innenwände, c) für die Außenwandflächen.

1.6 Die Außenmaße des Kellergeschosses eines rechteckigen Gebäudes betragen in der Länge 14,74 m, in der Breite 9,24 m. Wieviel m² Wandfläche sind außen zu streichen (Anstrichhöhe 1,60 m)?

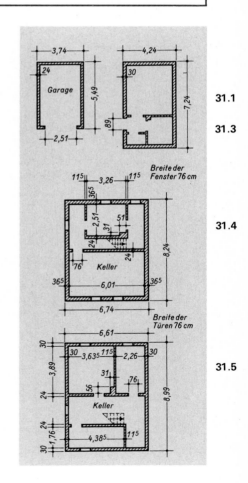

31.1

31.3

31.4

31.5

Massivdecken

Massivdecken als Stahlbeton-Voll-platten (s. Tafel 30), Stahlbeton-rippendecken (Bild a und b) und Stahlsteindecken (Bild c) werden meist nach dem Flächenmaß (m²) berechnet. Dabei sind Öffnungen, z. B. für Schornsteine, bis 1,00 m² Einzelgröße, sowie Nischen, Schlitze u. ä. nicht abzuziehen. Das Decken-auflager muß in der Regel mitge-messen werden.

Bei Massivdecken aus Fertig-teilen (Balken oder Träger mit Hohl-körpern, Bild d) wird bis Außen-kanten der Hohlkörper und Balken gemessen. Betonabschlußstreifen auf den Auflagerwänden wie auf den parallel zu den Trägern ver-laufenden Wänden werden mit-gemessen.

Holzbalkendecken

Der tragende Teil der Decke ist die Holzbalkenlage. Der Holzbedarf da-für wird in einer Holzliste zusam-mengestellt.
Die Balkenlänge ist gleich der lich-ten Raumweite + Balkenauflager-länge (je Auflager ca. 20 cm). Bei Wechsel- und Stichbalken sind je Zapfen 8 cm zuzugeben. Die Num-mern der Balken stehen in Holzliste und Zeichnung.

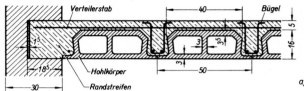

Stahlbetonrippendecke mit Füllkörpern

a)

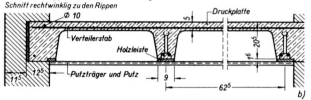

Stahlbetonrippendecke mit Gitterträgern
Schnitt rechtwinklig zu den Rippen

b)

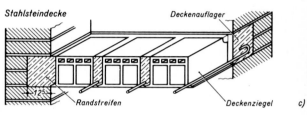

Stahlsteindecke

c)

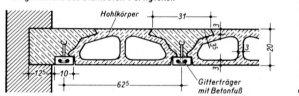

Fertigteildecke aus Stahlbeton-Fertigteilen

d)

Beispiel für eine Holzliste zur Balkenlage im Bild e

Balkenlage (Ausschnitt)

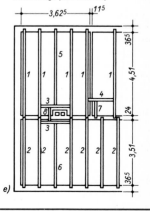

Nr.	Benennung	Stück	Quer-schnitt (in cm)	Länge in m einzeln	Länge in m zus.	Inhalt in m³
1	Balken	5	14/20	4,90	24,50	0,686
2	Balken	6	14/20	3,90	23,40	0,655
3	Wechselbalken	2	14/20	1,80	3,60	0,101
4	Wechselbalken	1	14/20	1,43	1,43	0,040
5	Stichbalken	1	14/20	4,30	4,30	0,120
6	Stichbalken	1	14/20	3,57	3,57	0,100
7	Stichbalken	1	14/20	1,00	1,00	0,028
8	Füllholz	1	10/20	0,80	0,80	0,016
				62,60	1,746	

e)

32.1 Das Mauerwerk des Erdgeschoß-Grundrisses im Bild soll eine Stahlbetonrippendecke mit Hohlkörpern (Bild a, Seite 88) erhalten. Die Decke wird über alle Innenwände hinweggeführt und legt auf den Außenwänden, angegeben durch die gestrichelte Linie, 25 cm weit auf. Schornsteine werden ausgespart. a) Wieviel m² Decke sind auszuführen? b) Wieviel m² Deckenschalung sind erforderlich (lichte Raummaße einsetzen)?

32.2 Im Bild 29.39, Seite 76, ist der Grundriß zu einem Pförtnerhäuschen gezeigt. Über den Erdgeschoßwänden ist eine Stahlbetonrippendecke mit Gitterträgern (Bild b, Seite 88) herzustellen. Die Decke geht über die Innenwände hinweg und liegt auf den 30 cm dicken Außenwänden allseitig 17,5 cm weit auf. a) Wieviel m² Decke sind auszuführen? b) Wieviel Stück Gitterträger sind bei 62,5 cm Mittenabstand notwendig, und welchen Achsabstand erhalten die neben den Giebelwänden zu verlegenden Träger von den Wänden?

32.3 Über den Mauern des im Bild 31.5, S. 87, gezeigten Kellergeschoß-Grundrisses ist eine Stahlsteindecke nach Bild c, S. 88, herzustellen. Alle Innenwände sollen überdeckt werden, das Auflager soll auf den Außenwänden allseitig 17,5 cm betragen. Abzuziehen sind für das Treppenloch eine rechteckige Fläche von 2,80 m/0,95 m und für den Schornstein einschl. Wangen eine Fläche von 0,68 m/0,43 m Größe. a) Wieviel m² Decke sind auszuführen? b) Wieviel m² Deckenschalung sind nötig (lichte Raummaße einsetzen)?

32.4 In einem teilunterkellerten Gebäude sollen für die Kellerdecke über dem Grundriß im Bild 32.4 Stahlbeton-Fertigteile (Bild d, S. 88) verwendet werden. Die Decke wird über alle Innenwände hinweg gemessen. Auf den 3 Außenwänden liegt der gestrichelt gezeichnete Betonabschlußstreifen 12,5 cm weit auf. a) Wieviel m² Decke sind auszuführen? b) Wieviel Stück Gitterträger mit Betonfuß sind nötig, wenn sie nach Hinweisen in der Zeichnung und mit 62,5 cm Mittenabstand verlegt werden? c) Wieviel Stück Hohlkörper mit 25 cm Breite werden gebraucht?

32.5 Für die Dachdecke zu dem Wochenendhaus, dessen Grundriß Bild 32.5 zeigt, sollen Stahlbeton-Fertigteile verwendet werden (Bild d, S. 88). Alle Innenwände werden überdeckt, auf allen Außenwänden sind Betonabschlußstreifen von 12,5 cm Breite mitzurechnen. a) Wieviel m² Decke sind herzustellen? b) Wieviel Stück Gitterträger mit Betonfuß werden gebraucht, wenn sie nach den Hinweisen in der Zeichnung und mit 62,5 cm Mittenabstand verlegt werden? c) Wieviel Stück Hohlkörper mit 25 cm Breite werden gebraucht, wenn im linken Raum etwa in Deckenmitte eine 12,5 cm breite Querrippe vorgesehen wird?

32.6 In einem teilunterkellerten Gebäude, dessen Kellergeschoß-Grundriß Bild 32.4 zeigt, soll eine ebene, unbewehrte Betondecke zwischen schmalen I-Trägern ausgeführt werden. Über den lichten Raum — vor dem Treppenloch — sind 4 I 100, im rechten Raum 5 I 120 zu verlegen. Die Träger sollen an jedem Auflager 18 cm weit aufliegen. Ermitteln Sie die Gesamtlänge für jede Trägersorte und nach Tabelle auf S. 147 ihre Gesamtmasse in kg.

32.7 Im Bild ist eine Dachgeschoßbalkenlage gezeigt mit Angaben für die zu verlegenden Balken. Stellen Sie nach dem zu Bild e, Seite 88, aufgestellten Muster die Holzliste auf, und ermitteln Sie die abzubindenden Hölzer nach m und m³.

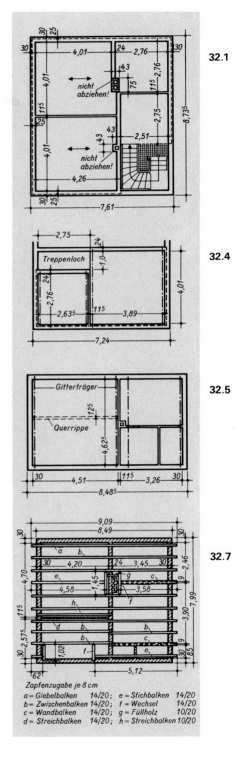

32.1

32.4

32.5

32.7

nicht abziehen!

nicht abziehen!

Treppenloch

Gitterträger

Querrippe

Zapfenzugabe je 8 cm

a = Giebelbalken 14/20; e = Stichbalken 14/20
b = Zwischenbalken 14/20; f = Wechsel 14/20
c = Wandbalken 14/20; g = Füllholz 10/20
d = Streichbalken 14/20; h = Streichbalken 10/20

Ermitteln wahrer Größen von Dachkanten und Dachflächen

Für Dachschalung und Dachlattung ist die tatsächlich auszuführende Deckung in m² zu berechnen. Von der nach m² festzustellenden Dachdeckung werden unter 1 m² große Aussparungen für Schornsteine, Fenster, Entlüfter und dergleichen nicht abgezogen.

Deckungen für Firste, Grate und Kehlen sind in m anzugeben. Hierbei werden 1 m lange Unterbrechungen für Schornsteine und dergleichen nicht abgezogen.

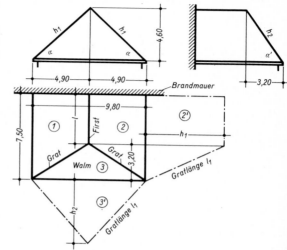

Beispiel:
Ein Gebäude mit abgewalmtem Satteldach grenzt einseitig an eine Brandmauer (Bild). Berechnen Sie: a) die Firstlänge l, b) den Neigungswinkel α der Dachflächen 1 und 2, c) die Höhe h_1 der Dachflächen 1 und 2, in der Neigung gemessen, d) den Neigungswinkel α' des Walmdreiecks (3), e) die Höhe h_2 des Walmdreiecks, in der Neigung gemessen, f) die Gratlänge l_1, g) die Gesamtdachfläche.

Hinweise für die Lösung:
Die Dreiecksseiten in c) und e) können mit Hilfe von Winkelfunktionen und Anwenden des pythagoreischen Lehrsatzes gefunden werden.
Die Gratlänge l_1 ergibt sich aus den umgeklappten Dachflächen durch Abmessen, rechnerisch so: In der Walmdachfläche 3' aus dem rechtwinkligen Dreieck mit 4,90 m als Grundmaß und h_2 als Höhe oder in der Dachfläche 2' aus dem rechtwinkligen Dreieck mit 3,20 m als Grundmaß und h_1 als Höhe.

Lösung:

a) $l = 7{,}50\,\text{m} - 3{,}20\,\text{m} = \underline{4{,}30\,\text{m}}$

b) $\tan \alpha = \dfrac{4{,}60}{4{,}90}$; $\tan \alpha = 0{,}9387$; $\alpha = \underline{43°10'}$

c) $\sin \alpha = \dfrac{4{,}60\,\text{m}}{h_1}$; $h_1 = \dfrac{4{,}60\,\text{m}}{\sin 43°10'}$; $h_1 = \dfrac{4{,}60\,\text{m}}{0{,}6841} = \underline{6{,}72\,\text{m}}$

oder $h_1 = \sqrt{(4{,}90\,\text{m})^2 + (4{,}60\,\text{m})^2}$; $h_1 = \underline{6{,}72\,\text{m}}$

d) $\tan \alpha' = \dfrac{4{,}60}{3{,}20}$; $\tan \alpha' = 1{,}4375$; $\alpha' = \underline{55°10'}$

e) $\sin \alpha' = \dfrac{4{,}60\,\text{m}}{h_2}$; $h_2 = \dfrac{4{,}60\,\text{m}}{\sin 55°10'}$; $h_2 = \dfrac{4{,}60\,\text{m}}{0{,}8208} = \underline{5{,}60\,\text{m}}$

oder $h_2 = \sqrt{(3{,}20\,\text{m})^2 + (4{,}60\,\text{m})^2}$; $h_2 = \underline{5{,}60\,\text{m}}$

f) $l_1 = \sqrt{(4{,}90\,\text{m})^2 + (5{,}60\,\text{m})^2}$; $l_1 = \underline{7{,}44\,\text{m}}$

oder $l_1 = \sqrt{(3{,}20\,\text{m})^2 + (6{,}72\,\text{m})^2}$; $l_1 = \underline{7{,}44\,\text{m}}$

g) $A = 2 \cdot \dfrac{7{,}50\,\text{m} + 4{,}30\,\text{m}}{2} \cdot 6{,}72\,\text{m} + \dfrac{9{,}80\,\text{m} \cdot 5{,}60\,\text{m}}{2}$

$A = \underline{106{,}74\,\text{m}^2}$

Dachverbandhölzer

Hölzer für den Dachverband werden wie die für Holzbalkendecken (Tafel 32, Seite 88) in einer Holzliste zusammengestellt. Das Abbinden und Aufstellen der Hölzer ist nach m zu berechnen, wobei Längen für Holzverbindungen, z.B. Zapfen, zuzugeben sind. Der Holzbedarf wird nach der Holzliste ermittelt und in m³ angegeben, vgl. Beispiel auf S. 91.

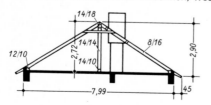

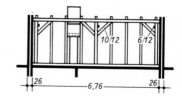

Beispiel für eine Holzliste zum Dachverband (vgl. Bild S. 90)

Nr.	Benennung	Stck.	Quer-schnitt (in cm)	Länge einzeln in m	Länge zusamm. in m	14/18	14/14	10/14	8/16	10/12	6/12
1	Fußpfetten	2	10/12	6,72	13,44					13,44	
2	Mittelschwelle	1	10/14	6,72	6,72			6,72			
3	Firstpfette	1	14/18	6,72	6,72	6,72					
4	Firststiele	3	14/14	2,40	7,20		7,20				
5	Kopfbänder	4	10/12	1,15	4,60					4,60	
6	Zangen	3	6/12	1,70	5,10						5,10
7	Sparren	18	8/16	5,31	95,58				95,58		
8	Sparrenwechsel	2	8/16	0,95	1,90				1,90		
	Summe der Längen in m				141,26	6,72	7,20	6,72	97,48	18,04	5,10
	Einzelvolumen in m³					0,169	0,141	0,094	1,248	0,216	0,037
	Gesamtvolumen in m³				1,905						

33.1 Bei dem Walmdach im Bild haben die Dachflächen gleiche Neigungen. Berechnen Sie: a) die Länge *l* des Firstes; b) die Höhe *h* der Dachflächen, in der Neigung gemessen; c) die Länge, der Grate; d) die Dachfläche insgesamt; e) den Dachneigungswinkel.

33.2 Führen Sie die Berechnung für ein Walmdach wie in Aufgabe 33.1 nach folgenden Maßangaben durch:

Aufgabe	a)	b)	c)
Trauflänge von Dachfläche 1 u. 3 in m	15,20	12,60	14,44
Trauflänge von Dachfläche 2 u. 4 in m	10,86	9,40	10,30
Firsthöhe, lotrecht gemessen in m	5,90	4,12	4,70

33.3 Die Neigungswinkel der Dachflächen des Walmdaches im Bild sind verschieden groß. Berechnen Sie a) die Firstlänge *l*; b) die Höhe h_1 der Dachflächen 1 und 3, in der Neigung gemessen; c) die Höhe h_2 der Walmdachflächen 2 und 4, in der Neigung gemessen; d) die Länge l_1 der Grate; e) die Dachfläche insgesamt. Wie groß ist der Dachneigungswinkel f) der Dachfläche 1; g) der Dachfläche 2?

33.4 Führen Sie die Berechnung für ein Walmdach wie in Aufgabe 33.3 nach folgenden Maßangaben durch:

Aufgabe	a)	b)	c)
Trauflänge von Dachfläche 1 u. 3 in m	13,70	12,24	16,80
Trauflänge von Dachfläche 2 u. 4 in m	10,24	9,80	11,28
Firsthöhe, lotrecht gemessen in m	5,12	5,40	4,84
Grundmaß *g* des Walmdreiecks in m	4,40	3,72	4,80

33.5 In dem Dachgeschoß eines umzubauenden Hauses soll ein Dachaufbau nach Bild 33.5 ausgeführt werden. Ein Teil der unter 45° geneigten Dachfläche muß dazu abgedeckt werden. Berechnen Sie a) die Neigungshöhen h_1 und h_2. b) Wieviel m² Dachfläche sind aufzunehmen?

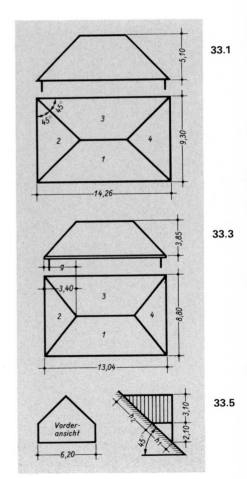

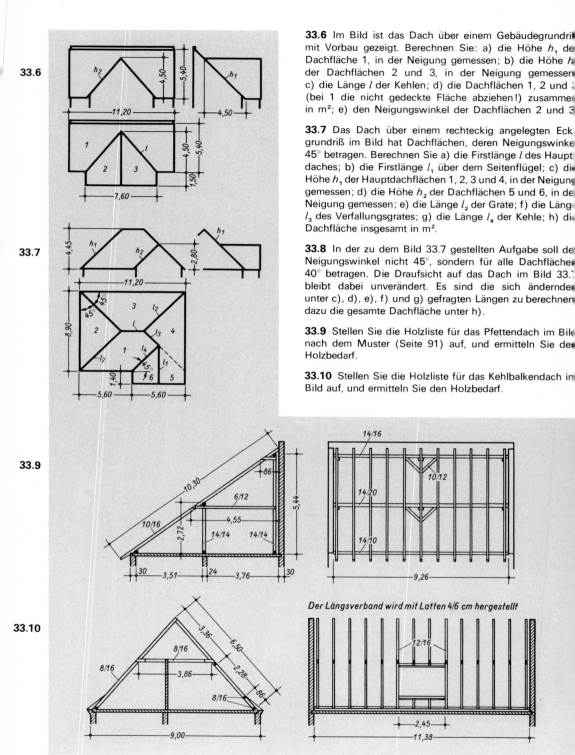

33.6 Im Bild ist das Dach über einem Gebäudegrundriß mit Vorbau gezeigt. Berechnen Sie: a) die Höhe h_1 der Dachfläche 1, in der Neigung gemessen; b) die Höhe h_2 der Dachflächen 2 und 3, in der Neigung gemessen; c) die Länge l der Kehlen; d) die Dachflächen 1, 2 und 3 (bei 1 die nicht gedeckte Fläche abziehen!) zusammen in m²; e) den Neigungswinkel der Dachflächen 2 und 3.

33.7 Das Dach über einem rechteckig angelegten Eckgrundriß im Bild hat Dachflächen, deren Neigungswinkel 45° betragen. Berechnen Sie a) die Firstlänge l des Hauptdaches; b) die Firstlänge l_1 über dem Seitenflügel; c) die Höhe h_1 der Hauptdachflächen 1, 2, 3 und 4, in der Neigung gemessen; d) die Höhe h_2 der Dachflächen 5 und 6, in der Neigung gemessen; e) die Länge l_2 der Grate; f) die Länge l_3 des Verfallungsgrates; g) die Länge l_4 der Kehle; h) die Dachfläche insgesamt in m².

33.8 In der zu dem Bild 33.7 gestellten Aufgabe soll der Neigungswinkel nicht 45°, sondern für alle Dachflächen 40° betragen. Die Draufsicht auf das Dach im Bild 33.7 bleibt dabei unverändert. Es sind die sich ändernden unter c), d), e), f) und g) gefragten Längen zu berechnen dazu die gesamte Dachfläche unter h).

33.9 Stellen Sie die Holzliste für das Pfettendach im Bild nach dem Muster (Seite 91) auf, und ermitteln Sie den Holzbedarf.

33.10 Stellen Sie die Holzliste für das Kehlbalkendach im Bild auf, und ermitteln Sie den Holzbedarf.

92

Steigungsverhältnis, Lauflänge, Kopfhöhe

Die Geschoßhöhen und Stufenmaße sind genormt (DIN 4174 und 18065). In den folgenden Aufgaben werden außer den genormten Geschoßhöhen auch davon abweichende Maße gewählt, wie sie sich in der Praxis ergeben können.

$$\text{Steigungsverhältnis} = \frac{\text{Steigungshöhe } h}{\text{Auftrittsbreite } b}$$

Steigungsh. $\approx$ 17 cm $\cdots$ 18 cm, je nach Treppenart

Auftrittsbreite + 2 · Steigungshöhe = 63 cm
$b\quad + 2 \cdot h \qquad\qquad = 63$ cm

Die Lauflänge der Treppe ist das Maß von Vorderkante Antrittsstufe bis Vorderkante Austrittsstufe. Sie wird in der Mitte des Treppenlaufes im Grundriß (waagerecht) gemessen.
Die Kopfhöhe am Treppenloch soll 1,90 m $\cdots$ 2,00 m betragen.

Berechnung der Treppen

Es sind folgende Faktoren zu ermitteln:

a) Anzahl der Steigungen =
$$= \frac{\text{Geschoßhöhe}}{\text{angenommene Steigungshöhe}}$$

b) Steigungshöhe $h = \dfrac{\text{Geschoßhöhe}}{\text{Anzahl der Steigungen}}$

c) Auftrittsbreite $b =$
= 63 cm − 2 · Steigungshöhe h

d) Lauflänge $l =$
= Auftrittsbreite · (Anz. d. Steigungen − 1)

e) Treppenlochlänge und Kopfhöhe prüfen

Beispiel 1 (Bild rechts oben):
Ein Einfamilienhaus mit 2,875 m Geschoßhöhe soll eine einläufige Treppe erhalten.

Lösung:
a) 287,5 cm : 18 cm = 15,9; gewählt 16 Steigungen

b) Steigungshöhe h = 287,5 cm : 16; $h = \underline{17,9\ \text{cm}}$

c) Auftrittsbreite b = 63 cm − 2 · 17,9 cm;
$$b = \underline{27,2\ \text{cm}}$$

d) Lauflänge l = 27,2 cm · (16 − 1); $l = \underline{408\ \text{cm}}$

e) Länge des Treppenloches:
Der Abschluß des Treppenloches wird an der Vorderkante der dritten Steigung angenommen. Die Länge des Treppenloches ist dann gleich der Lauflänge minus zwei Auftrittsbreiten, also
408 cm − 2 · 27,2 cm $\qquad = \underline{353,6\ \text{cm}}$

Zur Ermittlung der Kopfhöhe sind von der Geschoßhöhe die Deckendicke und drei Steigungen abzuziehen. Die Kopfhöhe beträgt:
287,5 cm − (26,5 cm + 3 · 17,9 cm) $\quad = \underline{207,3\ \text{cm}}$

Beispiel 2 (Bild rechts unten):
Ein Haus mit 3,00 m Geschoßhöhe soll eine zweiläufige, gerade Treppe mit Podest erhalten. Unter dem Podest muß Kopfhöhe sein.

Lösung:
a) 300 cm : 17 cm = 17,6; gewählt 17 Steigungen

b) Steigungshöhe $\qquad\qquad\qquad h = \underline{17,6\ \text{cm}}$

c) Auftrittsbreite b = 63 cm − 2 · 17,6 cm;
$$b = \underline{27,8\ \text{cm}}$$

d) Länge
des ersten Laufes $\quad$ 27,8 cm · (12 − 1) = $\underline{305,8\ \text{cm}}$
des zweiten Laufes $\quad$ 27,8 cm · (5 − 1) $\quad = \underline{111,2\ \text{cm}}$

e) Für den ersten Lauf gewählt 12 Steigungen. Dann ist Podesthöhe $\qquad$ 12 · 17,6 cm = 211,2 cm
Kopfhöhe ist $\qquad\qquad$ 211,2 cm − 16 cm = $\underline{195,2\ \text{cm}}$

Um Raum zu sparen, wird in Kleinhäusern die Lauflänge der Treppe oft verkürzt. Dann muß die Auftrittsbreite kleiner, die Steigungshöhe notfalls größer werden. Die Auftrittsbreite wird dann: Lauflänge dividiert durch die um 1 verminderte Zahl der Steigungen.

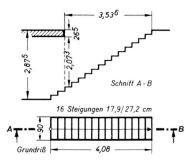

Schnitt A - B

16 Steigungen 17,9/27,2 cm

Grundriß

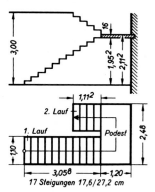

2. Lauf

1. Lauf — Podest

17 Steigungen 17,6/27,2 cm

Gewendelte Treppen

Steigungshöhe, Auftrittsbreite, Lauflänge und Kopfhöhe werden wie bei geraden Treppen berechnet. Die Stufen an der Wendelung erhalten wie die geraden Stufen auf der Gehlinie die errechnete Auftrittsbreite, an der Wandseite sind sie breiter, an der Außenwange schmaler.
Die Lauflänge ergibt sich aus dem geraden Teil der Gehlinie und dem Kreisbogenstück an der Wendelung.

Beispiel 1:
Wie groß ist die Lauflänge der Treppe (Bild 1)?
Lösung:

$$l = 15\,cm + \frac{2 \cdot 45\,cm \cdot 3{,}14}{4} + 200\,cm; \quad l = \underline{285{,}7\,cm}$$

Beispiel 2:
Die viertelgewendelte Treppe im Bild 2 hat 13 Steigungen. Die Auftrittsbreite beträgt 28 cm. Wie groß ist a) die Lauflänge, b) das Grundmaß a?
Lösung:
a) $l = 12 \cdot 28\,cm;$ $l = \underline{336\,cm\ Lauflänge}$

b) Das Grundmaß a erhält man, indem man von der Lauflänge das Kreisbogenstück und den geraden Teil mit 73 cm Länge subtrahiert.

$$a = 336\,cm - \left(\frac{2 \cdot 50\,cm \cdot 3{,}14}{4} + 73\,cm\right); \quad a = \underline{184{,}5\,cm}$$

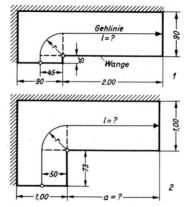

Das Verziehen gewendelter Stufen

Man reißt die Umrisse der Treppe im Grundriß auf und trägt auf der Gehlinie die errechnete Auftrittsbreite ab. Zu berechnen sind die Auftrittsbreiten gewendelter Stufen an der Außenwange. Wenn die Wendelung inmitten des Treppenlaufes liegt (Bild 3), wird eine ungerade Zahl (in der Regel 7) von Stufen verzogen, dabei liegt die schmalste Stufe in der Ecke. Liegt die Wendelung am Treppenantritt (Bild 1) oder -austritt, kann auch eine gerade Zahl von Stufen (6) verzogen werden. Weil die schmalste Stufe an der Wendelung im Abstand von 15 cm von außen nicht unter 10 cm breit sein soll, wird die Stufeneinteilung auf einer Hilfslinie im Abstand von 15 cm von außen vorgenommen.

Beispiel:
Die viertelgewendelte Treppe im Bild 3 hat bei 252 cm Lauflänge 9 Auftritte je 28 cm breit. Die Stufen 1 bis einschließlich 7 sind zu verziehen.

Lösung:
Länge l_1 des Kreisbogenstückes (Viertelkreis) auf der Gehlinie mit $r_1 = 50$ cm:

$$l_1 = \frac{2 \cdot 50\,cm \cdot 3{,}14}{4} = 78{,}50\,cm$$

Länge l_2 des Kreisbogenstuckes mit $r_n = 15$ cm:

$$l_2 = \frac{2 \cdot 15\,cm \cdot 3{,}14}{4} = 23{,}55\,cm$$

Differenz: 78,50 cm − 23,55 cm = $\underline{54{,}95\,cm}$

Die Auftrittsbreite der Stufen 1 ··· 4 und 7 ··· 4 an der Wange wird jeweils um ein Teil schmaler.
Schmaler als die Normalstufen werden:

Stufen 1 und 7 je 1 Teil, zus.   2 Teile
Stufen 2 und 6 je 2 Teile, zus.   4 Teile
Stufen 3 und 5 je 3 Teile, zus.   6 Teile
Stufe 4   4 Teile
                         zus. 16 Teile

16 Teile $\triangleq$ 54,95 cm (Differenz)
 1 Teil $\triangleq$ 54,95 cm : 16 $\approx$ 3,43 cm

Die Auftrittsbreiten an der Hilfslinie betragen:

Stufen 1 u. 7   28 cm −   3,43 cm $\approx$ 24,6 cm
Stufen 2 u. 6   28 cm − 2 · 3,43 cm $\approx$ 21,1 cm
Stufen 3 u. 5   28 cm − 3 · 3,43 cm $\approx$ 17,7 cm
Stufe 4   28 cm − 4 · 3,43 cm $\approx$ 14,3 cm

Auftrittsbreiten u. Stufen in Zeichnung eintragen.

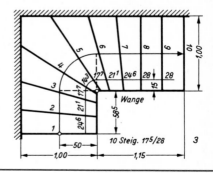

4.1 Wieviel Steigungen sind für eine Geschoßtreppe in einem
Einfamilienhaus vorzusehen bei einer Geschoßhöhe von a) 2,75 m;
b) 2,93 m; c) 3,12 m und 17 cm ⋯ 18,5 cm Steigungshöhe? Wie
hoch wird eine Steigung?

4.2 Wie groß wird die Auftrittsbreite einer Treppe, wenn die
Steigungshöhe a) 16,4 cm; b) 17,2 cm; c) 18,6 cm; d) 19,5 cm
beträgt?

4.3 Berechnen Sie die Lauflänge für eine einläufige, gerade
Treppe mit 16 Steigungen bei einem Steigungsverhältnis von
a) 17,8 cm/27,4 cm; b) 18,2 cm/26,6 cm; c) 19,4 cm/24,2 cm.

4.4 Eine Podesttreppe aus zwei gleich langen, geraden Läufen
hat ein Steigungsverhältnis von 17,3 cm/28,4 cm. Wie groß ist die
Lauflänge für jeden Lauf, wenn er a) 8 Steigungen; b) 10 Steigungen; c) 12 Steigungen enthält?

4.5 Die Lauflänge einer einläufigen, geraden Treppe beträgt bei
15 Steigungen 3,43 m (3,78 m). Wie groß ist die Auftrittsbreite?

Merke:
Auftrittsbreite = Lauflänge dividiert durch die um 1 verminderte
Anzahl der Steigungen.

4.6 Für eine Kellertreppe mit 12 Steigungen (Steigungshöhe
18,75 cm) ist eine Lauflänge von 2,35 m vorhanden. Wie groß wird
die Auftrittsbreite?

4.7 Für eine Geschoßtreppe sind bei 2,85 m Geschoßhöhe und
3,30 m Lauflänge 16 Steigungen 17,8 cm/22 cm angegeben.
Korrigieren Sie das ungünstige Steigungsverhältnis.

4.8 Berechnen Sie nach dem Bild a) die Kopfhöhe; b) die Länge
des Treppenloches für eine gerade Treppe bei h = 2,93 m und
einem Steigungsverhältnis von 18,3 cm/26,4 cm.

4.9 Eine Treppe hat 18,3 cm Steigungshöhe. Wie groß ist das
Maß von Oberkante der fünften Stufe bis Unterkante Decke bei
einer lichten Raumhöhe von 2,95 m?

4.10 Berechnen Sie die Lauflänge für die viertelgewendelte
Treppe (Bild).

4.11 Wie groß ist die Lauflänge für die Treppe nach dem Bild?

4.12 Wie groß ist die Lauflänge für die halbgewendelte Treppe
nach dem Bild?

4.13 Die Lauflänge l für die im Bild dargestellte Treppe beträgt
3,00 m. Berechnen Sie die Maße b_1 und b_2.

4.14 Die Auftrittsbreite für die im Bild dargestellte Treppe beträgt 28 cm. Berechnen Sie die Maße b_1, b_2 und b_3.

4.15 Ein Kellergeschoß hat eine Höhe von 2,25 m (2,38 m). Die
Treppe dafür soll einläufig gerade mit 18,5 cm ⋯ 20 cm Steigungshöhe ausgeführt werden. a) Wieviel Steigungen sind vorzusehen?
b) Wie groß ist die Steigungshöhe? c) Wie groß ist die Auftrittsbreite? d) Wie groß ist die Lauflänge? e) Fertigen Sie eine Grundrißskizze im M 1 : 50 dazu an. (Lichte Treppenbreite 85 cm.)

4.16 Ein Mehrfamilienhaus mit einer Geschoßhöhe von 2,80 m
(3,10 m) soll eine Podesttreppe aus zwei gleich langen, geraden
Läufen erhalten. a) Wieviel Steigungen sind für die Treppe vorzusehen (Steigungshöhe 17 cm ⋯ 18 cm)? b) Wie groß ist die
Steigungshöhe? c) Wie groß ist die Auftrittsbreite? d) Wie groß
ist die Lauflänge jedes Laufes?

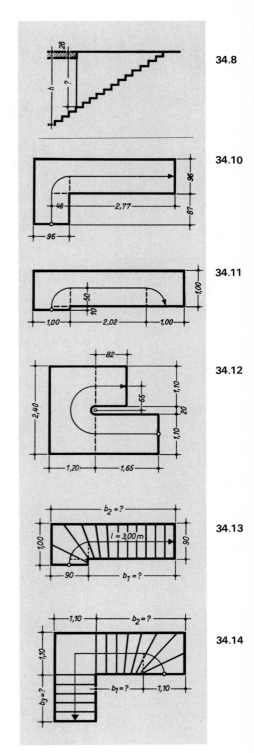

34.8

34.10

34.11

34.12

34.13

34.14

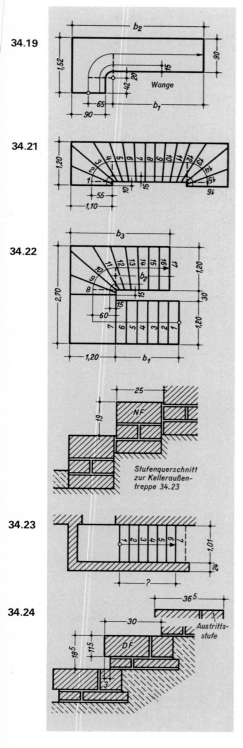

34.19

34.21

34.22

34.23

34.24

Wange

Stufenquerschnitt zur Kelleraußentreppe 34.23

NF

Austrittsstufe

DF

34.17 Die Geschoßhöhe in einem Bürohaus beträgt 3,25 m. E soll eine zweiläufige, gerade Treppe mit etwa 17 cm Steigungs höhe eingebaut werden. Der erste Lauf soll so lang sein, da unter dem Podest eine Kopfhöhe von mindestens 2,10 m vor handen ist (Podestdicke = 16 cm).
a) Wieviel Steigungen sind notwendig? b) Wie hoch ist die Stei gung? c) Wie groß ist die Auftrittsbreite? d) Wie lang ist de erste Lauf? e) Wie lang ist der zweite Lauf? f) Fertigen Sie ein Grundrißskizze im Maßstab 1 : 50 dafür an. (Treppenhausbreit = 2,38 m; Treppenbreite = 1,10 m.)

34.18 In einem Kleinhaus beträgt die Geschoßhöhe 2,70 m. Al Lauflänge für die einläufige, gerade Treppe sind nur 2,90 r (2,70 m) vorhanden. a) Wieviel Steigungen sind anzunehme (Steigungshöhe 18 cm ··· 19,5 cm)? b) Wie groß ist die Steigungs höhe? c) Wie groß ist die Auftrittsbreite?

34.19 In einem Einfamilienhaus mit einer Geschoßhöhe vo 2,85 m soll eine viertelgewendelte Treppe (Bild) eingebaut wer den. Berechnen Sie a) die Anzahl der Steigungen; b) die Stei gungshöhe; c) die Auftrittsbreite; d) die Lauflänge; e) die Maße b_1 und b_2; f) die Auftrittsbreiten der ersten 7 gezogenen Stufen in Abstand von 15 cm von Treppenaußenkante.

34.20 Berechnen Sie für die viertelgewendelte Treppe im Bil 34.13 (Seite 95): a) die Steigungshöhe bei 2,50 m Geschoßhöh b) die Auftrittsbreite aus der Lauflänge; c) die Auftrittsbreiten de ersten 6 gezogenen Stufen im Abstand von 15 cm von Treppen außenkante.

Merke:

Liegt die Wendelung am Treppenantritt, wird Stufe 1 die schmalste Es werden Stufe 6 um 1 Teil, 5 um 2 Teile, 4 um 3 Teile, 3 um 4 Teile, 2 um 5 Teile, 1 um 6 Teile schmaler als die Normalstufe

34.21 Die Geschoßtreppe im Bild hat 16 Steigungen 18,4 cm 26 cm. Die Stufen 1 bis einschließlich 7 und 9 bis einschließlich 1! sind zu verziehen (8 ist gerade). Wie groß werden die Auftritts breiten der gezogenen Stufen im Abstand von 15 cm von Treppen außenkante?

34.22 Die Podesttreppe im Bild hat bei 17 Steigungen ein Stei gungsverhältnis von 17,6 cm/27,8 cm. a) Berechnen Sie die Maße b_1, b_2 und b_3. b) Die Stufen 8 bis einschließlich 14 sollen gewen delt werden. Berechnen Sie die Auftrittsbreiten dieser Stufen in Abstand von 15 cm von Treppenaußenkante.

34.23 Die Kelleraußentreppe (Bild) hat 7 gemauerte Stufen mi 19 cm Steigungshöhe und 25 cm Auftrittsbreite. a) Wie groß ist die Lauflänge? b) Wieviel Mauerziegel NF werden je Stuf und für die Stufen insgesamt gebraucht? c) Wieviel m² Sicht flächen der Stufen sind zu fugen?

34.24 Für eine Treppe im Freien sind 5 Stufen mit je 1,75 m Länge aus Mauerziegeln DF (Querschnitt im Bild) herzustellen. a) Wie groß ist die durch die Stufen zu überwindende Höhendifferenz im Gelände? b) Wieviel Mauerziegel werden je Stufe und für die Stufen insgesamt gebraucht? c) Wieviel m² Sichtflächen der Stufen sind zu fugen?

34.25 Drei Trittstufen je 1,26 m × 0,365 m groß und ein Austritt mit 1,01 m × 0,25 m Größe sollen mit Klinkern DF flach belegt werden. a) Wieviel m² Belag sind auszuführen? b) Wieviel Klinker werden gebraucht?

Wand- und Deckenputz (nach DIN 18350)

Die Höhe ganz geputzter Wandflächen wird von Oberfläche Rohdecke bis Unterseite Rohdecke gemessen. Bei Fußleisten, Plattensockeln oder Wandbekleidungen bis 10 cm Höhe sowie bei allen Umrahmungen von Öffnungen ist der Putz dahinter durchzumessen (Bild).
Öffnungen mit ungeputzten Leibungen über 1,00 m² Einzelgröße sind mit den kleinsten Rohbaulichtmaßen abzuziehen. Öffnungen mit geputzten Leibungen bis zu 4,00 m² Einzelgröße werden übermessen, dafür aber die Leibungen ohne Rücksicht auf ihre Breite nicht mitgemessen. Jede Öffnung mit geputzten Leibungen über 4,00 m² Größe ist mit dem kleinsten Rohbaulichtmaß abzuziehen, dafür sind aber die geputzten Leibungen mitzumessen.
In gleicher Weise werden Nischen behandelt; jedoch sind ihre Rückflächen, wenn sie geputzt sind, mitzurechnen.
Bei Aussparungen im Deckenputz ist wie bei Öffnungen und Nischen im Wandputz zu verfahren.

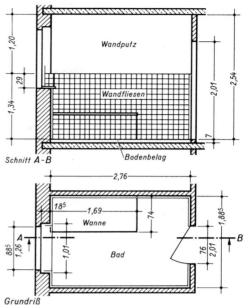

Schnitt A-B

Grundriß

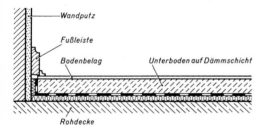

Wandbeläge mit keramischen Fliesen und Platten (nach DIN 18352)

Zu berechnen sind die tatsächlich ausgeführten Leistungen. Wo die Beläge an Rohbauteile angrenzen, werden sie jedoch bis zu diesen durchgemessen. Aussparungen bis 0,10 m² Einzelgröße werden nicht abgezogen.

Bodenbeläge (Platten, Fliesen, Estriche, Bahnen, Tafeln, Holzdielen)

Nach den in der VOB zusammengefaßten DIN-Normen werden Bodenbeläge nach den tatsächlich ausgeführten Belägen aufgemessen. Wo sie an Rohbauteile angrenzen, sind sie jedoch bis zu diesen durchzumessen. Aussparungen bis zu 0,10 m² Einzelgröße werden nicht abgezogen.

Beispiel:
a) Die Wandflächen des Badezimmers (Bild oben) sollen im unteren Teil auf eine Höhe von 1,34 m, ebenso die beiden Sichtflächen der eingebauten Badewanne mit keramischen Fliesen 10 cm/10 cm belegt werden. (Für die Sichtflächen der Einbauwanne rechnet man die Wandflächen ohne Abzug dafür durch.)
b) Im oberen Teil, auf eine Höhe von 1,20 m, erhalten die Wände glatten Putz.
c) Auch die Decken werden verputzt.
d) Für den Bodenbelag werden keramische Fliesen 10 cm/10 cm verwendet.
Zu ermitteln sind die Beläge in m².

Lösung:

a) (2,76 m + 1,885 m) · 2 · 1,34 m $\quad$ = 12,45 m²
Fensterleibung 0,185 m · 0,29 m · 2 = $\underline{0,11\ \text{m}^2}$
 12,56 m²

Abzug:
Fenster 1,01 m · 0,29 m = 0,29 m²
Tür $\quad$ 0,76 m · 1,34 m = $\underline{1,02\ \text{m}^2}$ $\quad$ $\underline{-\ 1,31\ \text{m}^2}$
 1,31 m² 11,25 m²

b) (2,76 m + 1,885 m) · 2 · 1,20 m $\quad$ = $\underline{11,15\ \text{m}^2}$

c) 2,76 m · 1,885 m = $\underline{5,20\ \text{m}^2}$

d) 2,76 m · 1,885 m = 5,20 m²
Abzug: Badewanne 1,69 m · 0,74 m = $\underline{1,25\ \text{m}^2}$
 3,95 m²

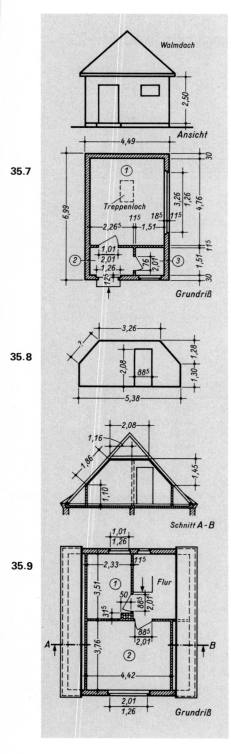

35.7

Walmdach

Ansicht

Grundriß

35.8

Schnitt A - B

35.9

Grundriß

Wandputz

35.1 Auf die Wand im Bild 29.8, Seite 71, soll einseitig glatter Wandputz aufgetragen werden. Die Türleibungen bleiben unverputzt. a) Wieviel m² Wandputz sind auszuführen? b) Wieviel Liter Mörtel werden gebraucht?

35.2 Die Wand im Bild 29.10, Seite 72, soll einen glatten Innenputz erhalten, auch die Fensterleibungen. a) Wieviel m² Wandputz sind auszuführen? b) Wieviel Liter Mörtel werden gebraucht?

35.3 Die Innenfläche der Außenwand mit 2 Fensteröffnungen und Nischen (Bild 29.12, Seite 72) soll glatt verputzt werden. a) Wieviel m² Wandputz sind auszuführen? b) Wieviel Liter Mörtel werden gebraucht?

35.4 Die im Bild 29.14, Seite 72, im Grundriß und Schnitt dargestellten Wände sollen innen glatt verputzt werden. a) Wieviel m² Wandputz sind auszuführen? b) Wieviel Liter Mörtel werden gebraucht?

35.5 Die zu putzende Fläche eines Mauergiebels ist 9,24 m (10,49 m) breit und bis zum Traufpunkt 3,10 m hoch. Das Giebeldreieck hat eine Höhe (Firsthöhe) von 5,60 m (6,10 m). Außer 2 kleineren Fensteröffnungen ist im Giebel eine Öffnung mit 3,26 m (3,51 m) Breite und 1,51 m (1,63 m) Höhe mit 11,5 cm tiefen zu putzenden Leibungen. a) Wieviel m² beträgt die Putzfläche? b) Wieviel Liter Mörtel erfordert der 2 cm dicke Putz?

Deckenputz — Wandputz, Fußbodenbelag

35.6 Ein in der Grundfläche rechteckiger Raum ist 5,76 m lang, 4,13 m breit und 2,88 m (Putzhöhe) hoch. Er hat zwei 2,51 m/ 1,51 m große Fensteröffnungen mit geputzten Leibungen und eine 1,01 m/2,08 m große Türöffnung mit ungeputzten Leibungen. a) Wieviel m² Deckenputz, b) wieviel m² Wandputz sind herzustellen?

35.7 Für das Pförtnerhaus mit Walmdach (Bild) sind zu berechnen: a) der Deckenputz; b) der Innenwandputz mit 2,59 m hohen Putzflächen (Höhe der Türöffnungen von der Rohbausohle ab gemessen 2,09 m); c) der Fußbodenbelag: im Raum 1 aus Holzdielen, in 2 und 3 sowie in den 3 Türöffnungen aus Betonwerksteinplatten; d) die Fußleisten für Raum 1 und die Sockelleisten für die Räume 2 und 3 in m (Türöffnungen abziehen!); e) der Außenputz (2 cm dicker Kellenputz).

35.8 Die Innenwand im ausgebauten Dachgeschoß (Bild) soll beiderseitig glatt verputzt werden. a) Wieviel m² Wandputz sind auszuführen? b) Wieviel Liter Mörtel werden gebraucht? c) Wie lang sind die abgeschrägten Wandkanten?

35.9 Für die Wände im ausgebauten Dachgeschoß (Bild) sind 11,5 cm dicke Gasbetonplatten verwendet worden. Die Decke unter den Kehlbalken und in den Dachschrägen (Sparrenbekleidung) besteht aus Holzwolle-Leichtbauplatten. Es sollen berechnet werden: a) der Deckenputz für die Räume 1 und 2; b) der Innenwandputz für die Räume 1 und 2 (Höhe der Türöffnungen von Oberfläche Rohdecke ab gemessen 2,08 m); c) der Fußbodenbelag aus Kunststoffbahnen auf schwimmendem Estrich — nicht in den Türöffnungen; d) der Bedarf an PVC-Sockelleisten in m.

35.10 Für die Räume 1 und 2 des ausgebauten Dachgeschosses (Bild) sind zu berechnen: a) der Deckenputz auf Holzwolle-Leichtbauplatten unter den Kehlbalken sowie den Sparren in den Dachschrägen; b) der Innenwandputz auf Wänden aus Leichtbeton-Vollsteinen (Höhe der Türöffnungen von Oberfläche Rohdecke ab gemessen 2,07 m); c) der Fußbodenbelag aus PVC-Fliesen auf schwimmendem Estrich (nicht in Türöffnungen); d) der Bedarf an PVC-Sockelleisten in m.

35.11 In der im Grundriß gezeigten Küche (Bild) sollen die beiden gekennzeichneten Wände im unteren Teil auf eine Höhe von 1,40 m mit keramischen Fliesen belegt, im oberen Teil auf 1,13 m Höhe wie die übrigen Wände verputzt werden. Für den Fußboden sind PVC-Fliesen 30 cm/30 cm auf schwimmendem Estrich vorgesehen. Es sind zu berechnen: a) der Deckenputz; b) der Wandputz (Höhe der Türöffnung von Oberfläche Fußboden ab gemessen 2,01 m); c) die Wandbekleidung mit keramischen Fliesen; d) der Bodenbelag mit PVC-Fliesen.

35.12 Die Wände des im Bild gezeigten Grundrisses einer Küche sollen im unteren Teil auf eine Höhe von 1,45 m mit keramischen Fliesen belegt werden. Im oberen Teil, auf eine Höhe von 1,21 m, erhalten die Wände wie die Decke glatten Putz. Für den Bodenbelag werden keramische Fliesen (Kleinmosaik) verwendet. Wieviel m² betragen: a) der Deckenputz; b) der Wandputz; c) die Wandbekleidung mit Fliesen (Höhe der Fensterbrüstung 87 cm); d) der Bodenbelag?

35.13 Die Wandflächen des Baderaumes (Bild) sollen im unteren Teil auf eine Höhe von 1,40 m, ebenso die beiden Sichtflächen der eingebauten Badewanne mit keramischen Fliesen 10 cm/10 cm belegt werden. Im oberen Teil, auf eine Höhe von 1,12 m, erhalten die Wände wie die Decke einen glatten Putz. Für den Fußbodenbelag sind keramische Fliesen (Mittelmosaik) vorgesehen. a) Wieviel m² Deckenputz sind herzustellen? b) Wieviel m² Wandflächen sind zu putzen? c) Wieviel m² Wandflächen sind mit Fliesen zu bekleiden (Höhe der Fensterbrüstung 1,20 m)? d) Wieviel m² beträgt der Fußbodenbelag? (Vgl. Beispiel S. 97.)

35.14 In dem Baderaum mit Dusche (Bild) sollen die gekennzeichneten Wandflächen über der Duschwanne bis unter die Decke auf 2,17 m, davor auf 35 cm Höhe, die übrigen Wandflächen 2,34 m hoch mit keramischen Fliesen belegt werden. Die verbleibenden Wandflächen mit 1,18 m Höhe sind zu putzen. Wieviel m² betragen a) der Deckenputz; b) der Wandputz; c) die Wandbekleidung mit Fliesen (Höhe der Fensterbrüstung 1,20 m); d) der Fußbodenbelag? (Vgl. Beispiel S. 97.)

35.15 In einer rechteckigen Lagerhalle mit 16,40 m Länge und 12,30 m Breite stehen zur Übertragung der Deckenlast 6 Stück 35 cm × 35 cm im Querschnitt große Säulen. Für den Fußboden ist schwimmender Estrich vorgesehen, der von den Umfassungswänden und Säulen durch Dämmstreifen getrennt wird (s. Bild S. 97 links). a) Wieviel m² schwimmender Estrich sind auszuführen? b) Wieviel m Dämmstreifen werden gebraucht? c) Wieviel m³ Fertigbeton erfordert der Estrich bei 4 cm Dicke?

35.16 Wieviel m² Fußboden sind für einen in der Grundfläche rechteckigen Gartenpavillon herzustellen, dessen Innenkreis einen Radius $r_2 = 2,86$ m hat (Vieleck vgl. S. 53)?

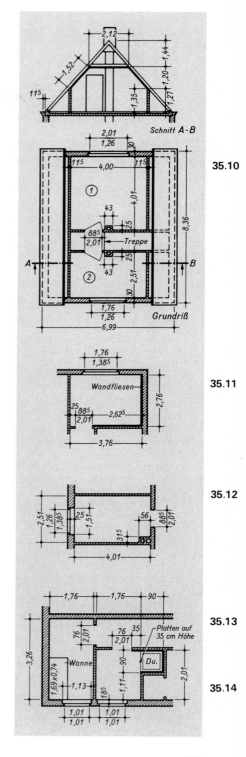

Schnitt A-B

35.10

Grundriß

35.11

35.12

35.13

35.14

99

Nicht unterkellerte Räume

Das Abheben der Muttererde

Das Abheben der Muttererde wird in der Regel nach dem Flächenmaß (m²) berechnet und die abzuhebende Dicke in cm angegeben.

Beispiel 1:
Wieviel m² Muttererde sind für das nicht unterkellerte Bauwerk abzuheben, dessen Fundamentmauerwerk im Bild dargestellt ist?

Lösung:
$A = 8,24 \text{ m} \cdot 6,74 \text{ m};\quad \underline{A = 55,54 \text{ m}^2}$

Anmerkung:
Oft wird der Abhub über die zu überbauende Fläche hinaus vorgenommen, um die Muttererde von Baustoffresten freizuhalten.

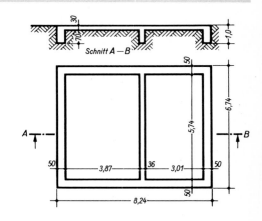

Schnitt A—B

Fundamentgräben

Der Bodenaushub für die Fundamentgräben wird nach dem Raummaß (m³) berechnet.

$$V = A \cdot h$$

Beispiel 2:
Wieviel m³ Boden sind für die Fundamentgräben im Bild rechts auszuheben?

Lösung:
Grundfläche der Außengräben:
$A_1 = (8,24 \text{ m} + 5,74 \text{ m}) \cdot 2 \cdot 0,50 \text{ m};\quad A_1 = 13,98 \text{ m}^2$
Grundfläche des inneren Grabens:
$A_2 = 5,74 \text{ m} \cdot 0,36 \text{ m};\qquad\qquad A_2 = 2,07 \text{ m}^2$
$A_1 + A_2 = A_{ges};\qquad\qquad\qquad A_{ges} = 16,05 \text{ m}^2$
$V = 16,05 \text{ m}^2 \cdot 0,70 \text{ m};\quad \underline{V = 11,235 \text{ m}^3}$

Unterkellerte Räume

Das Abheben der Muttererde

Bei der Ermittlung der Maße für die abzuhebende Fläche geht man von den Außenmaßen des Kellermauerwerks aus. Bei unverkleideter, also abgeböschter Baugrube, bei der in der Regel ein betretbarer Arbeitsraum erforderlich ist, sind zu den Außenmaßen des Kellermauerwerks an jeder Seite zuzugeben (Bild rechts):
die Breite a des betretbaren Arbeitsraumes und die Breite b der Böschung.
Die Breite des betretbaren Arbeitsraumes soll nach DIN 18300 mindestens 50 cm betragen.
Die Breite der Böschung richtet sich nach der Bodenart und der Tiefe der Baugrube. Die hierfür einzusetzenden Werte siehe Tabelle unten.

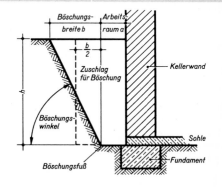

Berechnungsbeispiel siehe Beispiel 3, Seite 101.

Böschungswinkel nach DIN 18300 und Böschungsbreiten

Bodenarten	Böschungswinkel	Böschungsbreite b im Verhältnis zur Ausschachtungstiefe h	Breite für betretbaren Arbeitsraum
leicht lösbare und mittelschwer lösbare Bodenarten (nicht bindiger Sand und Kies, Gemische von Sand, Kies, Schluff, Ton)	40°	$\approx {}^6/_5\, h$	0,50 m
schwer lösbare Bodenarten (bindige Boden)	60°	$\approx {}^3/_5\, h$	0,50 m
leichter und schwerer Fels	80°	$\approx {}^1/_6\, h$	0,50 m

Bodenaushub der Baugrube

Der Bodenaushub für eine abgeböschte Baugrube wird nach der Formel für das Volumen des Prismas berechnet: $V = A \cdot h$. Es wird so gerechnet, als würden die Grubenwände nicht abgeböscht, sondern senkrecht abgestochen. Bei der Ermittlung der Maße für die Grundfläche ist zu den Außenmaßen des Kellermauerwerks an jeder Seite die Breite des betretbaren Arbeitsraumes (mindestens 50 cm) und die halbe Böschungsbreite hinzuzurechnen.

Die Ausschachtungstiefe ist das Maß von Erdoberfläche (nach Abhub der Muttererde) bis Unterseite Kellersohle.

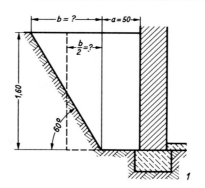

Bodenaushub der Fundamentgräben

Für Fundamentgräben ist meist keine Böschung nötig, die Grabenbreite entspricht dann der Dicke der Betonfundamente. Grabentiefe 30 ⋯ 40 cm.

Beispiel 3:

Bild 2 zeigt den Kellergeschoß-Grundriß eines Wohnhauses, Bild 3 den dazugehörigen Fundamentplan. Nach Bild 1 ist die Baugrube 1,60 m tief. Die Muttererde ist 30 cm tief abzuheben. Der Boden ist schwer lösbar.

a) Wieviel m² Muttererde sind abzuheben?

b) Wieviel m³ beträgt der Aushub der Baugrube?

c) Wieviel m³ beträgt der Bodenaushub der Fundamentgräben bei 30 cm Grabentiefe?

Lösung:

a) Zu den Außenmaßen des Kellermauerwerks sind an jeder Seite zuzugeben (Tab. Seite 100):

für Arbeitsraum a $\qquad$ = 0,50 m

für Böschungsbreite $b = {}^3/_5 \cdot 1,60$ m = $\underline{0,96\ m}$

$\qquad\qquad$ zusammen 1,46 m

Fläche = Länge · Breite; $A = l \cdot b$

$A = (8,24\,m + 2 \cdot 1,46\,m) \cdot (7,74\,m + 2 \cdot 1,46\,m)$;

$\qquad\qquad A = \underline{\underline{118,97\ m^2}}$

b) Zu den Außenmaßen des Kellermauerwerks sind an jeder Seite zuzugeben:

für Arbeitsraum a $\qquad$ = 0,50 m

für halbe Böschungsbreite $b = \dfrac{0,96\ m}{2} = \underline{0,48\ m}$

$\qquad\qquad$ zusammen 0,98 m

Volumen = Grundfläche · Höhe; $V = A \cdot h$

$A = (8,24\,m + 2 \cdot 0,98\,m) \cdot (7,74\,m + 2 \cdot 0,98\,m)$;

$\qquad\qquad A = \quad 98,94\ m^2$

$V = 98,94\,m^2 \cdot 1,60\,m$; $\qquad V = \underline{\underline{158,30\ m^3}}$

c) Bodenaushub der Fundamentgräben (Bild 3):

Grundfläche der Außengräben:

$A_1 = (8,36\,m + 7,86\,m - 2 \cdot 0,50\,m) \cdot 2 \cdot 0,50\,m$;

$\qquad\qquad A_1 = 15,22\ m^2$

Grundfläche der 36 cm breiten Gräben:

$A_2 = (8,36\,m - 2 \cdot 0,50\,m + 3,375\,m) \cdot 0,36\,m$;

$\qquad\qquad A_2 = 3,86\ m^2$

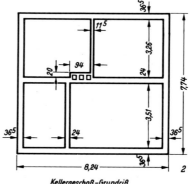

Kellergeschoß-Grundriß

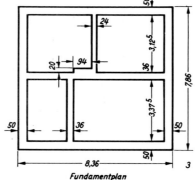

Fundamentplan

Grundfläche des 24 cm breiten Grabens:

$A_3 = 3,125\,m \cdot 0,24\,m$; $\qquad A_3 = \ 0,75\ m^2$

Grundfläche der Schornsteinvorlage:

$A_4 = 0,94\,m \cdot 0,20\,m$; $\qquad \underline{A_4 = \ 0,19\ m^2}$

$A_{ges} = A_1 + A_2 + A_3 + A_4$; $\quad A_{ges} = 20,02\ m^2$

$V = 20,02\,m^2 \cdot 0,30\,m$; $\quad V = \underline{6,01\ m^3}$

Merke:

Bei Berechnung von Erdarbeiten werden Längen, Flächen und Volumen in Metereinheiten auf zwei Dezimalstellen auf- oder abgerundet.

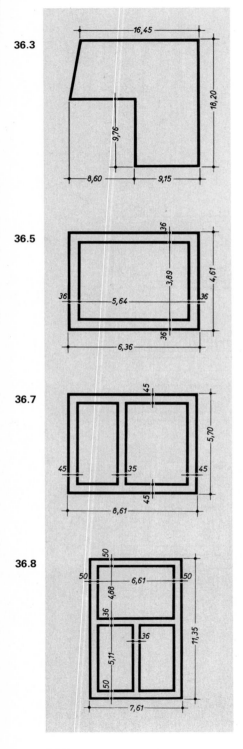

36.3

36.5

36.7

36.8

Nicht unterkellerte Räume

36.1 Wieviel m² Muttererde sind für ein rechteckiges nicht unter kellertes Gebäude abzuheben, wenn die Außenmaße des Mauer werks in der Länge 15,35 m (20,40 m) und in der Breite 8,40 r (12,10 m) betragen?

36.2 Wieviel m² Muttererde sind für ein rechteckiges nicht unter kellertes Gebäude mit 17,74 m Länge und 8,24 m Breite abzuheber wenn für die abzuhebende Schicht in der Länge 6,20 m und i der Breite 4,40 m zugegeben werden sollen?

36.3 Wieviel m² Muttererde sind für die Gebäudefläche im Bil mit den angegebenen Maßen abzuheben?

36.4 Wieviel m³ Boden sind für einen 9,36 m langen, 55 cr breiten und 80 cm tiefen Fundamentgraben auszuheben?

36.5 Wieviel m³ Boden sind für die im Bild im Grundriß darge stellten Fundamentgräben eines nicht unterkellerten Gebäude bei einer Tiefe von 0,60 m auszuheben?

36.6 Berechnen Sie den Bodenaushub für die Fundamentgräbe nach Bild 36.5, wenn die Außenmaße a) 7,60 m und 5,88 m b) 5,22 m und 3,90 m betragen.

36.7 Das Bild zeigt das Betonfundament eines nicht unter kellerten Stallgebäudes im Grundriß. Die Fundamenttiefe be trägt 1,00 m. a) Wieviel m² Muttererde sind abzuheben (25 cr dick)? b) Wie groß ist der Bodenaushub der Fundamentgräbe (Tiefe 75 cm)?

36.8 Die Fundamente eines nicht unterkellerten Gebäudes solle nach Bild aus Beton 1,00 m tief hergestellt werden. a) Wievie m² Muttererde (30 cm dick) sind abzuheben? b) Wie groß ist de Bodenaushub der Fundamentgräben (Tiefe 70 cm)?

36.9 Ein Graben mit einer Länge von 18,20 m und einer Tiefe vo 1,40 m wird mit einer beiderseitigen Böschung ausgeschachte Die Breite an der Sohle beträgt 0,68 m, am oberen Rande 1,24 m Wieviel m³ Boden sind auszuheben?

36.10 Ein 14,50 m langer Graben ist 1,55 m tief mit einer beider seitigen Böschung auszuschachten. Die Breite der Sohle so 0,76 m betragen, die Böschung im Winkel von 60° hergestel werden. a) Wie breit ist der Graben am oberen Rande (sieh Tafel Seite 100)? b) Wieviel m³ Boden sind auszuheben?

Unterkellerte Räume

36.11 Ein rechteckiges Gebäude ist im Kellergeschoß 17,49 r (18,74 m) lang und 8,74 m (9,12 m) breit. Wieviel m² Muttererd sind dafür abzuheben, wenn zu den Maßen an jeder Seite 1,10 m (1,25 m) zuzugeben sind?

36.12 Die Baugrube eines unterkellerten Gebäudes erhält ein Böschung. Berechnen Sie die Breite der Böschung bei schwe lösbarem Boden und einer Baugrubentiefe von a) 1,40 m b) 1,90 m; c) 1,82 m.

36.13 Wie groß ist die Böschungsbreite einer 1,58 m tiefen Bau grube mit einem Neigungsverhältnis der Böschung von a) 1 : 0,3 b) 1 : 0,6 (siehe Seite 100)?

36.14 Wie groß ist die Böschungsbreite einer 1,60 m tiefen Baugrube, wenn die Steigung a) 150 %; b) 140 % beträgt?

36.15 Eine rechteckige Baugrube hat auf der Sohle eine Länge von 13,60 m und eine Breite von 10,20 m. Wie lang und wie breit muß sie bei einer Tiefe von 1,65 m am oberen Rande werden, wenn das Neigungsverhältnis der Böschung a) 1 : 0,4; b) 1 : 0,6 beträgt?

36.16 Wieviel m (Böschungsbreite + Arbeitsraum) sind für das Abheben der Muttererde zu den Außenmaßen des Kellermauerwerks nach Bild zuzugeben a) bei schwer lösbarem Boden; b) bei leichtem Fels?

36.17 Wieviel m³ Boden sind für eine 1,60 m tiefe, in der Grundfläche rechteckige Baugrube auszuheben, die auf der Sohle 13,80 m lang und 10,60 m breit, am oberen Rand 16,10 m lang und 12,90 m breit ist?

36.18 Die Außenmaße des Kellermauerwerks eines rechteckigen Gebäudes betragen in der Länge 24,63 m, in der Breite 10,49 m. Der Baugrund ist schwer lösbarer Boden. a) Wieviel m² Muttererde sind abzuheben? b) Wie groß ist der Bodenaushub für die 1,50 m tiefe Baugrube?

36.19 Das Kellermauerwerk eines rechteckigen Gebäudes ist außen 17,74 m lang und 9,24 m breit. Die Baugrube ist 1,70 m tief, ihr Böschungswinkel beträgt 45°. Der Baugrund ist leichter Boden. a) Wieviel m² Mutterboden sind abzuheben? b) Wieviel m³ Boden der Baugrube sind auszuheben?

36.20 Das Bild zeigt die Außenmauern eines Kellergeschoß-Grundrisses mit den Fundamenten (gestrichelt gezeichnet). Die Baugrube ist 1,54 m (1,82 m) tief. Der Baugrund ist schwer lösbarer Boden. a) Wieviel m² Muttererde sind abzuheben? b) Wieviel m³ Boden der Baugrube sind auszuschachten? c) Wieviel m³ Boden der Fundamentgräben sind auszuheben (Tiefe 30 cm)?

36.21 Das Bild zeigt den Kellergeschoß-Grundriß eines Gebäudes mit den Fundamenten (gestrichelt gezeichnet). Dafür sind die Erdarbeiten bei schwer lösbarem Boden zu berechnen. Die Mutterbodenschicht ist 30 cm dick, die Baugrube 1,80 m tief. a) Wieviel m² Muttererde sind abzuheben? b) Wieviel m³ Boden der Baugrube sind auszuschachten? c) Wieviel m³ beträgt der Bodenaushub für die Fundamentgräben (Tiefe 30 cm)?

36.22 Für ein Gebäude, dessen Kellergeschoß-Grundriß das Bild zeigt, sind die Erdarbeiten bei schwer lösbarem Boden zu berechnen. Die Mutterbodenschicht ist 25 cm dick, die Baugrube 1,68 m tief. Die Breite der Betonfundamente ist gleich der Wanddicke plus 12 cm (Fundamentabsatz an jeder Seite 6 cm), die Tiefe 30 cm. a) Fertigen Sie eine Maßskizze für den Fundamentplan an. b) Wieviel m² Muttererde sind abzuheben? c) Wieviel m³ beträgt der Bodenaushub der Baugrube? d) Wieviel m³ Boden der Fundamentgräben sind auszuheben (Tiefe 30 cm)?

36.23 Die abgeböschte Baugrube für einen kreisrunden Schacht einer Entwässerungsleitung hat auf der Sohle einen Durchmesser von 1,86 m und am oberen Rand einen Durchmesser von 3,00 m; die Tiefe beträgt 1,90 m. Berechnen Sie den Bodenaushub in m³.

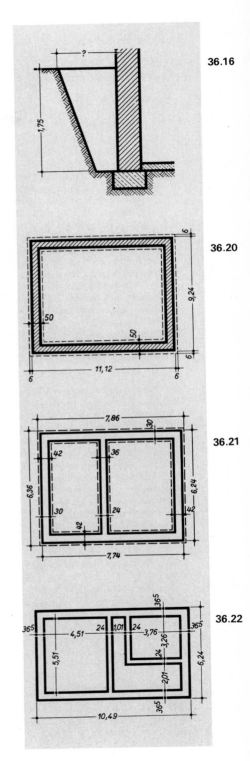

36.16

36.20

36.21

36.22

Die folgenden Berechnungsgrundlagen nach DIN 18330 Maurerarbeiten, DIN 18331 Beton- und Stahlbetonarbeiten und DIN 18350 Putz- und Stuckarbeiten sind Bestandteile der VOB.

Es werden aufgemessen und abgerechnet:

1. Mauerwerk bis 11,5 cm Dicke nach dem Flächenmaß (m²), von mehr als 11,5 cm ··· 40 cm Dicke nach m² oder nach dem Raummaß (m³), dickeres Mauerwerk nur nach m³.

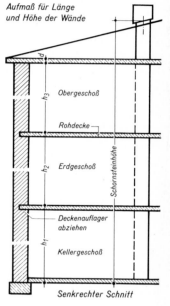

Aufmaß für Länge und Höhe der Wände

   a) **Wandlänge.** Gemessen wird die Länge ohne durchbindende Schornsteine (Bild). Bei sich kreuzenden Mauern wird nur eine Mauer (die dickere) durchgemessen.
   b) **Wandhöhe.** Gehen die Wände bis Oberfläche Rohdecke durch, wird von Oberfläche Rohdecke (bzw. Oberfläche Fundament) bis Oberfläche Rohdecke gemessen, sonst die wirkliche Höhe.
   c) **Abgezogen werden bei Abrechnung nach dem Flächenmaß (m²):**
   Öffnungen über 1 m² Einzelgröße,
   durchbindende Bauteile (Deckenplatten) über je 0,25 m² Größe,
   Nischen und Aussparungen für einbindende Bauteile, soweit das dahinterliegende Mauerwerk besonders erfaßt ist.
   d) **Abgezogen werden bei Abrechnung nach Raummaß (m³):**
   Öffnungen über 0,25 m³ Einzelgröße,
   Nischen über 0,25 m³ Einzelgröße,
   einbindende und durchbindende Bauteile über je 0,25 m³ Größe,
   Schlitze für Rohrleitungen und dgl. über je 0,1 m² Querschnitt, durchgehende Luftschichten im Mauerwerk, jedoch nur mit dem über 7 cm hinausgehenden Teil der Luftschichten.

2. Gemauerte Schornsteine nach Anzahl und Querschnitt der Züge und Dicken der Wangen nach Raummaß (m³) oder Längenmaß (m), gemessen vom Fundament bis Oberfläche Dachhaut.
3. Schornsteinköpfe getrennt nach Bauart und Abmessungen, Anzahl und Querschnitt der Züge nach Stück.
4. Verblendmauerwerk nach dem Flächenmaß (m²). Öffnungen über 1,00 m² Einzelgröße werden abgezogen. Leibungen bis 13 cm Tiefe werden nicht gemessen.
5. Wandputz n. d. Flächenmaß (m²), wie Verblendmauerwerk.
6. Fußbodenbeläge (Platten, Fliesen, Estriche u. a.) nach m². Abgezogen werden Aussparungen über 0,10 m² Einzelmaß.
7. Fußbodenbeläge aus Flach- oder Rollschichten nach dem Flächenmaß (m²). Abgezogen werden Öffnungen über 1,00 m².
8. Wandputz nach dem Flächenmaß (m²).
   Gemessen wird die Höhe zu putzender Wandflächen von Oberfläche Rohdecke bis Unterseite Rohdecke. Bei Fußleisten, Plattensockeln und Wandverkleidungen bis 10 cm Höhe wird der Putz mitgemessen. Öffnungen mit ungeputzten Leibungen über 1,00 m² Einzelgröße sind mit den kleinsten Rohbaulichtmaßen abzuziehen. Öffnungen mit geputzten Leibungen bis 4,00 m² Größe werden übermessen. Solche über 4,00 m² Größe sind abzuziehen, dafür die geputzten Leibungen mitzumessen.
9. Stahlbetondecken nach dem Flächenmaß (m²) oder Raummaß (m³). Deckenauflager werden mitgemessen, Öffnungen bis 1,00 m² Einzelgröße werden nicht abgezogen.
10. Stahlbetonstürze und -balken nach dem Raummaß (m³), Längenmaß (m) oder Stück. Auflager und Einbindungen in Wänden werden mitgemessen.

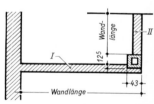

Bei Wand I Schornsteinnische abziehen, weil > 0,25 m³
Abzug: 0,43 · 0,125 · (Σ h + d)

Grundriß

Die Massenberechnung

Die Massen werden auf einem besonderen Formblatt ermittelt (Beispiel Seite 106). Die Maße für die Berechnung sind der Bauzeichnung zu entnehmen. Die Berechnungsgrundlagen für Erdarbeiten sind aus Tafel 36 ersichtlich.

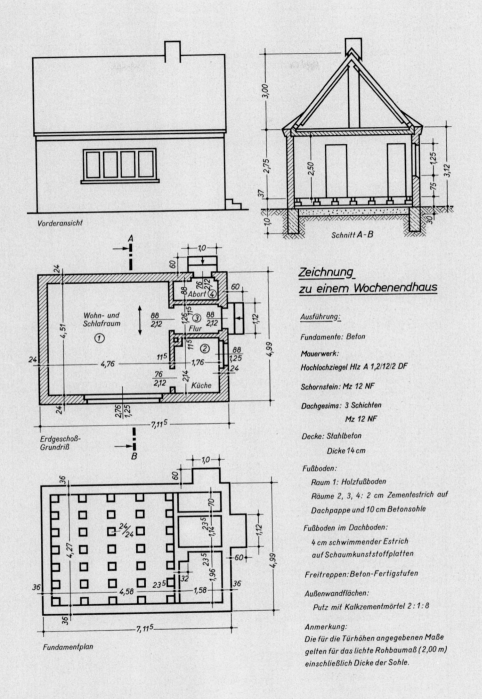

Vorderansicht

Schnitt A-B

Erdgeschoß-Grundriß

Wohn- und Schlafraum ①

Abort ④

Flur ③

Küche ②

Fundamentplan

Zeichnung zu einem Wochenendhaus

Ausführung:

Fundamente: Beton

Mauerwerk:

Hochlochziegel Hlz A 1,2/12/2 DF

Schornstein: Mz 12 NF

Dachgesims: 3 Schichten

Mz 12 NF

Decke: Stahlbeton

Dicke 14 cm

Fußboden:

Raum 1: Holzfußboden

Räume 2, 3, 4: 2 cm Zementestrich auf Dachpappe und 10 cm Betonsohle

Fußboden im Dachboden:

4 cm schwimmender Estrich auf Schaumkunststoffplatten

Freitreppen: Beton-Fertigstufen

Außenwandflächen:

Putz mit Kalkzementmörtel 2 : 1 : 8

Anmerkung:

Die für die Türhöhen angegebenen Maße gelten für das lichte Rohbaumaß (2,00 m) einschließlich Dicke der Sohle.

Beispiel einer Massenberechnung

Pos.	Raum Nr.	Stück-zahl	Gegenstand	Länge m	Breite m	Fläche m²	Höhe m	Volumen m³	Abzug
			Massenberechnung für Wochenendhaus Bild 26.1						
			I. Erdarbeiten						
1		36,77	**m² Muttererde 30 cm dick abheben**	7,115	4,99	35,50			
			Freitreppen 1,12 m + 1,00 m	2,12	0,60	1,27			
						36,77			
2		7,95	**m³ Bodenaushub für Fundamentgräben**						
			außen (7,115 m + 4,27 m) · 2	22,77	0,36	8,20			
			innen 4,27 m + 2 · 1,58 m	7,43	0,24	1,78			
			Schornsteinfundament	0,32	0,32	0,10			
			Freitreppenfundamente 1,12 m + 1,00 m	2,12	0,60	1,27			
						11,35	0,70	7,95	
3		7,67	**m³ Bodenauffüllung**	4,58	4,27	19,56			
				1,96	1,58	3,10			
				1,58	1,14	1,80			
				1,58	0,70	1,11			
						25,57	0,30	7,67	
			II. Maurerarbeiten						
1		11,35	**m³ Betonfundamente** (s. Fundamentgräben)			11,35	1,00	11,35	
2		13,96	**m³ Erdgeschoßmauerwerk 24 cm dick**						
			(7,115 m − 2 · 0,24 m) · 2	13,27	0,24	3,18	2,87	9,13	
			4,99 m · 2	9,98	0,24	2,40	3,12	7,49	
								16,62	
			Abzug: Fenster	2,76	0,24	0,66	1,25		0,83
			Türen 0,88 m + 0,76 m	1,64	0,24	0,39	2,12		0,83
			Fenster u. Türstürze 3,26 m + 2 · 1,26 m + 1,13 m	6,91	0,24	1,66	0,50		0,83
			Deckenauflager an Giebeln (4,51 m + 2 · 0,125 m) · 2	9,52	0,125	1,19	0,14		0,17
								13,96	2,66
3		1	Stück Fensteröffnung 2,76/1,25 m anlegen						
4		2	Stück Türöffnungen 0,88/2,12 m u. 0,76/2,12 m						
5		0,83	m³ Fenster- u. Tür-Stahlbetonstürze (s. Pos. 2)						
6		6,12	m Schornsteinmauerwerk; 1 Rohr 20/20 cm						
7		17,44	**m² 11,5 cm dicke Wände**						
			4,51 m − 0,43 m + 2 · 1,76 m − 0,31 m	7,29	2,87	20,92			
			Abzug: Türen 0,88 m + 0,76 m	1,64	2,12				3,48
						17,44			
8		2	Stück Türöffnungen in 11,5 cm dicken Wänden 0,88/2,12 m und 0,76/2,12 m anlegen						
9		2	Stück Türöffnungen von Pos. 8 mit scheitr. Bogen überdecken als Zulage zu Pos. 7						
10		14,23	m Dachgesims 25 cm hoch, 24 cm breit						
11		32,77	**m² Stahlbetondecke 14 cm dick**	6,885	4,76	32,77			
12		13,27	m Stahlbetonwiderlager (0,20 m³ Beton)						
13		3,46	**m³ Giebelmauerwerk**						
			$\dfrac{4,76 \text{ m} \cdot 3,00 \text{ m}}{2} \cdot 2 + \dfrac{0,70 \text{ m} \cdot 0,10 \text{ m}}{2} \cdot 4$			14,42	0,24	3,46	
14		1	Stck. Giebelluke 0,76 m breit; scheitr. Bogen als Zulage zu Pos. 13						
15		1	Stck. Schornsteinkopf 0,60 m hoch						

Pos.	Raum Nr.	Stück-zahl	Gegenstand	Länge m	Breite m	Fläche m²	Höhe m	Volumen m³	Abzug
16		2,01	m³ **Kiessand einbringen**						
	2			2,14	1,76	3,77			
	3			1,76	1,26	2,22			
	4			1,76	0,88	1,55			
						7,54			
			Abzug: Schornstein	0,31	0,31				0,10
						7,44	0,27	2,01	
17		29,49	m² **Betonsohle 10 cm dick**						
	1			4,76	4,51	21,47			
	2			2,14	1,76	3,77			
	3			1,76	1,26	2,22			
	4			1,76	0,88	1,55			
			Türnischen 0,88 m + 0,76 m	1,64	0,24	0,39			
			0,88 m + 0,76 m (Innentüren)	1,64	0,115	0,19			
						29,59			
			Abzug: Schornstein	0,31	0,31				0,10
						29,49			
18		6,60	m² **Abdichtung auf Mauerwerk**						
			(7,115 m + 4,51 m) · 2	23,25	0,24	5,58			
			4,51 m + 2 · 1,76 m	8,03	0,115	0,92			
			Abzug: Schornstein	0,31	0,31	0,10			
						6,60			
19		29,49	m² **Abdichtung auf Betonsohle** (wie Pos. 17)						
20		8,02	m² **Zementestrich** in den Räumen 2, 3, 4:						
			29,49 m² − 21,47 m²			8,02			
21		29,74	m² **schwimmender Estrich auf der Decke**	6,635	4,51	29,92			
			Abzug: Schornstein	0,43	0,43				0,18
						29,74			
22		35	Stck. Fußbodenpfeiler 24/24 cm, 2 Schicht. hoch						
23		1	Stck. Freitreppe; 2 Fertigstufen 17,5/30/100 cm						
24		1	Stck. Freitreppe; 2 Fertigstufen 17,5/30/112 cm						
25		87,20	m² **glatter innerer Wandputz**						
	1		(4,76 m + 4,51 m) · 2	18,54					
	2		(2,14 m + 1,76 m) · 2	7,80					
	3		(1,76 m + 1,26 m) · 2	6,04					
	4		(1,76 m + 0,88 m) · 2	5,28					
				37,66	2,50	94,15			
			Abzug: Türen (0,88 m + 0,76 m) · 2	3,28	2,12				6,95
						87,20			
26		28,91	m² **Deckenputz**; s. Pos. 17:						
			29,49 m² − (0,39 m² + 0,19 m²)			28,91			
27		18,24	m² **Rappputz im Dach** $\dfrac{4,51 \text{ m} \cdot 2,90 \text{ m}}{2} \cdot 2$			13,08			
			Schornstein 0,43 m · 4	1,72	3,00	5,16			
						18,24			
28		3,84	m **Fenstersohlbänke** 2,86 m + 0,98 m	3,84					
29		89,96	m² **Außenputz** (7,115 m + 4,99 m) · 2	24,21	3,12	75,54			
			Giebel wie Pos. 13			14,42			
						89,96			
30		14,23	m **Dachgesimsputz** als Zulage zu Pos. 29						

Baustoffbedarf zum Wochenendhaus nach vorstehender Massenberechnung

Pos. der Massenberechnung	Stückzahl	Gegenstand	Hochlochziegel 2 DF 1,2/12	Vollziegel NF 1,8/12	Klinker 20/9,8/2 cm	Kalkmörtel 1:3	Kalkzementmörtel 2:1:8	Kalkgipsmörtel 1:0,1:3	Zementmörtel 1:3	Kalkhydrat	Zement	Stuckgips	Sand	Kiessand	Schaumkunststoffplatten	Teerpappe	Klebemasse
						l	*l*	*l*	*l*	kg	kg	kg	*l*	kg	Stck.	m²	kg
1	11,35	m³ Fundamentbeton Je m³ 180 kg Zement und 2035 kg Kiessand									2043			23097			
2	13,96	m³ Erdgeschoßmauerwerk 24 cm dick; Lochziegel 2 DF Je m³ 275 Ziegel und 207 l Kalkmörtel	3839			2890											
5	0,83	m³ Stahlbetonstürze Je m³ 300 kg Zement und 1950 kg Kiessand									249			1619			
6	6,12	m Schornsteinmauerwerk 1 Rohr 20/20 cm Je m 62 Vollziegel NF und 42 l KZ-Mörtel		379			257										
7	17,44	m² 11,5 cm dicke Wände; Lochziegel 2 DF Je m² 33 Ziegel und 20 l Kalkzementmörtel	576				349										
10	14,23	m Dachgesims Vollziegel NF Je m 25 Ziegel und 15 l Kalkzementmörtel		356			213										
11	32,77	m² Stahlbetondecke 14 cm dick ≙ 4,59 m³ Beton Je m³ 300 kg Zement und 1950 kg Kiessand									1377			8951			
12	13,27	m Stahlbeton-Widerlager ≙ 0,20 m³ Beton wie Pos. 11									60			390			
13	3,46	m³ Giebelmauerwerk 24 cm dick; Lochziegel 2 DF. Je m³ 275 Ziegel und 207 l Kalkmörtel	952			716											
15	1	Stück Schornsteinkopf 0,60 m hoch; 1 Rohr 20/20 cm Je m 120 Vollziegel NF und 76 l KZ-Mörtel. 1,03 m² Fugen, je m² 7 l Zementmörtel		72			46		7								
16	2,01	m³ Kiessand einbringen (Masse je Liter 1,7 kg)												3417			
17	29,49	m² Betonsohle 10 cm dick ≙ 2,95 m³ Beton Je m³ 180 kg Zement und 2035 kg Kiessand									531			6003			
18 19	36,09	m² Sperrpappe, doppelt verlegt Je m² 2,10 m² Teerpappe und 1,6 kg Klebemasse														75,79	5
20	8,02	m² Zementestrich Je m² 22 l Zementmörtel							176								
21	29,74	m² schwimmender Estrich Je m² 44 l Zementmörtel und 2 Schaumkunststoffplatten							1309						60		
22	35	Stück Ziegelpfeiler 24/24 cm Je Stck. 4 Vollziegel NF und 3 l KZ-Mörtel		140			105										

berechnung	Stückzahl	Gegenstand	Hochlochziegel 2 DF 1,2/12	Vollziegel NF 1,8/12	Klinker 20/9,8/2 cm	Kalkmörtel 1:3 /	Kalkzementmörtel 2:1:8 /	Kalkgipsmörtel 1:0,1:3 /	Zementmörtel 1:3 /	Kalkhydrat kg	Zement kg	Stuckgips kg	Sand /	Kiessand kg	Schaumkunststoffplatten Stck.	Teerpappe m²	Klebemasse kg
3 4	2	Stück Fertigtreppen; dafür 4 Stück Fertigstufen in Zementmörtel verlegen. Je Stufe 7 / Mörtel							28								
5	87,20	m² glatter innerer Wandputz aus Kalkmörtel Je m² 17 / Kalkmörtel				1482											
6	28,91	m² Deckenputz Je m² 17 / Kalkgipsmörtel						491									
7	18,24	m² Rapputz Je m² 10 / Kalkmörtel				182											
8	3,84	m Fenstersohlbänke Je m 10 Klinker und 5 / Zementmörtel			39				19								
9	89,96	m² Außenputz Je m² 22 / Kalkzementmörtel					1979										
		Mörtel zusammen				5270	2949	491	1539								

Bedarf an Kalk, Zement, Gips und Sand aus den ermittelten Mörtelmassen:

Kalkmörtel 1 : 3
(Kalkhydrat 0,4 kg/l)

Kalk: $\dfrac{160 \cdot 5270}{1000}$ → Kalkhydrat 843

Sand: $\dfrac{1200 \cdot 5270}{1000}$ → Sand 6324

Kalkzementmörtel 2 : 1 : 8
(Kalkhydrat 0,4 kg/l)

Kalk: $\dfrac{112 \cdot 2949}{1000}$ → Kalkhydrat 330

Zement: $\dfrac{168 \cdot 2949}{1000}$ → Zement 495

Sand: $\dfrac{1120 \cdot 2949}{1000}$ → Sand 3303

Zementmörtel 1 : 3

Zement: $\dfrac{470 \cdot 1539}{1000}$ → Zement 723

Sand: $\dfrac{1170 \cdot 1539}{1000}$ → Sand 1801

Kalkgipsmörtel 1 : 0,1 : 3
(Kalkhydrat 0,4 kg/l)

Kalk: $\dfrac{156 \cdot 491}{1000}$ → Kalkhydrat 77

Gips $\dfrac{35 \cdot 491}{1000}$ → Stuckgips 17

Sand: $\dfrac{1170 \cdot 491}{1000}$ → Sand 574

| | | zusammen | 5367 | 947 | 39 | | | | | 1250 | 5478 | 17 | 12002 | 43477 | 60 | 75,79 | 58 |

sammenstellung (aufgerundet)

70 Stück Hochlochziegel A 1,2/12 2 DF	5500 kg Zement $\hat{=}$ 110 Sack	60 Stück Schaumkunststoffplatten 2 cm
50 Stück Vollziegel 1,8/12 NF	20 kg Stuckgips + 0,5 Sack	76 m² 333er Teerpappe
40 Stück Klinker 20/9,8/2 cm	12100 l Sand $\hat{=}$ 12,1 m³	58 kg Klebemasse
50 kg Kalkhydrat $\hat{=}$ 32 Sack	43500 kg Kiessand $\hat{=}$ 26 m³ (1,7 kg/l)	Betonstahl wird nach Stahlliste ermittelt

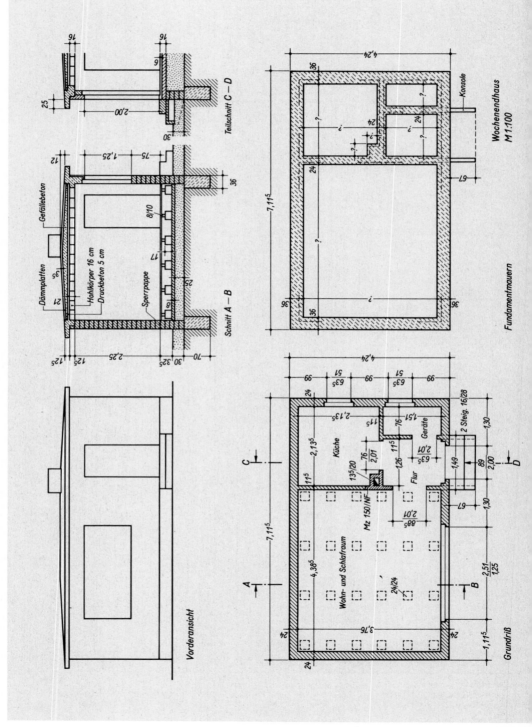

37.2

Teilschnitt C – D

Gefällebeton

Dämmplatten
Hohlkörper 16 cm
Druckbeton 5 cm
8/10
Sperrpappe

Schnitt A – B

Wochenendhaus
M 1:100

Konsole

Fundamentmauern

Vorderansicht

Küche

Wohn- und Schlafraum

Flur

Geräte

2 Steig. 16/28

Mz 150/NF

24/24

Grundriß

110

7.2 Fertigen Sie für das Wochenendhaus im Bild 37.2 die Massenberechnung nach dem Beispiel für Bild 37.1 an. Folgende Positionen sollen aufgeführt werden:

Erdarbeiten

Pos.

1 Abheben der Muttererde
2 Bodenaushub für Fundamentgräben
3 Bodenauffüllung (25 cm und 46 cm dick)

I. Maurerarbeiten

Pos.

1 Betonfundamente
2 Mauerwerk für Außenwände (Höhe bis Unterseite Decke) aus Kalksand-Lochsteinen 2 DF in m³
3 Je 1 Fenster- und Türöffnung anlegen zu Pos. 2
4 1 Stahlbeton-Fenstersturz (Ortbeton)
5 3 Stahlbeton-Fertigstürze für Außentür und 2 Fenster, nur an den Wandinnenseiten
6 Scheitrechte Bogen über 3 Öffnungen in Pos. 5, nur an den Wandaußenseiten, Zulage zu Pos. 2
7 Innenwände in m² aus KS-Lochsteinen 2 DF
8 Türöffnungen zu Pos. 7 anlegen
9 Stahlbeton-Fertigstürze zu Pos. 7
10 Schornsteinmauerwerk
11 Schornsteinkopf
12 Stahlbetonrippen-Dachdecke. Wandauflager 15 cm
13 Ummauerung am Deckenrand (Steine NF)
14 Traufgesims aus Stahlbeton 50 cm/12,5 cm
15 Gefällebeton, im Mittel 10 cm dick, darüber Dämmplatten 3,5 cm
16 Betonsohle
17 Abdichtung auf dem Mauerwerk
18 Abdichtung auf der Betonsohle
19 Fußbodenpfeiler
20 Schwimmender Estrich als Unterboden für Plattenbelag 3,5 cm dick
21 Freitreppe aus Stahlbeton-Fertigstufen auf Konsolen
22 Glatter Innenwandputz
23 Deckenputz
24 Fenstersohlbänke
25 Außenputz; 26 Sockelputz

7.3 Fertigen Sie für die Ausfaulgrube (Bild) eine Massenberechnung an, und ermitteln Sie den Materialbedarf wie in 37.1. Folgende Positionen sollen aufgeführt werden:

Erdarbeiten

Pos.

1 Abheben der Muttererde 25 cm dick
2 Bodenaushub der Baugrube
3 Hinterfüllen des Mauerwerks
4 Aufbringen der Muttererde (m²)

II. Maurerarbeiten

Pos.

1 Sohle 15 cm dick: je m³ Beton 240 kg Zement und 1975 kg Kiessand
2 Außenmauerwerk in m³: Vollziegel Mz 12 in Kalkzementmörtel 2 : 1 : 8
3 11,5 cm dicke Innenwände in m²: wie Pos. 2
4 Stahlbetondecke: je m³ 300 kg Zement und 1950 kg Kiessand
5 Kränze um Öffnungen in m³: wie Deckenbeton
6 Deckel und Tauchdielen in Stück, ohne Materialberechnung
7 Innerer Wandputz: Zementmörtel 1 : 3
8 Zementestrich 2 cm: je m² 22 l Zementmörtel 1 : 3
9 Innerer Bitumenanstrich: je m² 0,8 kg Bitumen

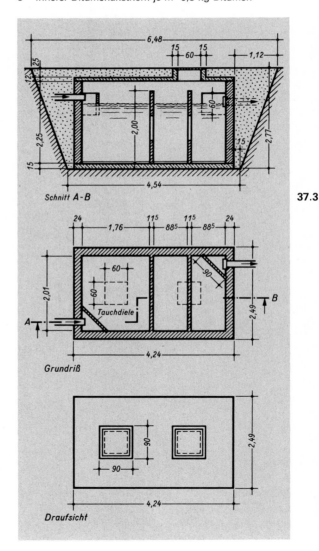

Schnitt A-B

Grundriß

Draufsicht

37.3

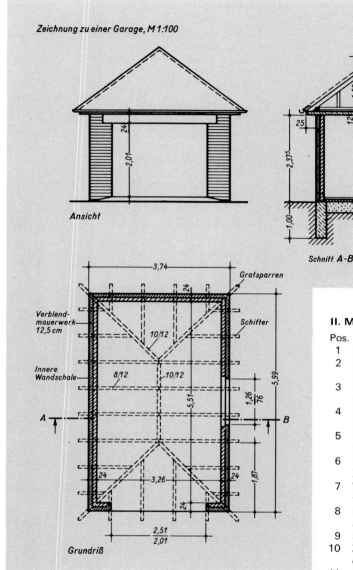

Zeichnung zu einer Garage, M 1:100

Ansicht

Schnitt A-B

Grundriß

Gratsparren

Verblendmauerwerk 12,5 cm

Innere Wandschale

Schiffer

Fertigsturz

37.4

II. Maurerarbeiten

Pos.
1 Betonfundamente
2 Hintermauerwerk (m²), 11,5 cm dick aus Steinen 2 DF
3 Verblendmauerwerk (m²), 12,5 cm dick, aus Ziegeln NF
4 Stahlbeton-Fertigsturz für Türöffnung 2 Teile
5 Stahlbeton-Fertigsturz für Fenster, nur für Hintermauerwerk
6 Scheitrechter Bogen für Fenster als Zulage zu Pos. 3
7 Waagerechte Abdichtung des Mauerwerks
8 Stahlbetondecke, für Dachüberstand aus Sichtbeton
9 Sohle, 10 cm dick aus Beton
10 Zementestrich auf der Sohle, 2,5 cm dick
11 Holzwolle-Leichtbauplatten, 2,5 cm dick auf der Stahlbetondecke
12 Glatter Innenwandputz
13 Äußerer Fugenverstrich

37.4 Fertigen Sie für die Autogarage (Bild oben) eine Massenberechnung mit folgenden Positionen an:

I. Erdarbeiten

Pos. 1 Abheben der Muttererde 30 cm dick
2 Bodenaushub der Fundamentgräben
3 Bodenauffüllung unter der Sohle

III. Zimmerarbeiten

Stellen Sie die Holzliste für die Dachverbandhölzer her, und ermitteln Sie:
Pos.
1 Abbund in m. Die Längen der Hölzer sind in der Zeichnung abzumessen bzw. zeichnerisch zu ermitteln.
2 Holzbedarf in m³.

112

Wohn- und Schlafräume von mind. 10 m² Grundfläche zählen als Zimmer, von 6 m² ··· 10 m² als halbe Zimmer, unter 6 m² als Nebenräume. Nebenräume sind außerdem Dielen (nicht Wohndielen), Windfänge, Veranden, nicht beheizbare Wintergärten u. a.
Bei verputzten Wänden sind die Grundflächen der Räume um 3 % zu verringern. Einzubeziehen sind Nischen, die bis zum Fußboden herunterreichen und mehr als 13 cm tief sind, Erker, Wandschränke mit mind. 0,5 m² Grundfläche und Raumteile unter Treppen, soweit die lichte Höhe 2 m beträgt.

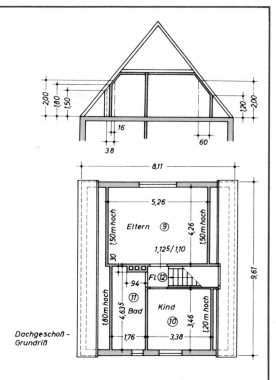

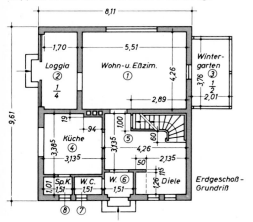

Erdgeschoß – Grundriß

Dachgeschoß – Grundriß

Abzuziehen sind Schornsteinvorlagen und sonstige Vorlagen mit mehr als 0,1 m² Grundfläche und Treppen. Voll angerechnet werden die Grundflächen von Räumen und Raumteilen mit mind. 2 m lichter Höhe; zur Hälfte die Grundflächen mit einer lichten Höhe von mehr als 1 m und weniger als 2 m und von nicht beheizbaren Wintergärten; zu einem Viertel die Grundflächen von Loggien, Balkonen und gedeckten Freisitzen; nicht die Grundflächen von Raumteilen mit weniger als 1 m lichter Höhe.

Berechnungsbeispiel zu obigem Bild:

Raum Nr.	Ansätze für die Berechnung Längen in m	Anzahl d. Wohn- u. Schlafzim.	Wohn- u. Schlafzim. in m²	Küchen in m²	Neben- räume in m²	Gew. Räume Nutzfläche in m²
1	$5,51 \cdot 4,26 \cdot 0,97$ (3 % für Putz)	1	22,77			
2	$4,26 \cdot 1,70 \cdot 0,97 \cdot 0,25$ (zu ¹/₄)				1,76	
3	$3,76 \cdot 2,01 \cdot 0,97 \cdot 0,50$ (zu ¹/₂)				3,67	
4	$(3,385 \cdot 3,135 - 0,94 \cdot 0,19) \cdot 0,97$			10,12		
5	$[4,26 \cdot 3,135 + 2,135 \cdot 0,115 + 2,635 \cdot 1,26$ $- (2,89 + 0,60) \cdot 1,00] \cdot 0,97$				13,03	
6	$1,51 \cdot 1,26 \cdot 0,97$				1,85	
7	$1,51 \cdot 1,01 \cdot 0,97$				1,48	
8	$1,51 \cdot 1,01 \cdot 0,97$				1,48	
9	$(5,26 - 2 \cdot {}^{0,38}/_2) \cdot 4,26 \cdot 0,97$	1	20,17			
10	$3,46 \cdot (3,38 - {}^{0,60}/_2) \cdot 0,97$	1	10,34			
11	$[4,635 \cdot (1,76 - {}^{0,16}/_2) - 0,94 \cdot 0,30] \cdot 0,97$				7,28	
12	$1,125 \cdot 1,10 \cdot 0,97$				1,20	
		3	53,28	10,12	31,75	

Wohnung mit 3 Zimmern und Küche zusammen 95,15 m²

38.5

M 1:200

Schnitt A-B

Eltern

2,70 · 3,66 · Kind

2,41 · 1,13⁵

Gäste · Kind

Dachgeschoß-Grundriß

Arbeitszimmer · Wohnzimmer

Flur · 1,51 · 1,00

Sp.K. · Küche · Eßzimmer

A · B

Erdgeschoß-Grundriß

38.1 Berechnen Sie die Wohnfläche für das Wochenendhaus im Bild 37.1, S. 105, in Tabellenform nach dem Beispiel, S. 113. Die Schornsteinvorlage ist 31,5 cm × 31,5 cm groß.

38.2 Berechnen Sie die Nutzfläche für das Pförtnerhaus im Bild 35.7, S. 98, in Tabellenform nach dem Berechnungsbeispiel, S.113. Darin sind Raum 1 unter „Nutzfläche", die Räume 2 und 3 unter „Nebenräume" einzutragen.

38.3 Berechnen Sie die Wohnfläche für das Dachgeschoß (Bild 35.9, S. 98) mit den Schlafräumen 1 und 2 und dem Flur in Tabellenform nach dem Berechnungsbeispiel, S. 113. Die Abseitenwände sind von Oberfläche Fußboden gemessen 1,00 m hoch. Von dieser Höhe ausgehend, ist auch das Maß für die Breite des Flures zu ermitteln. Für das Treppenloch ist eine Fläche von 2,06 m × 1,00 m abzuziehen.
Die für die Anrechnung des Raumes in den Dachschrägen notwendigen Maße sind durch Messen in der Zeichnung zu ermitteln (s. Schnittzeichnung auf Seite 113).

38.4 Berechnen Sie die Wohnfläche für das Dachgeschoß (Bild 35.10, S. 99) mit den Schlafräumen 1 und 2 und dem Flur in Tabellenform nach dem Beispiel, S. 113. Der Flur ist 1,80 m lang und 1,01 m breit (Fußbodenmaße). Alle Abseitenwände sind von Oberfläche Fußboden gemessen 1,27 m hoch. Die für die Anrechnung des Raumes in den Dachschrägen notwendigen Maße sind durch Messen in der Zeichnung zu ermitteln (s. Schnittzeichnung auf Seite 113).

38.5 Berechnen Sie die Wohnfläche für das Erd- und Dachgeschoß (Bild 38.5) in Tabellenform nach dem Berechnungsbeispiel, Seite 113.
Im Windfang ist die Antrittstufe der 1,00 m breiten Treppe von der gegenüberliegenden Wand 1,38 m entfernt. Der Flur ist vor der Kellertreppe abgeschlossen und ist hier 1,26 m × 1,25 m groß. Die Schornsteinvorlagen sind im Flur 68 cm × 31,5 cm, im Wohnzimmer und Bad je 56 cm × 31,5 cm, im Kinderzimmer 65 cm × 43 cm groß.
Die Abseitenwände im Elternzimmer sind von Oberfläche Fußboden gemessen je 1,62 m, die für die am vorderen Giebel gelegene Gäste- und Kinderzimmer je 1,10 m hoch.
Die für die Anrechnung des Raumes in den Dachschrägen notwendigen Maße sind durch Messen in der Zeichnung zu ermitteln (s. Schnittzeichnung auf Seite 113).

38.6 Abmessungen der Räume und Bauteile im Bild 29.52, Seite 77: E. 4,00 m × 3,76 m, K. 3,51 m × 2,38 m, B. 2,39 m × 1,13 m, Fl. 5,08 m × 1,90 m, Tr. 2,60 m × 0,90 m, Schornsteinvorlage 50 cm × 25 cm. Wohnfläche = ? m²?

Die Berechnung des umbauten Raumes dient zur Ermittlung der überschlägigen Baukosten für Hochbauten. Der umbaute Raum ist in m³ anzugeben (DIN 277).

Der voll anzurechnende Raum wird umschlossen:

seitlich von den Außenflächen der Umfassungswände mit den Maßen des Erdgeschoßes;
unten bei unterkellerten Gebäuden von der Oberfläche des Kellerfußbodens, bei nicht unterkellerten Gebäuden von der Oberfläche des Geländes, sofern der Fußboden des untersten Geschosses nicht unter dem Gelände liegt;
oben bei nicht ausgebautem Dachgeschoß von der Oberfläche des Fußbodens über dem obersten Vollgeschoß, bei ausgebautem Dachgeschoß von den Außenflächen der umschließenden Wände und Decken.

Der mit einem Drittel anzurechnende Raum ist der umbaute Raum des nicht ausgebauten Dachraumes. Er wird bei nicht ausgebautem Dachgeschoß von den Außenflächen des Daches (Oberkante Dachsparren) und der Oberfläche des Fußbodens über dem obersten Vollgeschoß begrenzt, bei ausgebautem Dachgeschoß von den Außenflächen des Daches und den Außenflächen der Wände und Decken des ausgebauten Dachraumes.

Nicht angerechnet
wird der umbaute Raum von Bauteilen mit geringen Ausmaßen, wie stehende Dachfenster, deren Ansichtsfläche weniger als 2 m² beträgt, Balkonplatten und Vordächer bis zu 0,50 m Ausladung, Dachüberstände, Gründungen gewöhnlicher Art, deren Unterfläche bei unterkellerten Bauten nicht tiefer als 0,50 m unter der Oberfläche des Kellergeschoßfußbodens, bei nicht unterkellerten Bauten nicht tiefer als 1,00 m unter der Oberfläche des umgebenden Geländes liegt, Kellerlichtschächte u. a.

Nicht erfaßt
werden nachstehend aufgeführte, besonders zu veranschlagende Bauteile:
Geschlossene Anbauten in leichter Bauart, Dachaufbauten mit vorderen Ansichtsflächen von mehr als 2,00 m², Brüstungen von Balkonen, Balkonplatten und Vordächer mit mehr als 0,50 m Ausladung, Freitreppen mit mehr als drei Stufen,

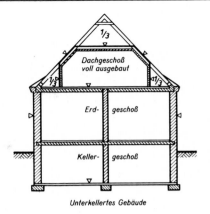

Unterkellertes Gebäude

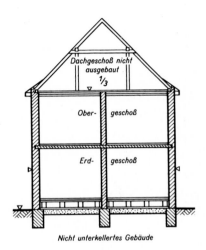

Nicht unterkellertes Gebäude

Terrassen, Gründungen außergewöhnlicher Art, wasserdruckhaltende Dichtungen, freistehende Schornsteine.

$$\text{Baukosten} = \text{umbauter Raum} \cdot \text{Preis je m}^3$$

Der Preis je m³ hängt im wesentlichen von dem Zweck des Bauwerks, der Bauart, der inneren Ausstattung, der Geschoßzahl und dem jeweiligen Preisstand ab. 1980 betrugen die Preise je m³ in DM:

Ausführung	Geschoßwohnhäuser	Einfamilienhäuser
einfach	260 ⋯ 290	290 ⋯ 330
mittel	290 ⋯ 330	330 ⋯ 370
gut	330 ⋯ 370	370 ⋯ 410

Schnitt A–B

Dachgeschoß-Grundriß

Schnitt A–B

Dachgeschoß-Grundriß

39.1
Beispiel:
Zu berechnen sind a) der umbaute Raum; b) die überschläglichen Baukosten für ein Einfamilienhaus einfacher Ausführung
nach Bild 39.1 bei 280 DM je m³.

Lösung:
a) 8,23 m · 7,74 m · (2,25 m + 3,00 m) =   334,426 m³
Dachraum:

$$\frac{7,74 \text{ m} \cdot 4,45 \text{ m}}{2} \cdot 8,23 \text{ m} = \qquad 141,733 \text{ m}^3$$

Nicht ausgebauter Dachraum:
Dachschrägen

$$\frac{1,15 \text{ m} \cdot 1,30 \text{ m}}{2} \cdot (8,23 \text{ m} + 5,00 \text{ m}) =$$

$$= \quad 9,889 \text{ m}^3$$

Giebelspitze

$$\frac{3,20 \text{ m} \cdot 1,85 \text{ m}}{2} \cdot 8,23 \text{ m} = \underline{24,361 \text{ m}^3}$$

Nicht ausgebauter Dachraum =   34,250 m³

Ausgebauter Dachraum   = 107,483 m³
Nicht ausgebauter Dachraum
mit $\frac{1}{3}$ angerechnet 34,250 m³ : 3   = 11,417 m³

Umbauter Raum   = 453,326 m³
b) Baukosten
453 m³ · 280 DM/m³ = 126 840 DM

39.2 Berechnen Sie a) den umbauten Raum; b) die überschläglichen Baukosten für die im Bild 37.3, Seite 111, dargestellte Dreikammer-Ausfaulgrube bei 240 DM je m³. (Die Betonkränze für die
Einsteigeöffnungen sind nicht mitzurechnen.)

39.3 Ein nicht ausgebautes Satteldach hat eine Länge von
12,36 m, eine Breite von 9,10 m und eine Firsthöhe von 5,20 m.
a) Wieviel m³ Dachraum sind für die überschlägliche Berechnung
der Baukosten in Ansatz zu bringen? b) Wieviel DM betragen die
Baukosten bei 340 DM je m³?

39.4 Berechnen Sie a) den umbauten Raum; b) die überschläglichen Baukosten für das im Bild 37.1, Seite 105, dargestellte
Wochenendhaus. (1 m³ kostet 290 DM.)

39.5 Berechnen Sie den umbauten Raum für die Autogarage nach
Bild 37.4, Seite 112.

39.6 Berechnen Sie a) den umbauten Raum; b) die überschläglichen Baukosten für das Kleinsiedlungshaus einfacher Ausführung
nach Bild 39.6 bei 300 DM je m³.

39.7 Das Erdgeschoß des im Bild 32.1, Seite 89, gezeigten Grundrisses für ein Wohnhaus hat eine Geschoßhöhe von 2,75 m. a) Wie
groß ist der umbaute Raum für das Geschoß? b) Berechnen Sie
die überschläglichen Baukosten bei 370 DM je m³.

39.8 Bild 35.10, Seite 99, zeigt einen Dachgeschoß-Grundriß und
den Schnitt dazu. a) Wie groß ist der umbaute Raum für das Geschoß? b) Wieviel DM betragen die überschläglichen Baukosten
dafür, wenn mit 345 DM je m³ gerechnet wird?

Die Bezeichnung Gewicht wird in 2 Bedeutungen mit unterschiedlichen Einheiten gebraucht.

Gewicht als Größe einer Masse (Bestimmen einer Masse durch Wägung) gilt beim Handel und Transport von Baustoffen, z. B. für Lademassen auf Eisenbahnwagen und Kraftwagen.

Einheiten für Massen (Formelzeichen m)

Gramm	g	
Kilogramm	kg	1 kg = 1000 g
Tonne	t	1 t = 1000 kg

Die Dichte ϱ (sprich: rho) eines Stoffes ist eine volumenbezogene Masse. Die Rohdichte ist die Dichte einschließlich der Poren und Hohlräume.

A	Einheiten der Dichte	
Massen-einheit	Volumen-einheit	Einheit der Dichte
g	cm³	g/cm³
kg	dm³	kg/dm³
t	m³	t/m³

Masse = Volumen · Dichte	$m = V \cdot \varrho$
Dichte = $\dfrac{\text{Masse}}{\text{Volumen}}$	$\varrho = \dfrac{m}{V}$

Gewicht als Größe einer Kraft (Gewichtskraft): Alle festen, flüssigen und gasförmigen Körper werden von der Erde mit einer Kraft angezogen, die man als Gewichtskraft G bezeichnet. Diese Kraft ist stets auf den Erdmittelpunkt gerichtet.

1 kg

$G \approx 10\,N$

Die Gewichtskraft eines Körpers ist das Produkt aus seiner Masse m und der Fallbeschleunigung g. Die Fallbeschleunigung ist die Geschwindigkeitszunahme je Sekunde, die ein im luftleeren Raum frei fallender Körper erfährt. Die Fallbeschleunigung ist ortsabhängig; sie beträgt auf der Erde durchschnittlich 9,81 m/s² und kann mit meist ausreichender Genauigkeit auf 10 m/s² gerundet werden.

Gewichtskraft = Masse · Fallbeschleunigung

$$G = m \cdot g$$

Die SI-Einheit der Kraft ist das Newton, Einheitenzeichen N. Mit den Basiseinheiten ist das Newton durch die folgende Einheitengleichung verknüpft:

$$1\,N = 1\,\frac{kg \cdot m}{s^2}$$

Einheiten für Gewichtskräfte G und Kräfte F

Newton	N	
Dekanewton	daN	1 daN = 10 N
Kilonewton	kN	1 kN = 1000 N
Meganewton	MN	1 MN = 1000 kN
Regelein-heit kN	1 kN = 0,001 MN; 0,001 kN = 1 N	
	0,01 kN = 10 N; 0,1 kN = 100 N	

Beispiel:
Wie groß ist die Gewichtskraft, mit der ein Körper von 13,5 kg Masse auf die Erde drückt?

Lösung:
$G = m \cdot g$; $G = 13,5$ kg $\cdot 10$ m/s² $= 135$ kg m/s²
$G = \underline{135\ N}$

B	Dichten verschiedener Baustoffe und Lastannahmen* für Bauten nach DIN 1055			
Gegenstand	Rohdichte in kg/dm³	Lastannahme in N/m³	kN/m³	

Gegenstand	Rohdichte in kg/dm³	N/m³	kN/m³
Mauerwerk aus künstlichen Steinen:			
Lochziegel, Kalksand-Lochsteine	1,2	14 000	14
	1,4	15 000	15
Vollziegel, Kalksand-Vollsteine	1,8	18 000	18
Vollklinker	2,0	20 000	20
Hohlblocksteine aus Leichtbeton	1,0	10 000	10
	1,2	12 000	12
Vollsteine aus Leichtbeton	1,0	12 000	12
	1,2	14 000	14
	1,6	17 000	17

C	Flächenbezogene Eigenlasten von Bauteilen nach DIN 1055	
Gegenstand		N/m²

Gegenstand	N/m²
Fußbodenbelag je cm Dicke aus:	
Kiefer, Fichte, Tanne	60
Eiche, Buche	80
Gipsestrich	210
Asphaltestrich	220
Terrazzo	220
Zementestrich	220
Tonfliesen	200
Linoleum je mm	13
Kunststoff je mm	13

* Die Lastannahmen sind bei Lastermittlungen für Bauten zu verwenden.

B	Dichten verschiedener Baustoffe und Lastannahmen für Bauten nach DIN 1055		
Gegenstand	Rohdichte in kg/dm³	Lastannahme in N/m³	kN/m³
Mauerwerk a. natürl. Steinen:			
Basalt, Gneis	3,0	30 000	30
Granit, Syenit, Porphyr	2,8	28 000	28
Grauwacke, Sandstein	2,6	26 000	26
dichter Kalkstein, Marmor	2,7	27 000	27
sonstiger Kalkstein	2,4	24 000	24
Mörtel:			
Kalk- und Kalkgipsmörtel	1,8	18 000	18
Kalkzementmörtel	2,0	20 000	20
Zementmörtel	2,1	21 000	21
Beton mit:			
Kies, Sand, Splitt	2,3	23 000	23
desgl. mit Stahleinlagen	2,5	25 000	25
Bimskies, Blähton	1,0	10 000	10
Bauhölzer:			
Kiefer, lufttrocken	0,52	6 000	6
Fichte, lufttrocken	0,48	6 000	6
Tanne, lufttrocken	0,45	6 000	6
Lärche, lufttrocken	0,60	6 000	6

C	Flächenbezogene Eigenlasten von Bauteilen nach DIN 1055	
Gegenstand		N/m²
Decken:		
Holzbalken mit Einschub, Fußboden u. Rohrdeckenputz;		2500
Stahlsteindecke aus Ziegeln 25 cm breit, teilvermörtelbare Stoßfugen (Rohdichte 0,9)		
11,5 cm dick		1550
14,0 cm dick		1900
16,5 cm dick		2300
19,0 cm dick		2650
Stahlbetonrippendecke mit Füllkörpern nach DIN 4158 einschl. 5 cm Betondruckplatte		
17 cm dick		2500
19 cm dick		2650
21 cm dick		2850
Platten je cm Dicke:		
Schaumkunststoffplatte		10
Dämmplatte a. Torf, Kork		40
Holzwolle-Leichtbauplatte		50

Beispiel 1:
Wieviel kg wiegt ein Vollziegel NF (Rohdichte 1,8 kg/dm³)?
Lösung:
$V = 2,4 \text{ dm} \cdot 1,15 \text{ dm} \cdot 0,71 \text{ dm}; \quad V = 1,96 \text{ dm}^3$
$m = V \cdot \varrho$
$m = 1,96 \text{ dm}^3 \cdot 1,8 \text{ kg/dm}^3$
$m = \underline{3,53 \text{ kg}}$

Beispiel 2:
Mit wieviel kN belastet ein quadrat. Pfeiler mit 49 cm Seitenlänge und 3,00 m Höhe aus Hochlochziegeln (Rohdichte 1,4 kg/dm³) das Fundament?
Lösung:
Gewichtskraft = Volumen · Lastannahme
$V = 0,49 \text{ m} \cdot 0,49 \text{ m} \cdot 3,00 \text{ m}; \quad V = 0,720 \text{ m}^3$
$G = 0,720 \text{ m}^3 \cdot 15 \text{ kN/m}^3; \quad G = \underline{10,80 \text{ kN}}$

Künstliche Steine

40.1 Berechnen Sie das Volumen V in dm³ und die Masse m in kg für einen:
a) Hochlochziegel 2 DF, Ziegelrohdichte 1,2 kg/dm³;
b) Kalks.-Lochstein 2 DF, Steinrohdichte 1,4 kg/dm³;
c) Leichtbeton-Vollstein 24 cm × 17,5 cm × 11,5 cm mit Betonrohdichte 0,8 kg/dm³.

40.2 Berechnen Sie das Volumen V in dm³ und die Masse m in kg für einen:
a) Lochklinker DF, Ziegelrohdichte 1,8 kg/dm³;
b) Kalks.-Lochstein 3 DF, Steinrohdichte 1,6 kg/dm³;
c) Wandbaustein aus Gasbeton 49 cm × 24 cm × 24 cm mit Rohdichte 0,6 kg/dm³.

40.3 Ermitteln Sie das Volumen V in dm³ und die Masse m in kg für Lochziegel a) 5 DF (30 cm × 24 cm × 11,3 cm), b) 6 DF (36,5 cm × 24 cm × 11,3 cm) mit Rohdichte 1,2 kg/dm³.

40.4 Durch Messen und Wägen von künstliche Steinen wurden die in der folgenden Tabelle einge tragenen Ergebnisse festgestellt. Berechnen Sie di Rohdichte in kg/dm³.

Aufgabe	Steinart	Länge in cm	Breite in cm	Höhe in cm	Masse in kg
a)	Vollziegel	24,4	11,7	7,0	3,55
b)	Hochlochziegel	23,8	11,4	11,5	3,71
c)	Vollklinker	24,1	11,4	5,3	2,77
d)	Kalksand-Lochstein	24,2	17,6	11,2	6,77
e)	Leichtbeton-Vollstein	24,0	11,4	11,6	2,85
f)	Leichtstein aus Gasbeton	48,8	24,0	23,9	22,4

40.5 Ein Lastkraftwagen hat 3,5 t Ladefähigkeit. Wieviel Kalksand-Vollsteine NF mit Steinrohdichte 1,8 kg/dm³ darf er laden?

40.6 Die Ladefähigkeit eines Lastkraftwagens beträgt 6,5 t. a) Wieviel Lochziegel 3 DF mit Rohdichte 1,4 kg/dm³, b) Vormauerziegel NF mit Rohdichte 1,8 kg/dm³, c) Hochbauklinker DF mit Rohdichte 2,0 kg/dm³ darf er laden?

40.7 Die Tragfähigkeit eines Schnellaufzugs beträgt 600 kg. a) Wieviel Leichtbeton-Vollsteine 24 cm × 11,5 cm × 11,5 cm mit Betonrohdichte 1,2 kg/dm³, b) wieviel Lochziegel 5 DF (30 cm × 24 cm × 11,3 cm) mit Rohdichte 1,2 kg/dm³ können mit einer Ladung befördert werden?

Zuschläge, Mörtel

40.8 Die Ladefläche eines Lastkraftwagens ist 3,20 m lang und 2,25 m breit. Wieviel kg wiegt eine Ladung Kies, wenn die Ladehöhe 0,55 m beträgt? (Kies mit Rohdichte 1,7 kg/dm³.)

40.9 Ein Lastkraftwagen, dessen Ladefläche 2,85 m lang und 1,90 m breit ist, soll 1,8 m³ (2 m³) Sand mit Rohdichte 1,55 kg/dm³ abfahren. Wie hoch muß der Lkw beladen werden?

40.10 Ein zylindrischer Mörtelkasten mit 50 cm lichtem Durchmesser ist 40 cm hoch mit Kalkzementmörtel gefüllt. Wieviel kg wiegt der Inhalt?

40.11 Das Fassungsvermögen des Kippkübels eines Schrägaufzugs beträgt a) 150 *l*, b) 250 *l*. Wieviel kg wiegt eine Füllung mit einer Kiessand-Betonmischung mit Rohdichte 2,3 kg/dm³?

40.12 Ein Lastkraftwagen mit einer Ladefläche von 3,10 m × 2,10 m ist 40 cm hoch mit Kalkmörtel beladen. Wieviel t hat er geladen?

40.13 Der Motorwagen eines Lkw hat ein zulässiges Ladegewicht von 6,5 t, der Anhänger hat ein zulässiges Ladegewicht von 12 t. Wieviel Sack Zement je 50 kg können insgesamt befördert werden?

40.14 Ein Lkw-Anhänger soll mit 162 Sack Weißkalkhydrat, 40 kg je Sack, beladen werden. Wieviel t beträgt die Ladung?

Werkstücke

40.15 Eine im Querschnitt rechteckförmige Treppenstufe ist 1,12 m lang, 31 cm breit und 17,5 cm hoch. Wieviel kg wiegt sie, wenn sie a) aus Granit, b) aus Stahlbeton (Kiesbeton) hergestellt ist?

40.16 Berechnen Sie die Masse m für 12 Stück rechteckförmige Trittstufenplatten aus dichtem Kalkstein (Marmor) mit je 1,24 m Länge, 31 cm Breite und 7 cm Dicke in kg.

40.17 Berechnen Sie die Masse m in kg für 12 Trittplatten einer Kellertreppe mit je 1,24 m Länge, 28 cm Breite und 7 cm Dicke aus bewehrtem Kiessandbeton.

40.18 Ermitteln Sie für folgende Stahlbeton-Fensterstürze die Masse m in kg:
a) Querschnitt 11,5 cm × 23,8 cm, Länge 2,24 m;
b) Querschnitt 11,5 cm × 15,4 cm, Länge 1,49 m;
c) Querschnitt 17,5 cm × 23,8 cm, Länge 2,74 m.

40.19 Die Brüstungswände eines Balkons werden aus bewehrten Fertigbetonplatten hergestellt. Notwendig sind: 1 Platte 3,25 m lang und 2 Platten je 1,50 m lang mit 0,95 m Breite und 7 cm Dicke. Wieviel kg wiegen die Platten einzeln und zusammen?

40.20 Auf einen Neubau sind folgende I-Träger zu liefern: a) 3 Stück I 160 je 4,30 m lang, b) 4 Stück I 260 je 3,80 m lang, c) 2 Stück I PB 220 je 3,45 m lang. Stellen Sie die Masse m in kg fest. (Längenbezogene Massenangaben siehe Seite 147.)

Bauhölzer

40.21 Wieviel kg wiegt ein Kantholz mit 4,85 m Länge und a) 14 cm/14 cm, b) 16 cm/18 cm Querschnitt aus lufttrockenem Fichtenholz (Rohdichte 0,48 kg/dm³)?

40.22 Ein Lastkraftwagen hat 4,5 t Ladefähigkeit. Wieviel m³ lufttrockenes Tannenholz mit Rohdichte 0,45 kg/dm³ (Lärchenholz mit Rohdichte 0,60 kg/dm³) können im äußersten Falle geladen werden?

40.23 Für ein Zimmer mit 5,76 m Länge und 4,51 m Breite sollen 24 mm dicke, lufttrockene Kiefernholzdielen verlegt werden. Wieviel kg wiegen die erforderlichen Dielen (Rohdichte 0,52 kg/dm³)?

40.24 Ein Langholztransporter soll 11 fällfrische, 9,00 m lange Fichtenstämme zum Sägewerk fahren. Mittendurchmesser der Stämme: 62 cm, 57 cm, 53 cm, 50 cm, 58 cm, 64 cm, 61 cm, 56 cm, 60 cm, 72 cm und 55 cm. Welche Masse m in t hat die Ladung, wenn 1 m³ Fichtenholz fällfrisch 740 kg wiegt?

40.25 Für die Holzbalkendecke im Bild 40.36, Seite 120, werden 7 Balken 14 cm/22 cm, je 4,66 m lang, gebraucht. Berechnen Sie die Masse m der fällfrischen, kiefernen Balken in kg (Rohdichte 0,80 kg/dm³).

Bauglas

40.26 In einem Laden wird eine Schaufensterscheibe mit einer Breite von 4,75 m und einer Höhe von 2,15 m eingebaut. Es wird 15 mm dickes Kristallspiegelglas mit Rohdichte 2,7 kg/dm³ verwendet. Berechnen Sie die Masse m dieser Scheibe in kg.

40.27 Eine Isolierglasscheibe ist 1,75 m breit und 1,62 m hoch; sie besteht aus zwei DD (3,8 mm)-Scheiben. Wieviel kg wiegt diese Isolierglasscheibe bei einer Dichte des Glases von 2,5 kg/dm³, sofern der Leichtmetallrahmen einschließlich Versiegelungsmasse unberücksichtigt bleibt?

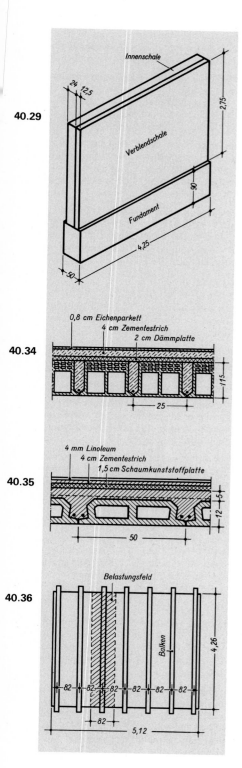

40.29

40.34

40.35

40.36

Innenschale

Verblendschale

Fundament

0,8 cm Eichenparkett
4 cm Zementestrich
2 cm Dämmplatte

4 mm Linoleum
4 cm Zementestrich
1,5 cm Schaumkunststoffplatte

Belastungsfeld

Balken

Mauerwerkslasten

40.28 Ein quadratischer Mauerpfeiler aus Vollziegeln NF (Rohdichte 1,8 kg/dm³) ist in der Grundfläche 49 cm × 49 cm groß und 3,25 m hoch. Das Betonfundament dazu ist in der Grundfläche 65 cm × 65 cm groß und 40 cm hoch. Wie groß ist die Gewichtskraft für Pfeiler und Fundament in kN?

40.29 Die im Bild gezeigte Mauer besteht aus einer Innenschale aus Kalksand-Lochsteinen 3 DF mit Rohdichte 1,4 kg/dm³ und einer äußeren Verblendschale aus Vormauerziegeln NF mit Rohdichte 1,8 kg/dm³ auf einem Betonfundament. Berechnen Sie die Gewichtskraft a) beider Wandschalen, b) des Fundaments aus Kiesbeton in kN.

40.30 Eine Mauer aus Leichtbeton-Hohlblocksteinen (Betonrohdichte 1,2 kg/dm³) ist 4,75 m lang, 24 cm dick und 2,75 m hoch. Wieviel kN beträgt die Mauerlast?

40.31 Wieviel kN beträgt die Gewichtskraft einer 3,25 m langen, 2,50 m hohen und 30 cm dicken Wand aus Leichtbeton-Vollsteinen mit Betonrohdichte 1,0 kg/dm³?

40.32 Ein Mauersockel soll in der Grundfläche 5,75 m lang und 1,25 m breit angelegt und 0,75 m hoch aus Granit hergestellt werden. Wie groß ist die Gewichtskraft in kN?

Deckenlasten

40.33 Eine Kellerdecke aus Stahlbeton einschließlich Fußboden besteht aus: 12 cm bewehrtem Kiessandbeton, 2 cm Schaumkunststoffplatten, 4 cm Zementestrich, 2 cm Terrazzo, 1,5 cm Kalkzementmörtelputz. Berechnen Sie die Gewichtskraft für a) 1 m² Decke, b) eine Decke von 4,25 m Länge und 3,86 m Breite in N und kN.

40.34 Das Bild zeigt einen Teilquerschnitt einer Stahlsteindecke mit Unterboden und Fußboden. Berechnen Sie für 1 m² die Deckeneigenlast in N bei Verwendung von 2 cm dicken Schaumkunststoff-Dämmplatten.

40.35 Berechnen Sie die Gewichtskraft für 1 m² der 17 cm dicken Stahlbetonrippendecke einschließlich Unterboden und Fußboden (Bild) in N.

40.36 Die Holzbalkendecke über dem Raum (Bild) mit Einschub, 10 cm dicker Sandauffüllung, Fußboden und Rohrdeckenputz, hat außer der Eigenlast zusätzlich je m² eine Verkehrslast von 2 000 N aufzunehmen. Welche Gesamtlast hat ein Balken der Decke zu tragen?

40.37 Auf einer Kellerdecke werden auf 1 m² Fläche 80 Stück Hochlochziegel 2 DF mit Rohdichte 1,4 kg/dm³ gelagert. Stellen Sie fest, mit wieviel N die Deckenfläche belastet ist.

Gerüstbelastung

40.38 Das Gerüstfeld eines 1,50 m breiten Maurergerüstes ist 2,40 m lang. Es hat zu tragen: 1 Kasten Kalkmörtel mit 80 l Inhalt (Kasteneigenlast 150 N), 120 Vollziegel NF mit Rohdichte 1,8 kg/dm³, 1 Eimer Wasser mit 11 l Inhalt und 3 Arbeiter je 78 kg. a) Wie groß ist die Gesamtbelastung für das Gerüstfeld in kN? b) Mit wieviel N ist 1 m² des Gerüstes belastet?

Einzelkräfte

Wo Kräfte wirken, entstehen Form- oder Bewegungsänderungen, sofern nicht durch andere Kräfte das Gleichgewicht hergestellt wird. Die Einheit der Kraft ist das Newton (N); in der Praxis wird meist das Kilonewton (kN) verwendet. Einheiten der Kraft siehe Tafel 40, Seite 117. Formelzeichen der Kräfte ist nach DIN 1304 der Buchstabe F. Zeichnerisch dargestellt werden sie durch Pfeillinien in einem Kräftemaßstab (KM),

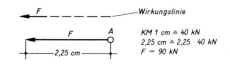

$$KM \; 1 \; cm \triangleq 40 \; kN$$
$$2{,}25 \; cm \triangleq 2{,}25 \cdot 40 \; kN$$
$$F = 90 \; kN$$

z.B. 1 cm $\triangleq$ 40 kN. Die Länge der Pfeillinie entspricht der Größe der Kraft, ihre Richtung der Wirkungslinie der Kraft. A ist ihr Angriffspunkt.

Zusammensetzen von Kräften

Mehrere Kräfte, die in derselben Wirkungslinie oder in derselben Richtung wirken — meistens sind sie lotrecht gerichtet —, werden zu einer Gesamtkraft zusammenaddiert; diese Gesamtkraft wird als Resultierende R bezeichnet.

Rechnerische Lösung: Die Resultierende R ist gleich der Summe der Einzelkräfte.

$$R = F_1 + F_2 + F_3 \ldots \qquad R = \Sigma F$$

Zeichnerische Lösung: Die Einzelkräfte werden zu einem Kräftezug aneinandergereiht. R ist die Gesamtlänge und durch Messen festzustellen.

$$KM \; 1 \; cm \triangleq 40 \; kN$$

Beispiel:
Wieviel kN beträgt die Resultierende R des Pfeilers im Bild, wenn die einzelnen Kräfte $F_1 = 86$ kN, $F_2 = 18$ kN und $F_3 = 14$ kN betragen?

Lösung:
a) Rechnerisch: $R = 86$ kN $+ 18$ kN $+ 14$ kN
$R = 118$ kN

b) Zeichnerisch: R gemessen 2,95 cm.
$R = 2{,}95 \cdot 40$ kN $= \underline{118 \; kN}$.

Merke: Wirken die Einzelkräfte in einer Richtung, aber entgegengesetzt, wird die kleinere Kraft von der größeren subtrahiert.

Zusammensetzen von Kräften mit Kräfteparallelogramm, -dreieck und -zug

Für mehrere Kräfte, deren Wirkungslinien in verschiedenen Richtungen verlaufen, die sich in einem Punkt schneiden, wird die Resultierende R am einfachsten zeichnerisch ermittelt.

Für 2 Kräfte wird R zeichnerisch mit Hilfe des Kräfteparallelogramms gefunden. Dabei trägt man die beiden Kräfte in den aus der Bau-Zeichnung oder einer Teil-Zeichnung entnommenen Richtungen in einem Kräftemaßstab auf und zeichnet zu beiden durch ihre Endpunkte Parallelen. Die Diagonale ist die Resultierende nach Größe und Richtung. Ihre Lage erhält man durch Übertragen in die Teil-Zeichnung.

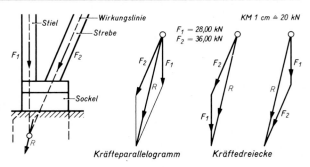

$$KM \; 1 \; cm \triangleq 20 \; kN$$
$$F_1 = 28{,}00 \; kN$$
$$F_2 = 36{,}00 \; kN$$

Kräfteparallelogramm

Kräftedreiecke

Das gleiche Ergebnis ergibt die Lösung mit Hilfe des Kräftedreiecks. Dabei sind die beiden Kräfte im Kräftemaßstab in ihrer Pfeilrichtung hintereinander aufzutragen. R ist die Verbindungslinie des freien Anfangs- und Endpunktes, deren Länge die Größe ergibt (im Bild 3,125 cm $\triangleq$ 62,50 kN).

Wirken die Kräfte F_1 und F_2 rechtwinklig zueinander oder sind F_1 und F_2 gleich groß, so daß sich in das Kräfteparallelogramm ein rechtwinkliges Dreieck zeichnen läßt, dann lassen sich die Kräfte mit Hilfe der Winkelfunktionen bestimmen.

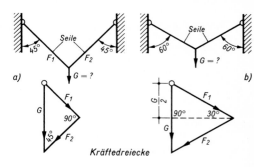

Beispiel:
An 2 Seilen wirkt eine Gewichtskraft G (Bild). Wie groß ist G, wenn die Seilkräfte F_1 und F_2 bei a) 850 N, bei b) 1200 N betragen?

Kräftedreiecke

Lösung:

a) $\sin 45° = \dfrac{F_1}{G}$; $G = \dfrac{F_1}{\sin 45°}$

$G = \dfrac{850\,\text{N}}{0,7071}$; $G = 1202\,\text{N} \approx \underline{\underline{1200\,\text{N}}}$

b) $\sin 30° = \dfrac{\dfrac{G}{2}}{F_1}$; $\dfrac{G}{2} = \sin 30° \cdot F_1$

$\dfrac{G}{2} = 0,5000 \cdot 1200\,\text{N} = 600\,\text{N}$

$G = 2 \cdot 600\,\text{N} = \underline{\underline{1200\,\text{N}}}$

KM 1 cm ≙ 20 kN

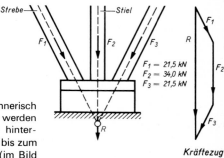

$F_1 = 21,5\,kN$
$F_2 = 34,0\,kN$
$F_3 = 21,5\,kN$

Für 3 oder mehr Kräfte wird die Resultierende zeichnerisch mit Hilfe des Kräftezuges ermittelt. Die gegebenen Kräfte werden im Kräftemaßstab so aneinandergereiht, daß die Pfeile hintereinander laufen. Die Verbindungslinie vom Anfangspunkt bis zum Endpunkt des Kräftezuges ist R in Größe und Richtung (im Bild $R = 3,65$ cm ≙ 73 kN).

Kräftezug

Zusammensetzen gleichlaufender und annähernd gleichlaufender Kräfte

Die Resultierende läßt sich zeichnerisch durch Aneinanderreihen der Einzelkräfte zu einem Kräftezug nur nach Größe und Richtung ermitteln. Gar nicht oder nur sehr ungenau ist damit die Lage von R zu bestimmen. Sie wird im **Seileck** aufgesucht.

Zuerst ist die Hauptfigur (Teil-Zeichnung) in einem Längenmaßstab, z. B. M 1 : 100, aufzutragen, dazu der Kräftezug in einem Kräftemaßstab, wobei gleichlaufende Kräfte auf einer Geraden aneinandergereiht werden. Hiermit sind Größe und Richtung von R bestimmt (s. Bild).

Zum Auffinden der Resultierenden R nimmt man neben dem Kräftezug an beliebiger Stelle einen Pol (0) an und verbindet ihn mit den Anfangs- und Endpunkten der einzelnen Kräfte. Die Verbindungslinien heißen Polstrahlen und werden mit Zahlen gekennzeichnet. Zusammen bilden sie die Polfigur.

Die Hauptfigur wird durch das Seileck ergänzt. Beginnend mit einer Parallelen zum Polstrahl 1 auf F_1 sind anschließend die Parallelen zu den übrigen Polstrahlen zu übertragen.

Durch Verlängerung der beiden äußeren Seilstrahlen (1 und 4) erhält man den Schnittpunkt C, durch den die gesuchte Resultierende hindurchgeht.

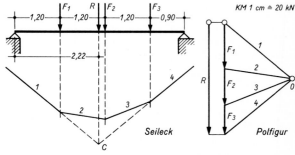

KM 1 cm ≙ 20 kN

Seileck

Polfigur

Längenmaßstab 1 : 100

$F_1 = 25\,kN$, $F_2 = 20\,kN$, $F_3 = 16\,kN$
R (gemessen 3,05 cm) = 61 kN
Gemessen: R 2,22 m vom 1. Auflager

Zerlegen von Kräften

Hierbei handelt es sich um die Umkehrung des Zusammensetzens von Kräften. Durch Zerlegen einer Kraft erhält man zwei oder mehr Seitenkräfte. Zur Ermittlung von 2 in beliebiger Richtung verlaufenden Kräften sind **Kräfteparallelogramm** oder **Kräftedreieck** möglich.

Man trägt die Kraft im Kräftemaßstab auf und zieht durch ihren Anfangs- und Endpunkt Parallelen zu den Zerlegungsrichtungen. Die Größe der Seitenkräfte wird durch Messen festgestellt.

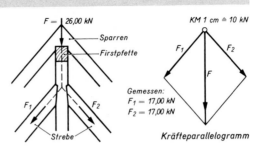

Gemessen:
$F_1 = 17,00 \text{ kN}$
$F_2 = 17,00 \text{ kN}$

Kräfteparallelogramm

Mit Hilfe der **Polfigur** und des **Seilecks** sind gleichlaufende Kräfte zu zerlegen. Damit können Auflagerkräfte von Balken auf 2 Stützen zeichnerisch ermittelt werden. Ihre rechnerische Ermittlung ist im Abschnitt „Drehmomente", Tafel 42, S. 125, gezeigt.

Der Balken ist im Längenmaßstab, der Kräftezug im Kräftemaßstab aufzutragen (Bild). Polfigur und Seileck werden, wie beschrieben, gezeichnet. Den ersten und letzten Seilstrahl (1 und 4) bringt man zum Schnitt mit den Wirkungslinien der Auflagerkräfte. Die Verbindungslinie der beiden Schnittpunkte ergibt die Schlußlinie *s*. Zu dieser ist in der Polfigur durch 0 eine Parallele zu zeichnen; sie zerlegt die Einzelkräfte in die beiden Auflagerkräfte F_A und F_B.

Gewöhnlich werden statt der Auflagerkräfte F_A und F_B die diesen entgegengesetzt gerichteten gleich großen Auflagerkräfte A und B gefordert. Im Kräftezug sind ihre Pfeile nach oben gerichtet.

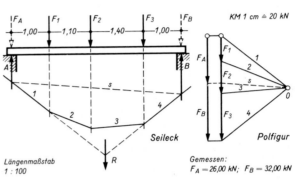

Seileck

Polfigur

Gemessen:
$F_A = 26,00 \text{ kN}; \quad F_B = 32,00 \text{ kN}$

Beispiel:
Die Kräfte F_1, F_2, F_3 sind in die beiden Auflagerkräfte F_A und F_B zu zerlegen.

Lösung:
$F_A = 1,3 \cdot 20 \text{ kN} = \underline{26 \text{ kN}}$
$F_B = 1,6 \cdot 20 \text{ kN} = \underline{32 \text{ kN}}$

Einzelkräfte — Zusammensetzen der Kräfte

41.1 Eine Kraft F ist a) 3800 N, b) 8280 N groß. Wie lang ist die Pfeillinie im KM 1 cm $\triangleq$ 2000 N zu zeichnen?

41.2 Für eine Kraft F, dargestellt im KM 1 cm $\triangleq$ 5 kN, ist die Pfeillinie a) 4,2 cm, b) 6,24 cm gezeichnet. Ermitteln Sie F in kN.

41.3 Die Kräfte $F_1 = 28,20$ kN, $F_2 = 51,80$ kN und $F_3 = 30,40$ kN sind auf derselben Wirkungslinie waagerecht gerichtet. Ermitteln Sie die Resultierende R in kN a) rechnerisch, b) zeichnerisch.

41.4 Führen Sie die zeichnerische Lösung zur Ermittlung der Resultierenden R für auf derselben Wirkungslinie waagerecht gerichtete Kräfte durch: Es sind $F_1 = 41,60$ kN; $F_2 = 24,10$ kN; $F_3 = 52,80$ kN. KM 1 cm $\triangleq$ 10,00 kN.

41.5 Zeichnen Sie F = 12,20 kN (9,40 kN) gegen die Waagerechte unter 60° (45°) im KM 1 cm $\triangleq$ 2,50 kN.

41.6 Zwei Kräfte, $F_1 = 6800$ N und $F_2 = 8600$ N, wirken rechtwinklig zueinander am gleichen Angriffspunkt. Zeichnen Sie Kräfteparallelogramm und Kräftedreieck im KM 1 cm $\triangleq$ 2000 N, und bestimmen Sie die Resultierende R.

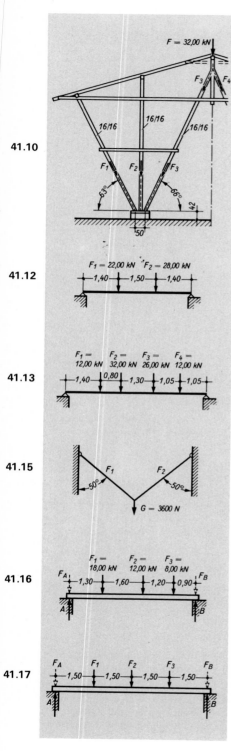

41.10

41.12

41.13

41.15

41.16

41.17

41.7 Am gemeinsamen Angriffspunkt wirken die Kräfte F_1 = 12,40 kN — waagerecht nach rechts — und F_2 = 16,80 kN — schräg unter 60° nach oben. Zeichnen Sie das Kräfteparallelogramm und das Kräftedreieck im KM 1 cm ≙ 4,00 kN, und ermitteln Sie R.

41.8 Am gemeinsamen Angriffspunkt wirken die Kräfte F_1 = 26,50 kN — waagerecht nach rechts — und F_2 = 19,40 kN — unter 90° nach oben. Zeichnen Sie das Kräfteparallelogramm und das Kräftedreieck, und ermitteln Sie R a) zeichnerisch, b) rechnerisch (Pythagoras).

41.9 Am gemeinsamen Angriffspunkt wirken Kräfte F_1 = F_2 = 31,50 kN, F_2 unter 30° nach rechts unten, F_1 unter 30° nach rechts oben. Zeichnen Sie das Kräfteparallelogramm und das Kräftedreieck, und ermitteln Sie R a) zeichnerisch, b) rechnerisch (ausgehend von $R/2$).

41.10 Das Fundament für Stiel und Streben in der linken Hälfte des Hallenbinders im Bild hat die Kräfte F_1 = 24,00 kN, F_2 = 30,00 kN und F_3 = 17,50 kN aufzunehmen. Tragen Sie eine Teilansicht des Binders nach dem Beispiel im Bild S. 122 im Maßstab 1 : 20 auf, ermitteln Sie R im Kräftezug, und tragen Sie Lage und Richtung von R in die Teil-Zeichnung ein.

41.11 Führen Sie die Ermittlung von R wie für Aufgabe und Bild 41.10 durch, wenn F_1 = 27,00 kN, F_2 = 34,20 kN und F_3 = 19,50 kN betragen.

41.12 Der im Bild gezeigte Träger wird von 2 gleichlaufenden Einzelkräften beansprucht. Nach dem Beispiel im Bild S. 122 unten sind darzustellen: die Hauptfigur im M 1 : 50, der Kräftezug im KM 1 cm ≙ 10,00 kN mit Polfigur und das Seileck. Die Größe der Resultierenden und ihr Abstand vom linken Auflager ist durch Messen festzustellen.

41.13 Der im Bild gezeigte Träger wird von 4 gleichlaufenden Einzelkräften beansprucht. Führen Sie die Ermittlung für R wie in Aufgabe 41.12 durch.

Zerlegen von Kräften — Auflagerkräfte (zeichnerisch)

41.14 Am Firstpunkt des Hallenbinders im Bild 41.10 wirkt senkrecht F = 32,00 kN. F ist in die beiden Seitenkräfte F_3 und F_4 (Streben) zu zerlegen. Zeichnen Sie den Firstpunkt (vgl. Bild S. 123 oben) im M 1 : 20, dazu das Kräfteparallelogramm im KM 1 cm ≙ 5,00 kN. F_3 und F_4 messen.

41.15 An 2 Seilen wirkt eine Gewichtskraft G = 3600 N. Zerlegen Sie G in die Seitenkräfte F_1 und F_2 a) durch zeichnerische, b) durch rechnerische Lösung.

41.16 Der Balken im Bild hat die 3 gleichlaufenden Kräfte F_1 = 18,00 kN, F_2 = 12,00 kN, F_3 = 8,00 kN aufzunehmen. Zeichnen Sie nach dem Beispiel Bild S. 123 unten: die Hauptfigur im M 1 : 50, den Kräftezug im KM 1 cm ≙ 5,00 kN mit Polfigur und das Seileck. Zerlegen Sie die gegebenen Kräfte in die Auflagerkräfte F_A = A und F_B = B.

41.17 Führen Sie für den Balken im Bild die Lösung wie bei Aufgabe 41.16 nach folgenden Angaben durch: a) F_1 = 12,00 kN, F_2 = 12,00 kN, F_3 = 24,00 kN; b) F_1 = 26,00 kN, F_2 = 8,00 kN, F_3 = 10,00 kN.

124

Das Drehmoment

Beim zweiseitigen Hebel liegt der Drehpunkt (Stützpunkt) zwischen den auf ihn wirkenden Kräften (Bild 1), beim einseitigen Hebel außerhalb derselben (Bild 2).

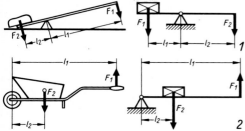

Greifen an einem Hebel Kräfte F an, entsteht ein Drehmoment (Drehwirkung). Seine Größe hängt von der Größe der Kräfte und von der Länge l der Hebelarme ab (Hebelarm = senkrechter Abstand der Kraftrichtung vom Drehpunkt).

Drehmoment = Kraft · Hebelarm	$M = F \cdot l$
M in Nm; F in N; l in m	

Vom Drehpunkt aus gesehen, ist die Wirkung eines Momentes links- oder rechtsdrehend. Am Hebel herrscht Gleichgewicht heißt: linksdrehendes Moment = rechtsdrehendes Moment

$$F_1 \cdot l_1 = F_2 \cdot l_2$$

Beispiel 1:
Das Gleichgewicht erfordert für F_1 ? N?

Lösung:
$$F_1 \cdot l_1 = F_2 \cdot l_2$$

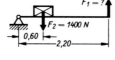

$$F_1 = \frac{F_2 \cdot l_2}{l_1}$$

$$F_1 = \frac{1400\,\text{N} \cdot 0{,}60\,\text{m}}{2{,}20\,\text{m}}; \quad F_1 \approx \underline{382\,\text{N}}$$

Das Hebelgesetz gilt auch für mehrere am Hebel wirkende Kräfte:

Summe aller linksdrehenden Momente	=	Summe aller rechtsdrehenden Momente

Beispiel 2:
Wie lang ist l_3?

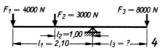

Lösung:

$$F_1 \cdot l_1 + F_2 \cdot l_2 = F_3 \cdot l_3; \quad l_3 = \frac{F_1 \cdot l_1 + F_2 \cdot l_2}{F_3}$$

$$l_3 = \frac{4000\,\text{N} \cdot 2{,}10\,\text{m} + 3000\,\text{N} \cdot 1{,}00\,\text{m}}{8000\,\text{N}} = \underline{1{,}425\,\text{m}}$$

Auflagerkräfte (Balken auf 2 Stützen)

Die nach oben gerichteten Auflagerkräfte A und B eines Balkens berechnet man nach dem Hebelgesetz am einseitigen Hebel. So nimmt man die Auflagerkraft A als Gleichgewichtskraft des Hebels an, dessen Drehpunkt in B liegt. Umgekehrt ist Auflagerkraft B als Gleichgewichtskraft des Hebels anzunehmen, dessen Drehpunkt in A liegt. Die Abstände der Kräfte von A werden mit a, von B mit b bezeichnet (Bild 5). Dann ist beim

Drehpunkt in B:

$A \cdot l = \Sigma F \cdot b$	$A = \dfrac{\Sigma F \cdot b}{l}$

Drehpunkt in A:

$B \cdot l = \Sigma F \cdot a$	$B = \dfrac{\Sigma F \cdot a}{l}$

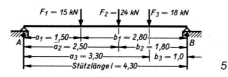

Beispiel 3:
Zu ermitteln sind die Auflagerkräfte A und B (5).

Lösung: $A = \dfrac{F_1 \cdot b_1 + F_2 \cdot b_2 + F_3 \cdot b_3}{l}$; $A =$

$$\frac{15\,\text{kN} \cdot 2{,}80\,\text{m} + 24\,\text{kN} \cdot 1{,}80\,\text{m} + 18\,\text{kN} \cdot 1{,}00\,\text{m}}{4{,}30\,\text{m}}$$

$$A = \underline{24\,\text{kN}} \qquad B = \frac{\Sigma F \cdot a}{l} = \underline{33\,\text{kN}}$$

Beispiel 4:
Zu ermitteln sind die Auflagerkräfte A und B für den Balken mit Kragarm (Bild 6).

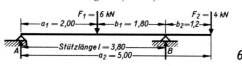

Lösung:

$$A = \frac{6\,\text{kN} \cdot 1{,}80\,\text{m} - 4\,\text{kN} \cdot 1{,}20\,\text{m}}{3{,}80\,\text{m}} = \underline{1{,}58\,\text{kN}}$$

$$B = \frac{6\,\text{kN} \cdot 2{,}00\,\text{m} + 4\,\text{kN} \cdot 5{,}00\,\text{m}}{3{,}80\,\text{m}} = \underline{8{,}42\,\text{kN}}$$

Die Summe aller senkrechten Kräfte muß gleich groß sein, $A + B = F_1 + F_2$.

$$6\,\text{kN} + 4\,\text{kN} = 1{,}58\,\text{kN} + 8{,}42\,\text{kN}$$
$$10\,\text{kN} = 10\,\text{kN}$$

Anmerkung zur Lösung von A, Beispiel 4:
Moment 6 kN · 1,80 m ist linksdrehend ($+$).
Moment 4 kN · 1,20 m ist rechtsdrehend ($-$).

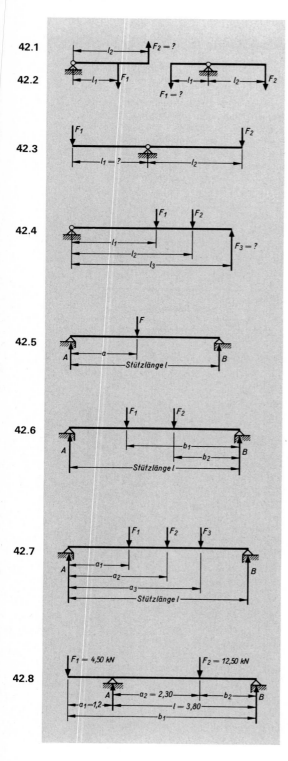

Hebelkräfte

42.1 Am einseitigen Hebel im Bild betragen:

Kraft F_1	Hebelarm l_1	Hebelarm
a) 2200 N	1,85 m	3,40 m
b) 1680 N	2,10 m	3,05 m

Wie groß ist die Gleichgewichtskraft F_2?

42.2 Am zweiseitigen Hebel im Bild betragen:

Kraft F_2	Hebelarm l_1	Hebelarm
a) 1450 N	1,60 m	2,34 m
b) 2700 N	1,25 m	1,85 m

Wie groß ist die Gleichgewichtskraft F_1?

42.3 Wie lang ist der Hebelarm l_1, wenn

Kraft F_1	Kraft F_2	Hebelarm
a) 3,20 kN	2,46 kN	2,44 m
b) 2,84 kN	1,90 kN	3,12 m

betragen (Bild des zweiseitigen Hebels)?

42.4 Am einseitigen Hebel im Bild betragen:

F_1	F_2	l_1	l_2	l_3
a) 3,10 kN	1,96 kN	2,06 m	2,90 m	3,90 m
b) 2,25 kN	1,50 kN	1,06 m	1,54 m	2,14 m

Wie groß ist die Gleichgewichtskraft F_3?

Auflagerkräfte

42.5 Ein Balken auf zwei Stützen (Bild) hat eine Einzel-kraft F aufzunehmen. Es betragen:

F	Abstand a	Stützlänge
a) 21,40 kN	1,80 m	4,74 m
b) 10,60 kN	1,48 m	3,92 m

Wie groß sind die Auflagerkräfte A und B?

42.6 Ein Balken auf 2 Stützen (Bild) hat 2 Einzelkräfte F_1 und F_2 aufzunehmen. Es betragen:

F_1	F_2	b_1	b_2	Stützlänge
a) 18,20 kN	12,40 kN	3,90 m	2,20 m	4,45 m
b) 16,80 kN	25,30 kN	3,65 m	1,90 m	5,36 m
c) 30,60 kN	19,20 kN	2,66 m	1,40 m	3,94 m

Wie groß sind die Auflagerkräfte A und B?

42.7 Ein Balken auf zwei Stützen (Bild) hat drei Einzel-kräfte F_1, F_2 und F_3 aufzunehmen. Es betragen: $F_1 = 14{,}60$ kN (20,80 kN), $F_2 = 12{,}10$ kN (8,20 kN), $F_3 = 9{,}80$ kN (13,10 kN); die Abstände $a_1 = 1{,}08$ m (0,98 m), $a_2 = 2{,}24$ m (2,18 m), $a_3 = 3{,}42$ m (3,36 m), die Stützlänge $l = 4{,}82$ m (4,16 m). Ermitteln Sie die Auflagerkräfte A und B.

42.8 Wie groß sind a) die Auflagerkräfte A und B für den Balken mit Kragarm im Bild? b) Weisen Sie nach, daß die Summe aller Vertikalkräfte gleich ist.

126

Spannung

Spannung ist die gegen eine äußere Kraft im Bauteil wirksame innere Widerstandskraft, bezogen auf 1 m² bzw. 1 mm² Querschnittsfläche. Sie wird, wenn sie durch Druck- oder Zugkräfte hervorgerufen wird, mit dem griechischen Buchstaben σ (sprich: sigma) bezeichnet. Die Größe der Spannung ist abhängig von der Größe der Kraft F und der Fläche A, auf die die Kraft wirkt. Sie wird in MN/m² bzw. N/mm² angegeben.
Einheiten der Kraft s. Tafel 40, S. 117, Lastannahmen s. S. 117 und 118.

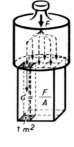

Spannung = $\dfrac{\text{Kraft}}{\text{Fläche}}$	$\sigma = \dfrac{F}{A}$	σ in N/mm² F in N A in mm²

Beispiel:
Ein Fundament von 0,50 m Breite und 1,00 m Ausschnittlänge überträgt auf den Baugrund eine Belastungskraft von 0,09 MN. Wie groß ist die Spannung (Bodenpressung) in MN/m²?

Lösung:
$\sigma = \dfrac{F}{A}$; $\sigma = \dfrac{0{,}09 \text{ MN}}{1{,}00 \text{ m} \cdot 0{,}50 \text{ m}}$; $\underline{\underline{\sigma = 0{,}18 \text{ MN/m}^2}}$

Festigkeit und zulässige Spannungen

Die Spannung, bei der der Bauteil bricht, nennt man Bruchspannung oder Festigkeit. Nach der Art der Beanspruchung sprechen wir von Druck-, Zug-, Schub-, Biegungs- und Knickfestigkeit. Damit die Sicherheit des Bauwerks nicht gefährdet wird, müssen die Bauteile so bemessen werden, daß die zu erwartenden Spannungen σ die zulässigen Größtwerte zul σ (sprich: sigma zulässig) nicht überschreiten. Die zulässige Spannung ist um ein Vielfaches kleiner als die Bruchspannung (Festigkeit) des Baustoffs (s. Tab. Seite 128).

Fläche = $\dfrac{\text{Kraft}}{\text{zul. Spannung}}$	$A = \dfrac{F}{\text{zul } \sigma}$
Kraft = Fläche · zul. Spannung	$F = A \cdot \text{zul} \sigma$
vorh. Spannung = $\dfrac{\text{Kraft}}{\text{Fläche}}$	$\text{vorh} \sigma = \dfrac{F}{A}$

Druckfestigkeit

Die Druckfestigkeit gibt an, bei welcher Beanspruchung durch Druckkräfte ein Baustoff zerdrückt wird. Druckkräfte wirken z. B. auf den Baugrund, die Fundamente, das Mauerwerk, Trägerauflager u. a.

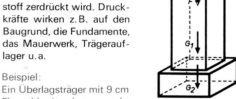

Beispiel:
Ein Überlagsträger mit 9 cm Flanschbreite beansprucht das Auflagermauerwerk mit 22 000 N. a) Wieviel cm muß der Träger auf der Wand aufliegen, wenn das Auflagermauerwerk mit 1,2 N/mm² beansprucht werden darf? b) Welche Last kann das Auflager übernehmen, wenn die Auflagerlänge des Trägers 25 cm beträgt?

Lösung:
a) $A = \dfrac{F}{\text{zul } \sigma} = \dfrac{22\,000 \text{ N}}{1{,}2 \text{ N/mm}^2} = 18\,333 \text{ m}^2 \approx 183 \text{ cm}^2$

Die Auflagerfläche hat die Form eines Rechtecks. Die Fläche des Rechtecks ist 183 cm², die Breite 9 cm. Dann ist die Länge des Rechtecks

$l = \dfrac{A}{b} = \dfrac{183 \text{ cm}^2}{9 \text{ cm}}$; $l \approx 20{,}3$ cm; gewählt $\underline{l = 21 \text{ cm}}$

b) $F = A \cdot \text{zul } \sigma = 250 \text{ mm} \cdot 90 \text{ mm} \cdot 1{,}2 \text{ N/mm}^2$
$\underline{\underline{F = 27\,000 \text{ N}}}$

Zugfestigkeit

Die Zugfestigkeit gibt an, bei welcher Beanspruchung durch Zugkräfte ein Baustoff zerreißt. Zugkräfte wirken z. B. auf die Stähle im Beton, auf Zuganker in Dachbindern, Ketten, Seile.

Beispiel:
Ein Zuganker aus Rundstahl mit 26 mm Durchmesser hat eine Zugkraft von $F = 75$ kN aufzunehmen. Wie groß ist vorh σ?

Lösung:
$\text{vorh} \sigma = \dfrac{F}{A}$; $\text{vorh} \sigma =$

$= \dfrac{75\,000 \text{ N}}{13 \text{ mm} \cdot 13 \text{ mm} \cdot 3{,}14}$
$\underline{\underline{\text{vorh} \sigma \approx 141 \text{ N/mm}^2}}$

Merke:
Mauerwerk und Schwerbeton haben eine große Druckfestigkeit, dagegen eine geringe Zugfestigkeit. Holz und besonders Stahl haben eine große Zugfestigkeit.

| A | Zulässige Druckspannungen für Mauerwerk aus künstlichen Steinen in MN/m² = N/mm², DIN 1053 | | | | | | |

Steinarten, Kurzzeichen mit Steinfestigkeit in N/mm²	Wände mit mindestens 24 cm Dicke und dicke Pfeiler mit Schlankheitsgrad kleiner als 10				Schlanke Pfeiler und Wände unter 24 cm Dicke*)		
	Mörtelgruppe				Mörtelgruppe	Schlankheit $\frac{h}{d}$	
	I	II	IIa	III		12	14
Vollziegel Mz 4, HLz 4, LLz 4 Gasbeton-Blocksteine G 4 Hohlblocksteine aus Leichtbeton Hbl 4 Vollsteine aus Leichtbeton V 4	0,4	0,7	0,8	1,0	II IIa III	0,5 0,6 0,7	0,3 0,4 0,5
Leichthochlochziegel LHLz 6 Kalksandsteine KSV 6, KSL 6 Hüttensteine HSL 6 Gasbeton-Blocksteine G 6 Hohlblocksteine aus Leichtbeton Hbl 6 Vollsteine aus Leichtbeton V 6 Vollziegel Mz 8, HLz 8, LLz 8	0,6	0,9	1,0	1,2	I II IIa III	0,4 0,6 0,7 0,8	0,3 0,4 0,5 0,6
Vollziegel Mz 12, HLz 12, LLz 12 Kalksandsteine KSV 12, KSL 12 Hüttensteine HSV 12, HSL 12 Vollsteine aus Leichtbeton V 12	0,8	1,2	1,4	1,6	I II IIa III	0,6 0,8 1,0 1,1	0,4 0,6 0,7 0,8
Vollziegel Mz 20, HLz 20, LLz 20 Kalksandsteine KSV 20, KSL 20 Hüttensteine HSV 20	1,0	1,6	1,9	2,2	I II; IIa III	0,7 1,1; 1,3 1,5	0,5 0,8; 0,9 1,0
Vollziegel Mz 28, Klinker KMz 28 Kalksandsteine KSV 28 Hüttensteine HSV 28	—	2,2	2,5	3,0	II IIa III	1,5 1,7 2,0	1,0 1,1 1,4
*) Bei schlanken Pfeilern und dünnen Wänden ist die zulässige Spannung mit Rücksicht auf die Knickgefahr geringer als bei dicken Mauern.					Zwischenwerte sind geradlinig einzuschalten.		

Beispiel:

Wie groß sind der Schlankheitsgrad und die zulässige Druckspannung für einen Mauerpfeiler, 36,5 cm/24 cm in der Grundfläche und 2,93 m hoch, aus Vollziegeln Mz 12 in Kalkzementmörtel (Mörtelgruppe II)?

Lösung:

Für die Dicke des Pfeilers ist die kleinste Seitenabmessung (24 cm) einzusetzen.

Schlankheitsgrad $\frac{h}{d} = \frac{293\ cm}{24\ cm}$; $\frac{h}{d} = \underline{12,2}$

Nach Tafel A ist zul σ für Schlankheitsgrad 12 gleich 0,8 N/mm², für Schlankheitsgrad 14 gleich 0,6 N/mm², für Schlankheitsgrad 12,2 gleich 0,8 N/mm² − 0,02 N/mm² = $\underline{0,78\ N/mm²}$.

| B | Zulässige Druckspannungen für Mauerwerk aus natürlichen Steinen nach DIN 1053 | | |

Unregelmäßiges und regelmäßiges Schichtenmauerwerk in Mörtel der Mörtelgruppe II Gesteinsarten	Mindestdruckfestigkeit der Steine in MN/m² = N/mm²	Belastete Wände, ≧ 24 cm dick, in MN/m² = N/mm²
Kalksteine, Travertin, vulkanische Tuffsteine	20	0,7
Weiche Sandsteine	30	0,9
Dichte, feste Kalksteine, Marmor, Basaltlava	50	1,2
Quarzitische Sandsteine, Grauwacke	80	1,6
Granit, Syenit, Diorit, Diabas u. dgl.	120	2,2

3.1 Die Druckfestigkeit von Mauerziegeln wird an 10 Probe-körpern (gehälftete Ziegel) mit einer Druckfläche von 11,5 cm × 11,8 cm = 135,7 cm² festgestellt. Die Prüfung mit der Druck-presse lieferte folgende Ergebnisse: 0,359, 0,347, 0,362, 0,354, 0,363, 0,368, 0,372, 0,358, 0,349, 0,356 MN. a) Wie groß ist die Druckfestigkeit der einzelnen Probekörper in MN/m²? b) Wie groß ist die mittlere Druckfestigkeit in MN/m²?

3.2 10 Probekörper aus Kalksand-Vollsteinen mit je 11,5 cm × 11,8 cm = 135,7 cm² Druckfläche werden auf ihre Druckfestigkeit geprüft. Die Prüfung mit der Druckpresse ergab: 0,207, 0,216, 0,204, 0,209, 0,221, 0,218, 0,213, 0,223, 0,202, 0,215 MN. a) Wie groß ist die Druckfestigkeit der einzelnen Probekörper in MN/m²? b) Wie groß ist die mittlere Druckfestigkeit in MN/m²?

3.3 Die Druckfestigkeit des Betons wird an 3 Probewürfeln mit 20 cm Kantenlänge festgestellt. Die Prüfung mit der Druckpresse ergab folgende Werte: 0,665, 0,659, 0,668 MN. Wie groß ist die mittlere Druckfestigkeit in MN/m²?

3.4 Ein quadratisches Pfeilerfundament mit 80 cm (125 cm) Seitenlänge überträgt auf den Baugrund eine Last von 0,1344 MN (0,375 MN). Mit wieviel MN ist 1 m² Baugrund belastet?

3.5 Der Wandausschnitt (Bild 43.5) (Mauer: Vollziegel; Funda-ment: Kiesbeton) überträgt auf den Baugrund außer der Eigenlast eine Last von 72,40 kN. Wie groß ist die Belastung in MN für 1 m² des Baugrundes?

3.6 Ein Mauerpfeiler aus Vollziegeln Mz 20 in Kalkzementmörtel (Mörtelgruppe II) hat eine Grundfläche von 36,5 cm/36,5 cm (61,5 cm/49 cm). Wieviel Last kann er aufnehmen?

3.7 Das Bild zeigt einen Querschnitt durch ein Wohnhaus. Das beiderseits verputzte Mauerwerk aus Kalksand-Vollsteinen steht auf Betonfundamenten. Die flächenbezogene Decken-eigenlast einschließlich Verkehrslast beträgt 4,8 kN/m². Von der Dachlast werden auf 1 m Wandausschnittlänge 9,5 kN übertragen. a) Mit wieviel kN wird der Baugrund unter dem Fundament der linken Außenwand belastet? b) Wie groß ist die Beanspruchung des Baugrundes unter dem Fundament der Außenwand je m²? c) Welche Last hat der Baugrund unter dem Fundament der Mittelwand zu tragen? d) Wie groß ist die Beanspruchung des Baugrundes unter dem Fundament der Mittelwand je m²?

Merke: Die Berechnung wird für 1 m Ausschnittlänge durch-geführt. Auf die Außenwand wird die Deckenlast der halben Feldweite $\left(\dfrac{3,85}{2}\right)$ übertragen. Der Putz wird zur Wanddicke zu-gerechnet.

3.8 Ein I PB 300 überträgt auf einen Mauerpfeiler aus Voll-ziegeln Mz 12 in Kalkzementmörtel (Mörtelgruppe II) eine Last von 0,2235 MN (Bild). a) Wie groß ist die Beanspruchung je m² Pfeiler-mauerwerk in der untersten Fuge (I–I) auf dem Betonfundament in MN? b) Wie groß ist die Beanspruchung in MN je m² Baugrund an der Fundamentsohle?

3.9 Ein Mauerpfeiler ist in der Grundfläche 49 cm × 36,5 cm groß und 3,00 m hoch. Wie groß sind a) der Schlankheitsgrad; b) die zulässige Druckspannung in MN/m², wenn der Pfeiler aus Vollziegeln Mz 12 in Kalkzementmörtel (Mörtelgruppe II) gemauert wird? c) Welche Last kann er aufnehmen?

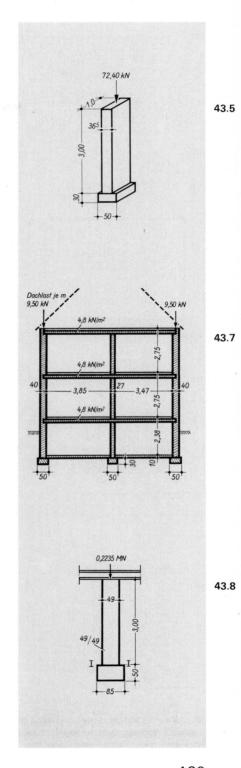

43.5

43.7

43.8

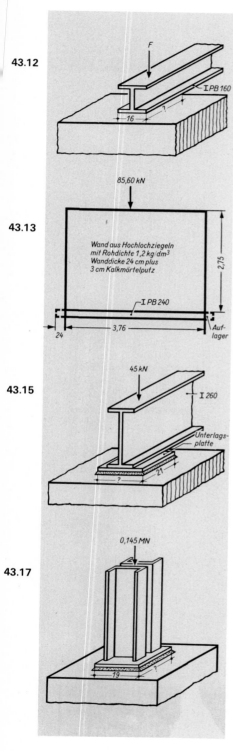

43.12

43.13

43.15

43.17

43.10 Ein Mauerpfeiler ist in der Grundfläche 49 cm × 24 cm groß und 3,12 m hoch. Berechnen Sie a) den Schlankheitsgrad b) die zulässige Druckspannung in MN/m², wenn der Pfeiler aus Vollziegeln Mz 20 in Zementmörtel (Mörtelgruppe III) gemauert wird; c) die Last, die er aufnehmen kann.

43.11 Ein Pfeiler aus Klinkern K Mz 28 in Zementmörtel (Mörtelgruppe III) hat einen Querschnitt von 49 cm × 36,5 cm und eine Höhe von 4,50 m. a) Welchen Schlankheitsgrad hat er? b) Wie groß ist die zulässige Druckspannung in MN/m²? c) Welche Last kann der Pfeiler außer seiner Eigenlast aufnehmen?

43.12 Auf eine Mauer aus Beton wird durch einen Breitflanschträger I PB 160 eine Kraft von F = 64,20 kN (81,50 kN) übertragen (Bild). a) Wie groß muß die Auflagerfläche des Trägers sein (zul σ für Beton = 3 MN/m²)? b) Wieviel cm muß der Träger auf der Wand mindestens aufliegen?

43.13 Ein Breitflanschträger I PB 240 (Bild) hat außer seiner Eigenlast und der Wandlast in der Wandmitte eine Einzellast aufzunehmen. a) Wieviel kN werden auf jedes Auflager übertragen (Lastannahmen s. Seite 117 und 118)? b) Wie groß ist die Belastung in MN je m² Auflagermauerwerk (Vollziegel Mz 12 in Zementmörtel)?

43.14 Ein Wandträger I 160 mit 4,61 m Länge hat eine 4,13 m lange, 2,83 m hohe und 11,5 cm dicke Wand aus Kalksand-Lochsteinen mit einer Rohdichte von 1,4 kg/dm³ zu tragen. Die Wand ist beiderseits je 1,5 cm dick mit Kalkmörtel verputzt. a) Wieviel kN beträgt die Trägerbelastung einschließlich Trägereigenlast? b) Wieviel kN werden auf jedes Trägerauflager übertragen? c) Wie groß ist die Belastung je m² Auflagermauerwerk in MN (Auflagerlänge des Trägers 24 cm)?

43.15 Ein I 260 liegt auf einer Wand aus Kalksandsteinen KSV 12 in Kalkzementmörtel 24 cm weit auf und übt auf das Auflager eine Kraft von 45 kN aus (Bild). a) Wie groß ist die Belastung in MN je m² Mauerwerk, wenn keine Unterlagsplatte vorhanden ist? b) Wie groß ist die zulässige Spannung für das Mauerwerk? c) Wie breit muß die Unterlagsplatte für das Trägerauflager bei einer Länge von 21 cm werden?

43.16 Wie groß kann der Auflagerdruck sein, den ein I 200 auf das Auflagermauerwerk aus Hochlochziegeln HLz 12 in Kalkmörtel überträgt, wenn der I-Träger 22 cm aufliegt?

43.17 Die Stahlstütze (Bild) aus 2 ⌶-Stählen überträgt auf ein Betonfundament eine Last von 0,145 MN. Die rechteckige Fußplatte soll 19 cm breit werden. Wie lang muß die Fußplatte sein (zul σ für das Fundament = 3 MN/m²)?

43.18 Eine Zugstange aus Flachstahl St 37 soll eine Zugkraft von 5,12 MN (7,68 MN) aufnehmen. a) Wie groß muß die Querschnittsfläche der Zugstange sein? b) Wie breit muß der Flachstahl mindestens sein, wenn seine Dicke 8 mm betragen soll (zul σ = 16 000 N/mm²)?

43.19 Welchen Durchm. muß eine Zugstange aus Rundstahl haben, die 5,024 MN aufnehmen soll (zul σ = 160 N/mm²)?

43.20 Welche Zugkraft kann ein Kantholz, 14 cm/14 cm, aus Kiefernholz aufnehmen (zul σ = 8,5 N/mm²)?

Wärmemenge Q

Wärme ist eine Form der Energie. Andere Energieformen sind z. B. die elektrische Energie oder die mechanische Energie (Lageenergie und Bewegungsenergie). Um die Temperatur eines Körpers zu erhöhen, muß Wärme zugeführt werden. Wird der Körper abgekühlt, geht Wärme verloren.
Die SI-Einheit der Wärme als Energieform (Wärmemenge Q) ist das Joule, Einheitenzeichen J. Weitere gesetzliche Einheiten sind kJ, MJ, Wh und kWh.

Will man 1 kg Wasser um 1 K (Kelvin) $= 1\,°C$ erwärmen, so benötigt man dazu die Wärmeenergie von $\approx 4,2$ kJ.

Beispiel:
Welche Wärmemenge Q ist nötig, um 4 l Wasser von 15 °C auf 80 °C (65 K) zu erwärmen?

Lösung:
Um 1 kg Wasser um 1 K zu erwärmen, braucht man $\approx 4,2$ kJ, um 4 kg Wasser um 65 K zu erwärmen, braucht man $4 \cdot 65 \cdot 4,2$ kJ $= \underline{1\,092}$ kJ.

1 Joule = 1 Wattsekunde		
1 J = 1 Ws	1 Wh = 3,6 kJ	1 kWh = 3600 kJ

Wärmeleitfähigkeit λ (sprich: klein-Lambda)

Die Wärmeleitfähigkeit der Stoffe steigt meistens mit der Dichte. Stoffe mit zahlreichen kleinen Poren und geringer Dichte sind schlechte Wärmeleiter und daher gute Wärmedämmstoffe.
Die Wärmeleitfähigkeit λ gibt an, welche Wärmemenge Q in 1 Stunde durch 1 m² eines Stoffes geleitet wird, wenn die Temperaturdifferenz zwischen den Oberflächen einer 1 m dicken Schicht 1 K $= 1\,°C$ beträgt. SI-Einheit: $W/(m \cdot K)$.

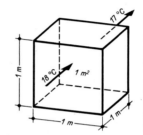

SI-Einheit:	$\dfrac{W}{m \cdot K}$	$\dfrac{kJ}{m \cdot h \cdot K}$	$\dfrac{W}{m \cdot K} = \dfrac{1\,Ws}{m \cdot s \cdot K} = \dfrac{1\,J}{m \cdot s \cdot K}$

A	**Wärmeleitfähigkeiten λ und Rohdichten ϱ einiger Baustoffe nach DIN 4108**					
Baustoff	ϱ in kg/dm³	λ in W/(m·K)	Baustoff	ϱ in kg/dm³	λ in W/(m·K)
Mauerwerk einschl. Fugen			**Beläge:**		
Vollziegel und Lochziegel	1,6	0,70	Linoleum	1 200	0,19
	1,2	0,52	Nadelholz lufttrocken		0,14
	1,0	0,47	Fliesen	2 000	1,05
Kalksand-Vollsteine	1,8	0,99	**Wärmedämm- und**		
Kalksand-Lochsteine	1,6	0,79	**Füllstoffe**		
	1,2	0,56	Mineral. Faserdämm-		
Leichtbeton-Vollsteine	0,8	0,40	stoffe (Glas-Stein-		
Leichtbeton-Hohlblocksteine	1,0	0,44	Schlackenfasern)		0,04*
Gasbetonsteine G 50	0,7	0,27	Pflanzl. Faserdämm-		
Putz, Estrich:			stoffe (Seegras, Kokos-		
Kalkmörtel, Kalkzement-			fasern)		0,046*
mörtel		0,87	Holzwolle-Leichtbauplatten		
Zementmörtel		1,40	Plattendicke 2,5 und 3,5 cm		0,09
Gips- und Kalkgipsmörtel		0,70	Plattendicke 5 cm und mehr		0,08
Beton:			Schaumkunststoffplatten		0,04
Normalbeton	2,4	2,1			
Zementestrich	2,2	2,0			

* Dicke unter schwimmenden Estrichen in zusammengedrücktem Zustand einsetzen.

Wärmedurchlaßkoeffizient Λ (sprich: groß-Lambda)

Der Wärmedurchlaßkoeffizient Λ gibt an, welche Wärmemenge Q in 1 Stunde durch 1 m² eines Bauteils von der Dicke d in m strömt, wenn die Temperaturdifferenz der Oberflächen 1 K $= 1\,°C$ beträgt.

131

Wärmedurchlaßkoeffizient = $= \dfrac{\text{Wärmeleitfähigkeit}}{\text{Dicke des Bauteils}}$ $\quad \varLambda = \dfrac{\lambda}{d}$	SI-Einheit:	$\dfrac{W}{m^2 \cdot K}$	$\dfrac{kJ}{m^2 \cdot h \cdot K}$

Wärmedurchlaßwiderstand $1 / \varLambda$

Der Wärmedurchlaßwiderstand dient zur Feststellung und Beurteilung des Wärmeschutzes. Er ist der Kehrwert des Wärmedurchlaßkoeffizienten.

$\dfrac{\text{Wärmedurch-}}{\text{laßwiderstand}} = \dfrac{\text{Dicke des Bauteils}}{\text{Wärmeleitfähigkeit}}$

$\dfrac{1}{\varLambda} = \dfrac{d}{\lambda}$	SI-Einheit:	$\dfrac{m^2 \cdot K}{W}$	$\dfrac{m^2 \cdot h \cdot K}{kJ}$

Je größer der ermittelte Wärmedurchlaßwiderstand, auch Wärmedämmwert genannt, eines Bauteils ist, desto besser ist seine Wärmedämmwirkung und somit sein Wärmeschutz.

Bei Bauteilen (Wänden, Decken) aus mehreren Schichten verschiedener Baustoffe werden die Wärmedämmwerte addiert (s. Beispiel 1, S. 101).

$$\frac{1}{\varLambda} = \frac{d_1}{\lambda_1} + \frac{d_2}{\lambda_2} + \frac{d_3}{\lambda_3} + \cdots$$

Werte des Wärmedurchlaßwiderstands für Luftschichten sind Tabelle B zu entnehmen. Luftschichten unmittelbar unter der Dachhaut (Dachziegel o. ä.) werden bei der Ermittlung des Wärmedurchlaßwiderstands (Wärmedämmwerts) nicht berücksichtigt.

B	Wärmedurchlaßwiderstände in $m^2 \cdot K/W$ von Luftschichten (Rechenwerte) $1/\varLambda = d/\lambda$					
Dicke d der Luftschicht in mm		10	20	50	100	150
		$1/\varLambda$ in $m^2 \cdot K/W$				
Luftschicht senkrecht		0,14	0,16	0,18	0,17	0,16
Luftschicht waagerecht, Wärmestrom von	unten nach oben	0,14	0,14	0,16		
	oben nach unten	0,14	0,18	0,20		

Der erforderliche Wärmeschutz (Mindestwärmeschutz)

Der erforderliche Wärmeschutz richtet sich nach den klimatischen Verhältnissen. Hiernach werden zwei Wärmedämmgebiete unterschieden, deren Grenzen DIN 4108 zeigt. Die geforderten Mindestwerte des Wärmedurchlaßwiderstands für die Wärmedämmgebiete siehe Tabelle C.

C	Mindestwerte des Wärmeschutzes bei Aufenthaltsräumen — Wärmedurchlaßwiderstände $1/\varLambda$		
		Werte $1/\varLambda$ in $m^2 \cdot K/W$ für Wärmedämmgebiet	
		II	III
Außenwände		0,47	0,56
Wohnungstrennwände	in nicht zentralbeheizten Gebäuden	0,26	
	in zentralbeheizten Gebäuden	0,07	
Treppenraumwände, wenn Raumtemperatur $\geqq +10\,°C$		0,26	[1]
Wohnungstrenndecken	in nicht zentralbeheizten Gebäuden	0,35	
	in zentralbeheizten Gebäuden	0,18	
unterer Abschluß nicht unterkellerter Aufenthaltsräume		0,86	

C	Mindestwerte des Wärmeschutzes bei Aufenthaltsräumen — Wärmedurchlaßwiderstände $1/\Lambda$	Werte $1/\Lambda$ in m² · K/W für Wärmedämmgebiet	
		II	**III**
Decken unter nicht ausgebauten Dachgeschossen, Abseiten		im Mittel 0,86	(0,43) ²)
Kellerdecken oder vergleichbare Zwischendecken		im Mittel 0,86	(0,43) ²)
Decken als unterer Abschluß gegen Außenluft (Durchfahrten)		im Mittel 1,72	(1,30) ²)
Decken als oberer Abschluß gegen Außenluft (Dachschrägen)		im Mittel 1,30	(0,78) ²)

¹) an jeder Stelle   ²) an der ungünstigsten Stelle (Wärmebrücke)

Beispiel 1:
Wie groß ist der Wärmedurchlaßwiderstand der zweischaligen Außenwand (Bild rechts)? Sie besteht aus: Wandputz, Innenschale aus HLz (Rohdichte 1,0 kg/dm³), 2 cm Mörtelfuge, Außenschale aus VMz ($\varrho = 1,6$ kg/dm³).

außen

Lösung:
$$\frac{1}{\Lambda} = \frac{0,015\,\text{m}}{0,70\,\text{W}/(\text{m}\cdot\text{K})} + \frac{0,24\,\text{m}}{0,47\,\text{W}/(\text{m}\cdot\text{K})} + \frac{0,02\,\text{m}}{0,87\,\text{W}/(\text{m}\cdot\text{K})} + \frac{0,115\,\text{m}}{0,70\,\text{W}/(\text{m}\cdot\text{K})}$$
$$\frac{1}{\Lambda} = 0,72\,\text{m}^2\cdot\text{K/W}$$

11⁵ 2 24 1⁵
Außenwand

Der Wert reicht aus, weil er > als der Richtwert 0,56 m² · K/W ist (s. Tabelle C).

Beispiel 2:
Wie groß ist der Wärmedurchlaßwiderstand der Kellerdecke (Bild unten)?

Lösung:
$$\frac{1}{\Lambda} = \frac{0,16\,\text{m}}{2,10\,\text{W}/(\text{m}\cdot\text{K})} + \frac{0,04\,\text{m}}{0,04\,\text{W}/(\text{m}\cdot\text{K})} +$$
$$+ \frac{0,04\,\text{m}}{2,00\,\text{W}/(\text{m}\cdot\text{K})}$$
$$\frac{1}{\Lambda} = 1,10\,\text{m}^2\cdot\text{K/W}\,;\;\text{ausreichend},$$

weil $1/\Lambda > 0,86$ m² · K/W (s. Tabelle C).

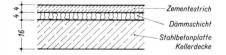
Zementestrich
Dämmschicht
Stahlbetonplatte
Kellerdecke

Beispiel 3: Wie groß ist der Wärmedurchlaßwiderstand der Dachfläche über ausgebautem Dachgeschoß? Flächenbezogene Gesamtmasse = 90 kg/m². Luftschicht $\cong 0,17$ m² · K/W.

Dachfläche

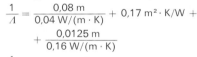
Dämmatte
Latte 3/5
Rigips 12,5 mm

Lösung:
$$\frac{1}{\Lambda} = \frac{0,08\,\text{m}}{0,04\,\text{W}/(\text{m}\cdot\text{K})} + 0,17\,\text{m}^2\cdot\text{K/W} +$$
$$+ \frac{0,0125\,\text{m}}{0,16\,\text{W}/(\text{m}\cdot\text{K})}$$
$$\frac{1}{\Lambda} = 2,25\,\text{m}^2\cdot\text{K/W}\,;\;\text{ausreichend}$$

weil $1/\Lambda > 1,30$ m² · K/W (s. Tabelle C). Für Dächer mit ≤ 300 kg/m² darf der Wert 1,30 m² · K/W nicht unterschritten werden.

Wärmeübergang und Wärmedurchgang

Für die Beurteilung des Wärmeschutzes reicht die Ermittlung des Wärmedurchlaßwiderstands $1/\Lambda$ allein nicht aus. Zu berücksichtigen sind auch Wärmeübergang und Wärmedurchgang, um Maßnahmen zur Senkung des Wärmebedarfs durchzusetzen.

Wärmeübergangskoeffizient α

Zwischen Oberflächentemperatur des Bauteils und der angrenzenden Luft besteht eine Temperaturdifferenz. Der Wärmeübergangskoeffizient gibt an, welche Wärmemenge in 1 Std. durch 1 m² einer Bauteiloberfläche strömt, wenn zwischen dieser

Oberfläche und der angrenzenden Luft eine Temperaturdifferenz von 1 K = 1 °C besteht.

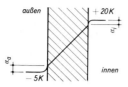

$$\text{SI-Einheit:} \quad \frac{W}{m^2 \cdot K}$$

Der Wärmeübergangswiderstand $1/\alpha$ ist der Kehrwert des Wärmeübergangskoeffizienten α. Tabelle D enthält die Angaben über Wärmeübergangskoeffizienten (in W/(m² · K) und Wärmeübergangswiderstände (in m² · K/W) für die Innenoberfläche (α_i) des Bauteils und seine Außenoberfläche (α_a) (Bild).

$$\text{SI-Einheit:} \quad \frac{m^2 \cdot K}{W}$$

D	**Wärmeübergangskoeffizienten α und Wärmeübergangswiderstände $1/\alpha$**	
an den Innenflächen geschlossener Räume	α_i in $\frac{W}{m^2 \cdot K}$	$\frac{1}{\alpha_i}$ in $\frac{m^2 \cdot K}{W}$
1. Wandflächen Fenster	$\alpha_i = 8{,}1$	$\frac{1}{8{,}1} = 0{,}13$
2. Fußboden u. Decken bei Wärmeübergang a) von unten nach oben	$\alpha_i = 8{,}1$	$\frac{1}{8{,}1} = 0{,}13$
b) von oben nach unten	$\alpha_i = 5{,}8$	$\frac{1}{5{,}8} = 0{,}17$
an Außenflächen bei 2 m/s Windgeschwindigkeit	$\alpha_a = 23{,}2$	$\frac{1}{23{,}2} = 0{,}04$

Der Wärmedurchgangskoeffizient k gibt an, welche Wärmemenge in 1 Stunde durch 1 m² eines Bauteils von der Dicke d in m strömt, wenn die Temperaturdifferenz gegenüber der angrenzenden Luft 1 K = 1 °C beträgt.

$$\text{SI-Einheit:} \quad \frac{W}{m^2 \cdot K}$$

Je niedriger der k-Wert eines Bauteils ist, desto geringer ist sein Wärmeverlust, um so besser ist der Wärmeschutz. Der gemittelte Wert ist k_m.

Der Wärmedurchgangswiderstand $1/k$ ist der Kehrwert des Wärmedurchgangskoeffizienten k.

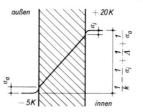

Der Gesamtwert des Wärmedurchgangswiderstands errechnet sich aus dem Wärmedurchlaßwiderstand $1/\Lambda$ zuzüglich des Wärmeübergangswiderstands $1/\alpha$ (nach Tabelle D).

$$\text{SI-Einheit:} \quad \frac{m^2 \cdot K}{W} \qquad \frac{1}{k} = \frac{1}{\alpha_i} + \frac{1}{\Lambda} + \frac{1}{\alpha_a}$$

Berechnungsbeispiele für k-Werte

Beispiel 4 (Außenwand): Nach Beispiel 1, Seite 101, ist $1/\Lambda = 0{,}72$ m² · K/W. $k = ?$

Lösung:

$$\frac{1}{k} = 0{,}13\,\frac{m^2 \cdot K}{W} + 0{,}72\,\frac{m^2 \cdot K}{W} + 0{,}04\,\frac{m^2 \cdot K}{W}$$

$$\frac{1}{k} = 0{,}88\,\frac{m^2 \cdot K}{W}\,;\; k = \frac{1}{1/k} = \frac{1}{0{,}88\ m^2 \cdot K/W}$$

$$k = 1{,}14\,\frac{W}{m^2 \cdot K}$$

Beispiel 5 (Kellerdecke): Nach Beispiel 2, Seite 101, ist $1/\Lambda = 1{,}10$ m² · K/W. $k = ?$

Lösung:

$$\frac{1}{k} = 0{,}17\,\frac{m^2 \cdot K}{W} + 1{,}10\,\frac{m^2 \cdot K}{W} + 0{,}17\,\frac{m^2 \cdot K}{W}$$

$$\frac{1}{k} = 1{,}44\,\frac{m^2 \cdot K}{W}\,;\; k = \frac{1}{1/k} = \frac{1}{1{,}44\ m^2 \cdot K/W}$$

$$k = 0{,}69\,\frac{W}{m^2 \cdot K}$$

Bei innenliegenden Bauteilen ist zu beiden Seiten mit demselben Wärmeübergangswiderstand zu rechnen.

Beispiel 6 (Dachgeschoßdecke): Nach Beispiel 3, Seite 101, ist $1/\Lambda = 2{,}25$ m² · K/W. $k = ?$

Lösung:

$$\frac{1}{k} = 0{,}13\,\frac{m^2 \cdot K}{W} + 2{,}25\,\frac{m^2 \cdot K}{W} + 0{,}04\,\frac{m^2 \cdot K}{W}$$

$$\frac{1}{k} = 2{,}42\,\frac{m^2 \cdot K}{W}\,;\; k = \frac{1}{1/k} = \frac{1}{2{,}42\ m^2 \cdot K/W}$$

$$k = 0{,}41\,\frac{W}{m^2 \cdot K}$$

Ermittlung des mittleren Wärmedurchgangskoeffizienten k_m und Nachweis der k-Werte nach „Verfahren 1"

Gegenstand der Berechnung ist der gesamte Baukörper mit seiner Umhüllung, die so beschaffen sein soll, daß möglichst wenig Wärme durch Transmission verlorengeht.

1. Berechnung der wärmeübertragenden Umfassungsfläche A eines Gebäudes in m².

$$A = A_\mathrm{W} + A_\mathrm{F} + A_\mathrm{D} + A_\mathrm{G} + A_\mathrm{DL}$$

A_W: Fläche der an die Außenluft grenzenden Außenwände (nach Außenmaßen),
A_F: Fensterfläche (lichte Rohbaumaße),
A_D: Dachgeschoß- oder Dachdeckenfläche,
A_G: Grundfläche des Gebäudes (Außenmaße),
A_DL: Deckenflächen, die das Gebäude nach unten gegen die Außenluft abgrenzen.

2. Ermitteln des Volumens V des Gebäudes in m³ und des Verhältnisses A/V (Oberfläche/Volumen). $A : V$ in m⁻¹.

3. Ermitteln des maximalen mittleren Wärmedurchgangskoeffizienten $k_\mathrm{m,max}$ nach Tabelle E aus dem Quotienten A/V.

E **Maximale mittlere Wärmedurchgangskoeffizienten $k_\mathrm{m,max}$ in Abhängigkeit vom Verhältnis A/V**

A/V in m⁻¹	$k_\mathrm{m,max}$ in W/(m²·K)	A/V in m⁻¹	$k_\mathrm{m,max}$ in W/(m²·K)
≤ 0,24	1,40	0,80	0,85
0,30	1,24	0,90	0,82
0,40	1,09	1,00	0,80
0,50	0,99	1,10	0,78
0,60	0,93	≥ 1,20	0,77
0,70	0,88		

Zwischenwerte nach folgender Formel:

$$k_\mathrm{m,max} = 0{,}61 + 0{,}19\,\frac{1}{A/V}$$

4. Wahl der zuvor für die Bauteile ermittelten Wärmedurchgangskoeffizienten (k-Werte in Beispiel 4, 5, 6) k_W, k_G, k_D und gegebenenfalls k_DL. Der Wert k_F für Fenster darf 3,5 W/(m²·K) nicht überschreiten. Gewählt werden bevorzugt Fenster mit Isolierverglasung mit $k_\mathrm{F} = 3{,}0$ W/(m²·K).

5. Nachweis für den mittleren Wärmedurchgangskoeffizienten k_m nach der Formel:

$$k_\mathrm{m} = \frac{k_\mathrm{W} \cdot A_\mathrm{W} + k_\mathrm{F} \cdot A_\mathrm{F} + 0{,}8 \cdot k_\mathrm{D} \cdot A_\mathrm{D} + 0{,}5 \cdot k_\mathrm{G} \cdot A_\mathrm{G} + k_\mathrm{DL} \cdot A_\mathrm{DL}}{A}$$

Der berechnete Wert muß ≤ sein als der nach der Tabelle E aus dem Quotienten A/V ermittelte.

6. Ermitteln des mittleren Wärmedurchgangskoeffizienten $k_\mathrm{m,W+F}$ für Außenwände (einschl. Fenster) je Geschoß nach der Formel:

$$k_\mathrm{m,W+F} = \frac{k_\mathrm{W} \cdot A_\mathrm{W} + k_\mathrm{F} \cdot A_\mathrm{F}}{A_\mathrm{W} + A_\mathrm{F}}$$

Der Wert je Vollgeschoß darf 1,85 W/(m²·K) nicht überschreiten.

Rechenbeispiel nach der unter Nr. 1 ··· 6 angegebenen Anleitung für „Verfahren 1"

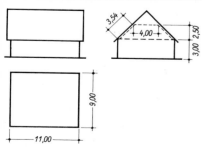

zu 1. Fenster- u. Türflächen insges. ≈ 27,3 m² ≙ 18 %

zu 1. $A = A_\mathrm{W} + A_\mathrm{F} + A_\mathrm{D} + A_\mathrm{G}$

$A_\mathrm{W} + A_\mathrm{F} = (11{,}00\text{ m} + 9{,}00\text{ m}) \cdot 2 \cdot 3{,}00\text{ m} = 120{,}0\text{ m}^2$

$A_\mathrm{W} + A_\mathrm{F} = \dfrac{9{,}00\text{ m} + 4{,}00\text{ m}}{2} \cdot 2{,}50\text{ m} \cdot 2 = 32{,}5\text{ m}^2$

$A_\mathrm{W} + A_\mathrm{F}$ insgesamt einschl. Fenster $= 152{,}5\text{ m}^2$

$\qquad A_\mathrm{F} = 20{,}28\text{ m}^2 + 6{,}98\text{ m}^2 \approx 27{,}3\text{ m}^2$

$\qquad A_\mathrm{W} = 152{,}50\text{ m}^2 - 27{,}30\text{ m}^2 = 125{,}2\text{ m}^2$

$\qquad A_\mathrm{D} = (3{,}54\text{ m} \cdot 2 + 4{,}00\text{ m}) \cdot 11{,}00\text{ m} \approx 121{,}9\text{ m}^2$

$\qquad A_\mathrm{G} = 11{,}00\text{ m} \cdot 9{,}00\text{ m} = 99{,}0\text{ m}^2$

$A = 152{,}50\text{ m}^2 + 121{,}90\text{ m}^2 + 99{,}00\text{ m}^2 = 373{,}4\text{ m}^2$

zu 2.

$$V = 11{,}00\,\text{m} \cdot 9{,}00\,\text{m} \cdot 3{,}00\,\text{m} + \frac{9{,}00\,\text{m} + 4{,}00\,\text{m}}{2} \cdot 2{,}50\,\text{m} \cdot 11{,}00\,\text{m} \approx 475{,}8\,\text{m}^3$$

$$A/V = 373{,}4\,\text{m}^2 : 475{,}8\,\text{m}^3 \approx 0{,}78\,\text{m}^{-1}$$

zu 3.

Nach Tabelle E ist zul. $k_{m,max} = 0{,}85\,\text{W}/(\text{m}^2 \cdot \text{K})$ (Zwischenwert wie unter $A/V = 0{,}80\,\text{m}^{-1}$)

zu 4.

k_W (Außenwand) s. Beispiel 4; $k_W = 1{,}14\,\text{W}/(\text{m}^2 \cdot \text{K})$ k_D (Dachgesch.) s. Beispiel 6; $k_D = 0{,}41\,\text{W}/(\text{m}^2 \cdot \text{K})$

k_F (Fenster) s. Angabe bei Nr. 4; $k_F = 3{,}0\,\text{W}/(\text{m}^2 \cdot \text{K})$ k_G (Kellerdecke) s. Beispiel 5; $k_G = 0{,}69\,\text{W}/(\text{m}^2 \cdot \text{K})$

zu 5. Nachweis für k_m s. Formel bei Nr. 5

$$k_m = \frac{1{,}14 \cdot 125{,}2 + 3{,}0 \cdot 27{,}3 + 0{,}8 \cdot 0{,}41 \cdot 121{,}9 + 0{,}5 \cdot 0{,}69 \cdot 99{,}0}{373{,}4}$$

$$k_m = 0{,}80\,\text{W}/(\text{m}^2 \cdot \text{K})\ [< k_{m,max}\ 0{,}85\,\text{W}/(\text{m}^2 \cdot \text{K})]$$

Anzahl und Abmessungen der Fenster und Türen im Erdgeschoß:

Fenster 2 Stck. je 0,885 m × 1,01 m ≈	1,79 m²
2 Stck. je 1,26 m × 1,385 m =	3,49 m²
2 Stck. je 1,76 m × 1,385 m ≈	4,88 m²
1 Stck. 2,51 m × 1,01 m ≈	2,54 m²
1 Stck. 2,00 m × 1,635 m =	3,27 m²
Türen 2 Stck. je 1,01 m × 2,135 m ≈	4,31 m²
	20,28 m²

im Dachgeschoß:

Fenster 4 Stck. je 1,385 m × 1,26 m = 6,98 m²

zu 6.

Ermittlung von $k_{m,W+F}$ für die Außenwände in einem Vollgeschoß (hier Erdgeschoß) nach der Formel bei Nr. 6.

$A_{W+F} = 120{,}00\,\text{m}^2$

$A_F = 20{,}28\,\text{m}^2$

$A_W = 120\,\text{m}^2 - 20{,}28\,\text{m}^2 = 99{,}72\,\text{m}^2$

$$k_m = \frac{1{,}14 \cdot 99{,}72 + 3{,}0 \cdot 20{,}28}{99{,}72 + 20{,}28}$$

$k_{m,W+F} \approx 1{,}45\,\text{W}/(\text{m}^2 \cdot \text{K})$

$[< k_m\ 1{,}85\,\text{W}/(\text{m}^2 \cdot \text{K})]$

Anmerkung:

Bei dem hier nach „Verfahren 1" durchgeführten Rechenbeispiel hängt der Höchstwert für k_m vom Verhältnis A/V des Gebäudes ab. Die nach „Verfahren 2" mögliche Methode ist rechnerisch wohl etwas weniger aufwendig, sie stellt jedoch an den k-Wert der Außenwände und der Dach- und Kellerdecke strengere Anforderungen. Hier wurde auf „Verfahren 2" verzichtet.

44.1 Das Erwärmen von 1 *l* Wasser um 1 K = 1 °C erfordert eine Wärmemenge Q von 4,2 kJ. Wieviel kJ sind erforderlich, um a) 80 *l* Wasser von 12 °C auf 38 °C, b) 125 *l* Wasser von 22 °C auf 30 °C, c) 64 *l* Wasser von 18 °C auf 90 °C zu erwärmen?

44.2 1 kg Braunkohle liefert eine Wärmemenge Q = 14700 kJ. Wieviel kg Braunkohle werden benötigt, um a) 28140 kJ, b) 52290 kJ, c) 38620 kJ zu erzeugen?

44.3 1 kg lufttrockenes Holz liefert eine Wärmemenge von 14700 kJ. Wieviel kg Holz werden gebraucht, um a) 6 *l*, b) 22 *l*, c) 75 *l* Wasser von 8 °C auf 100 °C zu erhitzen (vgl. Aufg. 44.1)?

44.4 Eine Treppenraumwand aus K.S.-Vollsteinen (ϱ = 1,8 kg/dm³) ist 24 cm dick und beidseitig je 1,5 cm dick mit Kalkmörtel verputzt. a) Wie groß ist der Wärmedurchlaßwiderstand $1/\Lambda$ in m² · K/W? b) Ist der Wert für $1/\Lambda$ ausreichend?

44.5 Berechnen Sie den Wärmedurchlaßwiderstand einer beidseitig verputzten, 24 cm dicken Außenwand aus Gasbetonsteinen (Bild) mit Rohdichte 0,7 kg/dm³. Außenputz: 2 cm dick aus Kalkzementmörtel; Innenputz: 1,5 cm dick aus Kalkgipsmörtel. Beurteilen Sie den Wärmeschutz nach Tabelle C (s. S.132 f.).

44.6 Die im Schnitt dargestellte, 37,5 cm dicke Außenwand (Bild) ist innen aus Leichtbeton-Hohlblocksteinen (Betonrohdichte 1,0 kg/dm³) gemauert und außen mit Vollziegeln (Rohdichte 1,6 kg/dm³) 11,5 cm dick verblendet. Berechnen Sie den Wärmedurchlaßwiderstand und den Wärmedurchgangskoeffizienten k. Prüfen Sie den Wärmeschutz nach Tabelle C (s. S.132 f.).

44.7 Ein Bauherr will für sein geplantes Wohnhaus die Außenwände 31 cm dick herstellen. Ausführung: 11,5 cm Verblendung aus Lochziegeln (Rohdichte 1,6 kg/dm³); 2 cm Fuge (Kalkzementmörtel); 17,5 cm Gasbetonsteine (Rohdichte 0,7 kg/dm³); 1,5 cm Innenputz (Kalkgipsmörtel). Berechnen Sie den Wärmedurchlaßwiderstand und Wärmedurchgangskoeffizienten k. Stellen Sie fest, ob die Ausführung den Anforderungen nach Tabelle C genügt.

44.8 Bei einer zweischaligen Außenwand besteht die 24 cm dicke Innenschale aus Leichtbeton-Vollsteinen (Rohdichte 0,8 kg/dm³), das mit 2 cm dicker Fuge davor gesetzte, 11,5 cm dicke äußere Verblendmauerwerk besteht aus Kalksand-Vollsteinen (Rohdichte 1,8 kg/dm³). Die innere Wandfläche ist 1,5 cm dick mit Kalkgipsmörtel verputzt. Berechnen Sie den Wärmedurchlaßwiderstand und den k-Wert. Beurteilen Sie den Wärmeschutz.

44.9 Eine 30 cm dicke Außenwand aus Kalksand-Lochsteinen (Rohdichte 1,2 kg/dm³) ist außen mit 4 cm dicken Dämmplatten (mineralische Fasern) unter einer Schutzhaut bekleidet (Bild). Für den 1,5 cm dicken Innenputz wird Kalkgipsmörtel verwendet. Berechnen Sie den Wärmedurchlaßwiderstand und den Wärmedurchgangskoeffizienten k. Beurteilen Sie den Wärmeschutz nach Tabelle C (s. S.132 f.).

44.10 Die Überdeckung einer Fensteröffnung (Bild) besteht aus einem 29 cm dicken Stahlbetonsturz, der außen mit 5 cm dicken Gasbeton-Bauplatten, innen mit 2,5 cm dicken Holzwolle-Leichtbauplatten bekleidet ist. Für den 2 cm dicken Außenputz wird Kalkzementmörtel, für den 1,5 cm dicken Innenputz Kalkmörtel verwendet. Berechnen Sie den Wärmedurchlaßwiderstand und den k-Wert, und prüfen Sie das Ergebnis.

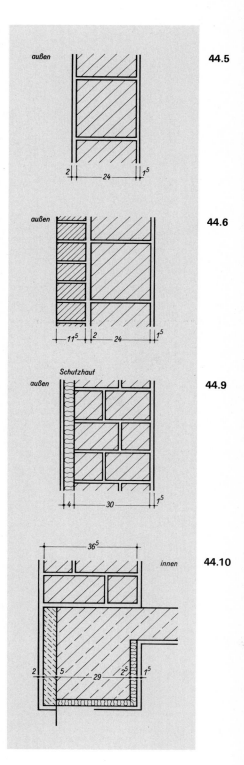

44.5

44.6

44.9

44.10

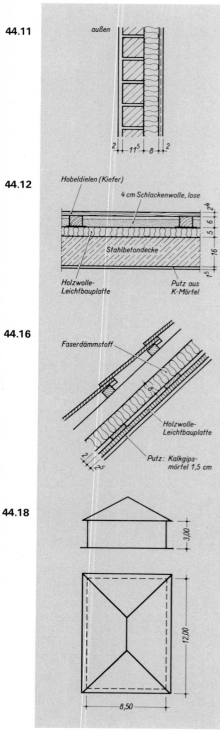

44.11

außen

2 ‖ 11⁵ ‖ 8 ‖ 2

44.12

Hobeldielen (Kiefer)

4 cm Schlackenwolle, lose

Stahlbetondecke

Holzwolle-Leichtbauplatte

Putz aus K-Mörtel

2 ‖ 6 ‖ 5 ‖ 16 ‖ 1⁵

44.16

Faserdämmstoff

Holzwolle-Leichtbauplatte

Putz: Kalkgipsmörtel 1,5 cm

44.18

3,00

12,00

8,50

44.11 Für die Nischenwand unter einer Fensteröffnung (Bild) ist folgende Ausführung vorgesehen: 11,5 cm dicke, 2 cm dick verputzte Außenwand aus Lochziegeln ($\varrho = 1{,}2$ kg/dm³), 8 cm dicke Dämmschicht aus mineralischen Fasern, 2 cm dicker Innenwandputz aus Kalkgipsmörtel auf Rippenstreckmetall. Berechnen Sie Wärmedurchlaßwiderstand und Wärmedurchgangskoeffizienten. Prüfen Sie den Wärmeschutz nach Tabelle C (s. S. 132 f.).

44.12 Das Bild zeigt den Querschnitt durch eine Stahlbetondecke unter nicht ausgebautem Dachgeschoß. Berechnen Sie den Wärmedurchlaßwiderstand und den Wärmedurchgangskoeffizienten k. Beurteilen Sie den Wärmeschutz nach Tabelle C (s. S. 132 f.).

44.13 Berechnen Sie für die 14 cm dicke, unterseitig mit Kalkmörtel verputzte Stahlbetondecke unter einem nicht ausgebauten Dachgeschoß den Wärmedurchlaßwiderstand und den k-Wert. Die Dämmschicht auf der Deckenplatte besteht aus 6 cm dicken Schaumkunststoffplatten; darüber liegt 4 cm dicker Zementestrich. Beurteilen Sie den Wärmeschutz nach Tabelle C (s. S. 132 f.).

44.14 Die Stahlbetonplatte einer Kellerdecke ist 14 cm dick. Darüber sind aufzubringen: die 4 cm dicke Dämmschicht aus mineralischen Fasern, 4 cm dicker Zementestrich und 8 mm Eichenparkett, Wärmeleitfähigkeit = 0,21 W/(m · K). Berechnen Sie den Wärmedurchlaßwiderstand und den Wärmedurchgangskoeffizienten k. Prüfen Sie den Wärmeschutz nach Tabelle C.

44.15 Die Kellerdecke eines Gebäudes besteht aus einer 19 cm dicken Stahlbetonrippendecke (Wärmedurchlaßwiderstand $1/\varLambda = 0{,}25$ m² · K/W. Die Dämmschicht darüber aus Schaumkunststoffplatten ist 4 cm dick, der Zementestrich 4 cm und der Linoleumbelag 3 mm dick. Berechnen Sie den Wärmedurchlaßwiderstand und den k-Wert. Beurteilen Sie den Wärmeschutz nach Tabelle C.

44.16 Bei Dächern darf der Wärmedurchlaßwiderstand von 1,30 m² · K/W nicht überschritten werden. Stellen Sie fest, ob die Ausführung der Dachschrägen nach dem Bild mit einer flächenbezogenen Dachmasse von 120 kg/m² dem Mindestwärmeschutz nach Tabelle C entspricht, und berechnen Sie den k-Wert.

44.17 Führen Sie die Berechnung wie für Aufgabe 44.16 durch, verwenden Sie jedoch statt der verputzten Holzwolle-Leichtbauplatten eine 13 mm dicke unmittelbar unter den Sparren befestigte Verkleidung aus Fasebrettern (Nadelholz).

44.18 Für das im Bild gezeigte Wohnhaus ohne ausgebautes Dachgeschoß ist der mittlere Wärmedurchgangskoeffizient k_m zu ermitteln und nachzuweisen. Führen Sie die Berechnung nach dem Rechenbeispiel (S. 135 f.) von 1. ··· 6. durch. Die Fensterfläche für das Wohngeschoß beträgt insgesamt 19,2 m². Die k-Werte übernehmen Sie aus den Lösungen folgender, vorhergegangener Aufgaben: k_W (Außenwände) aus 44.6, k_D (Decke) aus 44.12, k_G (Kellerdecke) aus 44.14. k_F (Fenster) entnehmen Sie dem Rechenbeispiel unter Nr. 4, Seite 136.

44.19 Führen Sie die Berechnung für das Gebäude mit den gleichen Abmessungen wie in Aufgabe 44.18 durch, verändern Sie jedoch die k-Werte. Diese übernehmen Sie aus den Lösungen folgender, vorhergegangener Aufgaben: k_W (Außenwände) aus 44.7, k_D (Decke) aus 44.13, k_G (Kellerdecke) aus 44.15. k_F (Fenster) entnehmen Sie dem Rechenbeispiel unter Nr. 4, Seite 136.

44.20

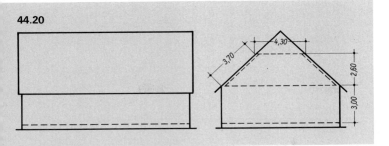

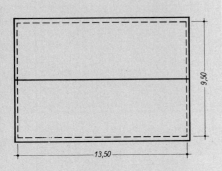

Fenster und Türfenster
im Erdgeschoß:

2 Stck. je 2,01 m × 1,385 m
2 Stck. je 1,26 m × 1,385 m
1 Stck.   3,51 m × 1,76 m
1 Stck.   2,51 m × 1,01 m
2 Stck. je 2,01 m × 2,26 m

im Dachgeschoß:

2 Stck. je 1,26 m × 1,26 m
1 Stck.   3,01 m × 1,385 m

44.20 Für das im Bild gezeigte Wohnhaus mit ausgebautem Dachgeschoß ist der mittlere Wärmedurchgangskoeffizient k_m zu ermitteln und nachzuweisen. Führen Sie die Berechnung nach dem Rechenbeispiel auf S. 135f. von 1. ··· 6. durch. Die Fensterflächen für das Erdgeschoß (Vollgeschoß), für das ausgebaute Dachgeschoß und die Gesamtfensterfläche sind zuvor wie im Rechenbeispiel, S. 135f., zu ermitteln. Die k-Werte übernehmen Sie aus den Lösungen folgender Aufgaben: k_W (Außenwände) aus 44.8, k_D (Dachgeschoßdecke, Dachschrägen) aus 44.12, k_G (Kellerdecke) aus 44.14; k_F (Fenster) wie im Rechenbeispiel unter Nr. 4, S. 136.

44.21

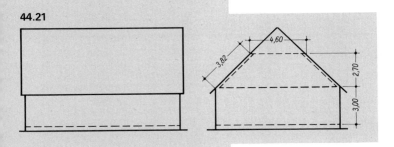

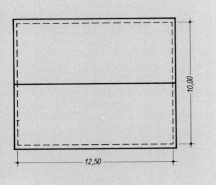

Fenster und Türfenster
im Erdgeschoß:

2 Stck. je 2,51 m × 1,385 m
1 Stck.   1,26 m × 1,385 m
1 Stck.   1,51 m × 1,01 m
1 Stck.   2,01 m × 1,01 m
1 Stck.   2,01 m × 2,26 m
1 Stck.   3,01 m × 2,26 m

im Dachgeschoß:

4 Stck. je 1,51 m × 1,26 m

44.21 Führen Sie die Berechnung für den mittleren Wärmedurchgangskoeffizienten k_m zu dem im Bild gezeigten Wohnhaus mit ausgebautem Dachgeschoß nach dem Rechenbeispiel S. 135f. von 1. ··· 6. durch. Ermitteln Sie zuvor aus den angegebenen Abmessungen die Fensterflächen im Erdgeschoß, im Dachgeschoß und die Gesamtfensterfläche (s. Rechenbeispiel, S. 135f.). Die k-Werte übernehmen Sie aus den Lösungen folgender, vorhergegangener Aufgaben: k_W (Außenwände) aus 44.9, k_D (Dachgeschoßdecke, Dachschrägen) aus 44.13, k_G (Kellerdecke) aus 44.15. k_F (Fenster) wie im Rechenbeispiel unter Nr. 4, S. 136.

1 ... 50

d oder n	d·π	d²·π/4	n²	√n
1	3,142	0,7854	1	1,0000
2	6,283	3,1416	4	1,4142
3	9,425	7,0686	9	1,7321
4	12,566	12,5664	16	2,0000
5	15,708	19,6350	25	2,2361
6	18,850	28,2743	36	2,4495
7	21,991	38,4845	49	2,6458
8	25,133	50,2655	64	2,8284
9	28,274	63,6173	81	3,0000
10	31,416	78,5398	1 00	3,1623
11	34,558	95,0332	1 21	3,3166
12	37,699	113,097	1 44	3,4641
13	40,841	132,732	1 69	3,6056
14	43,982	153,938	1 96	3,7417
15	47,124	176,715	2 25	3,8730
16	50,265	201,062	2 56	4,0000
17	53,407	226,980	2 89	4,1231
18	56,549	254,469	3 24	4,2426
19	59,690	283,529	3 61	4,3589
20	62,832	314,159	4 00	4,4721
21	65,973	346,361	4 41	4,5826
22	69,115	380,133	4 84	4,6904
23	72,257	415,476	5 29	4,7958
24	75,398	452,389	5 76	4,8990
25	78,540	490,874	6 25	5,0000
26	81,681	530,929	6 76	5,0990
27	84,823	572,555	7 29	5,1962
28	87,965	615,752	7 84	5,2915
29	91,106	660,520	8 41	5,3852
30	94,248	706,858	9 00	5,4772
31	97,389	754,768	9 61	5,5678
32	100,531	804,248	10 24	5,6569
33	103,673	855,299	10 89	5,7446
34	106,814	907,920	11 56	5,8310
35	109,956	962,113	12 25	5,9161
36	113,097	1017,88	12 96	6,0000
37	116,239	1075,21	13 69	6,0828
38	119,381	1134,11	14 44	6,1644
39	122,522	1194,59	15 21	6,2450
40	125,664	1256,64	16 00	6,3246
41	128,81	1320,25	16 81	6,4031
42	131,95	1385,44	17 64	6,4807
43	135,09	1452,20	18 49	6,5574
44	138,23	1520,53	19 36	6,6332
45	141,37	1590,43	20 25	6,7082
46	144,51	1661,90	21 16	6,7823
47	147,65	1734,94	22 09	6,8557
48	150,80	1809,56	23 04	6,9282
49	153,94	1885,74	24 01	7,0000
50	157,08	1963,50	25 00	7,0711

51 ... 100

d oder n	d·π	d²·π/4	n²	√n
51	160,22	2042,82	26 01	7,1414
52	163,36	2123,72	27 04	7,2111
53	166,50	2206,18	28 09	7,2801
54	169,65	2290,22	29 16	7,3485
55	172,79	2375,83	30 25	7,4162
56	175,93	2463,01	31 36	7,4833
57	179,07	2551,76	32 49	7,5498
58	182,21	2642,08	33 64	7,6158
59	185,35	2733,97	34 81	7,6811
60	188,50	2827,43	36 00	7,7460
61	191,64	2922,47	37 21	7,8102
62	194,78	3019,07	38 44	7,8740
63	197,92	3117,25	39 69	7,9373
64	201,06	3216,99	40 96	8,0000
65	204,20	3318,31	42 25	8,0623
66	207,35	3421,19	43 56	8,1240
67	210,49	3525,65	44 89	8,1854
68	213,63	3631,68	46 24	8,2462
69	216,77	3739,28	47 61	8,3066
70	219,91	3848,45	49 00	8,3666
71	223,05	3959,19	50 41	8,4261
72	226,19	4071,50	51 84	8,4853
73	229,34	4185,39	53 29	8,5440
74	232,48	4300,84	54 76	8,6023
75	235,62	4417,86	56 25	8,6603
76	238,76	4536,46	57 76	8,7178
77	241,90	4656,63	59 29	8,7750
78	245,04	4778,36	60 84	8,8318
79	248,19	4901,67	62 41	8,8882
80	251,33	5026,55	64 00	8,9443
81	254,47	5153,00	65 61	9,0000
82	257,61	5281,02	67 24	9,0554
83	260,75	5410,61	68 89	9,1104
84	263,89	5541,77	70 56	9,1652
85	267,04	5674,50	72 25	9,2195
86	270,18	5808,80	73 96	9,2736
87	273,32	5944,68	75 69	9,3274
88	276,46	6082,12	77 44	9,3808
89	279,60	6221,14	79 21	9,4340
90	282,74	6361,73	81 00	9,4868
91	285,88	6503,88	82 81	9,5394
92	289,03	6647,61	84 64	9,5917
93	292,17	6792,91	86 49	9,6437
94	295,31	6939,78	88 36	9,6954
95	298,45	7088,22	90 25	9,7468
96	301,59	7238,23	92 16	9,7980
97	304,73	7389,81	94 09	9,8489
98	307,88	7542,96	96 04	9,8995
99	311,02	7697,69	98 01	9,9499
100	314,16	7853,98	1 00 00	10,0000

101 ... 150

d oder n	d·π	d²·π/4	n²	√n
101	317,30	8011,85	10201	10,0499
102	320,44	8171,28	10404	10,0995
103	323,58	8332,29	10609	10,1489
104	326,73	8494,87	10816	10,1980
105	329,87	8659,01	11025	10,2470
106	333,01	8824,73	11236	10,2956
107	336,15	8992,02	11449	10,3441
108	339,29	9160,88	11664	10,3923
109	342,43	9331,32	11881	10,4403
110	345,58	9503,32	12100	10,4881
111	348,72	9676,89	12321	10,5357
112	351,86	9852,03	12544	10,5830
113	355,00	10028,7	12769	10,6301
114	358,14	10207,0	12996	10,6771
115	361,28	10386,9	13225	10,7238
116	364,42	10568,3	13456	10,7703
117	367,57	10751,3	13689	10,8167
118	370,71	10935,9	13924	10,8628
119	373,85	11122,0	14161	10,9087
120	376,99	11309,7	14400	10,9545
121	380,13	11499,0	14641	11,0000
122	383,27	11689,9	14884	11,0454
123	386,42	11882,3	15129	11,0905
124	389,56	12076,3	15376	11,1355
125	392,70	12271,8	15625	11,1803
126	395,84	12469,0	15876	11,2250
127	398,98	12667,7	16129	11,2694
128	402,12	12868,0	16384	11,3137
129	405,27	13069,8	16641	11,3578
130	408,41	13273,2	16900	11,4018
131	411,55	13478,2	17161	11,4455
132	414,69	13684,8	17424	11,4891
133	417,83	13892,9	17689	11,5326
134	420,97	14102,6	17956	11,5758
135	424,12	14313,9	18225	11,6190
136	427,26	14526,7	18496	11,6619
137	430,40	14741,1	18769	11,7047
138	433,54	14957,1	19044	11,7473
139	436,68	15174,7	19321	11,7898
140	439,82	15393,8	19600	11,8322
141	442,96	15614,5	19881	11,8743
142	446,11	15836,8	20164	11,9164
143	449,25	16060,6	20449	11,9583
144	452,39	16286,0	20736	12,0000
145	455,53	16513,0	21025	12,0416
146	458,67	16741,5	21316	12,0830
147	461,81	16971,7	21609	12,1244
148	464,96	17203,4	21904	12,1655
149	468,10	17436,6	22201	12,2066
150	471,24	17671,5	22500	12,2474

151 ... 200

d oder n	d·π	d²·π/4	n²	√n
151	474,38	17907,9	22801	12,2882
152	477,52	18145,8	23104	12,3288
153	480,66	18385,4	23409	12,3693
154	483,81	18626,5	23716	12,4097
155	486,95	18869,2	24025	12,4499
156	490,09	19113,4	24336	12,4900
157	493,23	19359,3	24649	12,5300
158	496,37	19606,7	24964	12,5698
159	499,51	19855,7	25281	12,6095
160	502,65	20106,2	25600	12,6491
161	505,80	20358,3	25921	12,6886
162	508,94	20612,0	26244	12,7279
163	512,08	20867,2	26569	12,7671
164	515,22	21124,1	26896	12,8062
165	518,36	21382,5	27225	12,8452
166	521,50	21642,4	27556	12,8841
167	524,65	21904,0	27889	12,9228
168	527,79	22167,1	28224	12,9615
169	530,93	22431,8	28561	13,0000
170	534,07	22698,0	28900	13,0384
171	537,21	22965,8	29241	13,0767
172	540,35	23235,2	29584	13,1149
173	543,50	23506,2	29929	13,1529
174	546,64	23778,7	30276	13,1909
175	549,78	24052,8	30625	13,2288
176	552,92	24328,5	30976	13,2665
177	556,06	24605,7	31329	13,3041
178	559,20	24884,6	31684	13,3417
179	562,35	25164,9	32041	13,3791
180	565,49	25446,9	32400	13,4164
181	568,63	25730,4	32761	13,4536
182	571,77	26015,5	33124	13,4907
183	574,91	26302,2	33489	13,5277
184	578,05	26590,4	33856	13,5647
185	581,19	26880,3	34225	13,6015
186	584,34	27171,6	34596	13,6382
187	587,48	27464,6	34969	13,6748
188	590,62	27759,1	35344	13,7113
189	593,76	28055,2	35721	13,7477
190	596,90	28352,9	36100	13,7840
191	600,04	28652,1	36481	13,8203
192	603,19	28952,9	36864	13,8564
193	606,33	29255,3	37249	13,8924
194	609,47	29559,2	37636	13,9284
195	612,61	29864,8	38025	13,9642
196	615,75	30171,9	38416	14,0000
197	618,89	30480,5	38809	14,0357
198	622,04	30790,7	39204	14,0712
199	625,18	31102,6	39601	14,1067
200	628,32	31415,9	40000	14,1421

201 ... 250

d oder n	d·π	d²·π/4	n²	√n
201	631,46	31730,9	40401	14,1774
202	634,60	32047,4	40804	14,2127
203	637,74	32365,5	41209	14,2478
204	640,88	32685,1	41616	14,2829
205	644,03	33006,4	42025	14,3178
206	647,17	33329,2	42436	14,3527
207	650,31	33653,5	42849	14,3875
208	653,45	33979,5	43264	14,4222
209	656,59	34307,0	43681	14,4568
210	659,73	34636,1	44100	14,4914
211	662,88	34966,7	44521	14,5258
212	666,02	35298,9	44944	14,5602
213	669,16	35632,7	45369	14,5945
214	672,30	35968,1	45796	14,6287
215	675,44	36305,0	46225	14,6629
216	678,58	36643,5	46656	14,6969
217	681,73	36983,6	47089	14,7309
218	684,87	37325,3	47524	14,7648
219	688,01	37668,5	47961	14,7986
220	691,15	38013,3	48400	14,8324
221	694,29	38359,6	48841	14,8661
222	697,43	38707,6	49284	14,8997
223	700,58	39057,1	49729	14,9332
224	703,72	39408,1	50176	14,9666
225	706,86	39760,8	50625	15,0000
226	710,00	40115,0	51076	15,0333
227	713,14	40470,8	51529	15,0665
228	716,28	40828,1	51984	15,0997
229	719,42	41187,1	52441	15,1327
230	722,57	41547,6	52900	15,1658
231	725,71	41909,6	53361	15,1987
232	728,85	42273,3	53824	15,2315
233	731,99	42638,5	54289	15,2643
234	735,13	43005,3	54756	15,2971
235	738,27	43373,6	55225	15,3297
236	741,42	43743,5	55696	15,3623
237	744,56	44115,0	56169	15,3948
238	747,70	44488,1	56644	15,4272
239	750,84	44862,7	57121	15,4596
240	753,98	45238,9	57600	15,4919
241	757,12	45616,7	58081	15,5242
242	760,27	45996,1	58564	15,5563
243	763,41	46377,0	59049	15,5885
244	766,55	46759,5	59536	15,6205
245	769,69	47143,5	60025	15,6525
246	772,83	47529,2	60516	15,6844
247	775,97	47916,4	61009	15,7162
248	779,11	48305,1	61504	15,7480
249	782,26	48695,5	62001	15,7797
250	785,40	49087,4	62500	15,8114

251 ... 300

d oder n	d·π	d²·π/4	n²	√n
251	788,54	49480,1	63001	15,8430
252	791,68	49875,9	63504	15,8745
253	794,82	50272,6	64009	15,9060
254	797,96	50670,7	64516	15,9374
255	801,11	51070,5	65025	15,9687
256	804,25	51471,9	65536	16,0000
257	807,39	51874,8	66049	16,0312
258	810,53	52279,2	66564	16,0624
259	813,67	52685,3	67081	16,0935
260	816,81	53092,9	67600	16,1245
261	819,96	53502,1	68121	16,1555
262	823,10	53912,9	68644	16,1864
263	826,24	54325,2	69169	16,2173
264	829,38	54739,1	69696	16,2481
265	832,52	55154,6	70225	16,2788
266	835,66	55571,6	70756	16,3095
267	838,81	55990,2	71289	16,3401
268	841,95	56410,4	71824	16,3707
269	845,09	56832,2	72361	16,4012
270	848,23	57255,5	72900	16,4317
271	851,37	57680,4	73441	16,4621
272	854,51	58106,9	73984	16,4924
273	857,65	58534,9	74529	16,5227
274	860,80	58964,4	75076	16,5529
275	863,94	59395,6	75625	16,5831
276	867,08	59828,3	76176	16,6132
277	870,22	60262,6	76729	16,6433
278	873,36	60698,4	77284	16,6733
279	876,50	61135,8	77841	16,7033
280	879,65	61574,7	78400	16,7332
281	882,79	62015,8	78961	16,7631
282	885,93	62458,0	79524	16,7929
283	889,07	62901,8	80089	16,8226
284	892,21	63347,1	80656	16,8523
285	895,35	63794,0	81225	16,8819
286	898,50	64242,4	81796	16,9115
287	901,64	64692,5	82369	16,9411
288	904,78	65144,1	82944	16,9706
289	907,92	65597,2	83521	17,0000
290	911,06	66052,0	84100	17,0294
291	914,20	66508,3	84681	17,0587
292	917,35	66966,2	85264	17,0880
293	920,49	67425,6	85849	17,1172
294	923,63	67886,7	86436	17,1464
295	926,77	68349,3	87025	17,1756
296	929,91	68813,4	87616	17,2047
297	933,05	69279,2	88209	17,2337
298	936,19	69746,5	88804	17,2627
299	939,34	70215,4	89401	17,2916
300	942,48	70685,8	90000	17,3205

301 ... 350

d oder n	d·π	d²·π/4	n²	√n
301	945,62	71157,9	90601	17,3494
302	948,76	71631,5	91204	17,3781
303	951,90	72106,6	91809	17,4069
304	955,04	72583,4	92416	17,4356
305	958,19	73061,7	93025	17,4642
306	961,33	73541,5	93636	17,4929
307	964,47	74023,0	94249	17,5214
308	967,61	74506,0	94864	17,5499
309	970,75	74990,6	95481	17,5784
310	973,89	75476,8	96100	17,6068
311	977,04	75964,5	96721	17,6352
312	980,18	76453,8	97344	17,6635
313	983,32	76944,7	97969	17,6918
314	986,46	77437,1	98596	17,7200
315	989,60	77931,1	99225	17,7482
316	992,74	78426,7	99856	17,7764
317	995,88	78923,9	100489	17,8045
318	999,03	79422,6	101124	17,8326
319	1002,2	79922,9	101761	17,8606
320	1005,3	80424,8	102400	17,8885
321	1008,5	80928,2	103041	17,9165
322	1011,6	81433,2	103684	17,9444
323	1014,7	81939,8	104329	17,9722
324	1017,9	82448,0	104976	18,0000
325	1021,0	82957,7	105625	18,0278
326	1024,2	83469,0	106276	18,0555
327	1027,3	83981,8	106929	18,0831
328	1030,4	84496,3	107584	18,1108
329	1033,6	85012,3	108241	18,1384
330	1036,7	85529,9	108900	18,1659
331	1039,9	86049,0	109561	18,1934
332	1043,0	86569,7	110224	18,2209
333	1046,2	87092,0	110889	18,2483
334	1049,3	87615,9	111556	18,2757
335	1052,4	88141,3	112225	18,3030
336	1055,6	88668,3	112896	18,3303
337	1058,7	89196,9	113569	18,3576
338	1061,9	89727,0	114244	18,3848
339	1065,0	90258,7	114921	18,4120
340	1068,1	90792,0	115600	18,4391
341	1071,3	91326,9	116281	18,4662
342	1074,4	91863,3	116964	18,4932
343	1077,6	92401,3	117649	18,5203
344	1080,7	92940,9	118336	18,5472
345	1083,8	93482,0	119025	18,5742
346	1087,0	94024,7	119716	18,6011
347	1090,1	94569,0	120409	18,6279
348	1093,3	95114,9	121104	18,6548
349	1096,4	95662,3	121801	18,6815
350	1099,6	96211,3	122500	18,7083

351 ... 400

d oder n	d·π	d²·π/4	n²	√n
351	1102,7	96761,8	123201	18,7350
352	1105,8	97314,0	123904	18,7617
353	1109,0	97867,7	124609	18,7883
354	1112,1	98423,0	125316	18,8149
355	1115,3	98979,8	126025	18,8414
356	1118,4	99538,2	126736	18,8680
357	1121,5	100098	127449	18,8944
358	1124,7	100660	128164	18,9209
359	1127,8	101223	128881	18,9473
360	1131,0	101788	129600	18,9737
361	1134,1	102354	130321	19,0000
362	1137,3	102922	131044	19,0263
363	1140,4	103491	131769	19,0526
364	1143,5	104062	132496	19,0788
365	1146,7	104635	133225	19,1050
366	1149,8	105209	133956	19,1311
367	1153,0	105785	134689	19,1572
368	1156,1	106362	135424	19,1833
369	1159,2	106941	136161	19,2094
370	1162,4	107521	136900	19,2354
371	1165,5	108103	137641	19,2614
372	1168,7	108687	138384	19,2873
373	1171,8	109272	139129	19,3132
374	1175,0	109858	139876	19,3391
375	1178,1	110447	140625	19,3649
376	1181,2	111036	141376	19,3907
377	1184,4	111628	142129	19,4165
378	1187,5	112221	142884	19,4422
379	1190,7	112815	143641	19,4679
380	1193,8	113411	144400	19,4936
381	1196,9	114009	145161	19,5192
382	1200,1	114608	145924	19,5448
383	1203,2	115209	146689	19,5704
384	1206,4	115812	147456	19,5959
385	1209,5	116416	148225	19,6214
386	1212,7	117021	148996	19,6469
387	1215,8	117628	149769	19,6723
388	1218,9	118237	150544	19,6977
389	1222,1	118847	151321	19,7231
390	1225,2	119459	152100	19,7484
391	1228,4	120072	152881	19,7737
392	1231,5	120687	153664	19,7990
393	1234,6	121304	154449	19,8242
394	1237,8	121922	155236	19,8494
395	1240,9	122542	156025	19,8746
396	1244,1	123163	156816	19,8997
397	1247,2	123786	157609	19,9249
398	1250,4	124410	158404	19,9499
399	1253,5	125036	159201	19,9750
400	1256,6	125664	160000	20,0000

401 ... 450

d oder n	d·π	d²·π/4	n²	√n
401	1259,8	126293	160801	20,0250
402	1262,9	126923	161604	20,0499
403	1266,1	127556	162409	20,0749
404	1269,2	128190	163216	20,0998
405	1272,3	128825	164025	20,1246
406	1275,5	129462	164836	20,1494
407	1278,6	130100	165649	20,1742
408	1281,8	130741	166464	20,1990
409	1284,9	131382	167281	20,2237
410	1288,1	132025	168100	20,2485
411	1291,2	132670	168921	20,2731
412	1294,3	133317	169744	20,2978
413	1297,5	133965	170569	20,3224
414	1300,6	134614	171396	20,3470
415	1303,8	135265	172225	20,3715
416	1306,9	135918	173056	20,3961
417	1310,0	136572	173889	20,4206
418	1313,2	137228	174724	20,4450
419	1316,3	137885	175561	20,4695
420	1319,5	138544	176400	20,4939
421	1322,6	139205	177241	20,5183
422	1325,8	139867	178084	20,5426
423	1328,9	140531	178929	20,5670
424	1332,0	141196	179776	20,5913
425	1335,2	141863	180625	20,6155
426	1338,3	142531	181476	20,6398
427	1341,5	143201	182329	20,6640
428	1344,6	143872	183184	20,6882
429	1347,7	144545	184041	20,7123
430	1350,9	145220	184900	20,7364
431	1354,0	145896	185761	20,7605
432	1357,2	146574	186624	20,7846
433	1360,3	147254	187489	20,8087
434	1363,5	147934	188356	20,8327
435	1366,6	148617	189225	20,8567
436	1369,7	149301	190096	20,8806
437	1372,9	149987	190969	20,9045
438	1376,0	150674	191844	20,9284
439	1379,2	151363	192721	20,9523
440	1382,3	152053	193600	20,9762
441	1385,4	152745	194481	21,0000
442	1388,6	153439	195364	21,0238
443	1391,7	154134	196249	21,0476
444	1394,9	154830	197136	21,0713
445	1398,0	155528	198025	21,0950
446	1401,2	156228	198916	21,1187
447	1404,3	156930	199809	21,1424
448	1407,4	157633	200704	21,1660
449	1410,6	158337	201601	21,1896
450	1413,7	159043	202500	21,2132

451 ... 500

d oder n	d·π	d²·π/4	n²	√n
451	1416,9	159751	203401	21,2368
452	1420,0	160460	204304	21,2603
453	1423,1	161171	205209	21,2838
454	1426,3	161883	206116	21,3073
455	1429,4	162597	207025	21,3307
456	1432,6	163313	207936	21,3542
457	1435,7	164030	208849	21,3776
458	1438,8	164748	209764	21,4009
459	1442,0	165468	210681	21,4243
460	1445,1	166190	211600	21,4476
461	1448,3	166914	212521	21,4709
462	1451,4	167639	213444	21,4942
463	1454,6	168365	214369	21,5174
464	1457,7	169093	215296	21,5407
465	1460,8	169823	216225	21,5639
466	1464,0	170554	217156	21,5870
467	1467,1	171287	218089	21,6102
468	1470,3	172021	219024	21,6333
469	1473,4	172757	219961	21,6564
470	1476,5	173494	220900	21,6795
471	1479,7	174234	221841	21,7025
472	1482,8	174974	222784	21,7256
473	1486,0	175716	223729	21,7486
474	1489,1	176460	224676	21,7715
475	1492,3	177205	225625	21,7945
476	1495,4	177952	226576	21,8174
477	1498,5	178701	227529	21,8403
478	1501,7	179451	228484	21,8632
479	1504,8	180203	229441	21,8861
480	1508,0	180956	230400	21,9089
481	1511,1	181711	231361	21,9317
482	1514,2	182467	232324	21,9545
483	1517,4	183225	233289	21,9773
484	1520,5	183984	234256	22,0000
485	1523,7	184745	235225	22,0227
486	1526,8	185508	236196	22,0454
487	1530,0	186272	237169	22,0681
488	1533,1	187038	238144	22,0907
489	1536,2	187805	239121	22,1133
490	1539,4	188574	240100	22,1359
491	1542,5	189345	241081	22,1585
492	1545,7	190117	242064	22,1811
493	1548,8	190890	243049	22,2036
494	1551,9	191665	244036	22,2261
495	1555,1	192442	245025	22,2486
496	1558,2	193221	246016	22,2711
497	1561,4	194000	247009	22,2935
498	1564,5	194782	248004	22,3159
499	1567,7	195565	249001	22,3383
500	1570,8	196350	250000	22,3607

501 … 550

d oder n	d·π	d²·π/4	n²	√n
501	1573,9	197136	251001	22,3830
502	1577,1	197923	252004	22,4054
503	1580,2	198713	253009	22,4277
504	1583,4	199504	254016	22,4499
505	1586,5	200296	255025	22,4722
506	1589,6	201090	256036	22,4944
507	1592,8	201886	257049	22,5167
508	1595,9	202683	258064	22,5389
509	1599,1	203482	259081	22,5610
510	1602,2	204282	260100	22,5832
511	1605,4	205084	261121	22,6053
512	1608,5	205887	262144	22,6274
513	1611,6	206692	263169	22,6495
514	1614,8	207499	264196	22,6716
515	1617,9	208307	265225	22,6936
516	1621,1	209117	266256	22,7156
517	1624,2	209928	267289	22,7376
518	1627,3	210741	268324	22,7596
519	1630,5	211556	269361	22,7816
520	1633,6	212372	270400	22,8035
521	1636,8	213189	271441	22,8254
522	1639,9	214008	272484	22,8473
523	1643,1	214829	273529	22,8692
524	1646,2	215651	274576	22,8910
525	1649,3	216475	275625	22,9129
526	1652,5	217301	276676	22,9347
527	1655,6	218128	277729	22,9565
528	1658,8	218956	278784	22,9783
529	1661,9	219787	279841	23,0000
530	1665,0	220618	280900	23,0217
531	1668,2	221452	281961	23,0434
532	1671,3	222287	283024	23,0651
533	1674,5	223123	284089	23,0868
534	1677,6	223961	285156	23,1084
535	1680,8	224801	286225	23,1301
536	1683,9	225642	287296	23,1517
537	1687,0	226484	288369	23,1733
538	1690,2	227329	289444	23,1948
539	1693,3	228175	290521	23,2164
540	1696,5	229022	291600	23,2379
541	1699,6	229871	292681	23,2594
542	1702,7	230722	293764	23,2809
543	1705,9	231574	294849	23,3024
544	1709,0	232428	295936	23,3238
545	1712,2	233283	297025	23,3452
546	1715,3	234140	298116	23,3666
547	1718,5	234998	299209	23,3880
548	1721,6	235858	300304	23,4094
549	1724,7	236720	301401	23,4307
550	1727,9	237583	302500	23,4521

551 … 600

d oder n	d·π	d²·π/4	n²	√n
551	1731,0	238448	303601	23,4734
552	1734,2	239314	304704	23,4947
553	1737,3	240182	305809	23,5160
554	1740,4	241051	306916	23,5372
555	1743,6	241922	308025	23,5584
556	1746,7	242795	309136	23,5797
557	1749,9	243669	310249	23,6008
558	1753,0	244545	311364	23,6220
559	1756,2	245422	312481	23,6432
560	1759,3	246301	313600	23,6643
561	1762,4	247181	314721	23,6854
562	1765,6	248063	315844	23,7065
563	1768,7	248947	316969	23,7276
564	1771,9	249832	318096	23,7487
565	1775,0	250719	319225	23,7697
566	1778,1	251607	320356	23,7908
567	1781,3	252497	321489	23,8118
568	1784,4	253388	322624	23,8328
569	1787,6	254281	323761	23,8537
570	1790,7	255176	324900	23,8747
571	1793,8	256072	326041	23,8956
572	1797,0	256970	327184	23,9165
573	1800,1	257869	328329	23,9374
574	1803,3	258770	329476	23,9583
575	1806,4	259672	330625	23,9792
576	1809,6	260576	331776	24,0000
577	1812,7	261482	332929	24,0208
578	1815,8	262389	334084	24,0416
579	1819,0	263298	335241	24,0624
580	1822,1	264208	336400	24,0832
581	1825,3	265120	337561	24,1039
582	1828,4	266033	338724	24,1247
583	1831,6	266948	339889	24,1454
584	1834,7	267865	341056	24,1661
585	1837,8	268783	342225	24,1868
586	1841,0	269703	343396	24,2074
587	1844,1	270624	344569	24,2281
588	1847,3	271547	345744	24,2487
589	1850,4	272471	346921	24,2693
590	1853,5	273397	348100	24,2899
591	1856,7	274325	349281	24,3105
592	1859,8	275254	350464	24,3311
593	1863,0	276184	351649	24,3516
594	1866,1	277117	352836	24,3721
595	1869,2	278051	354025	24,3926
596	1872,4	278986	355216	24,4131
597	1875,5	279923	356409	24,4336
598	1878,7	280862	357604	24,4540
599	1881,8	281802	358801	24,4745
600	1885,0	282743	360000	24,4949

601 … 650

d oder n	d·π	d²·π/4	n²	√n
601	1888,1	283687	361201	24,5153
602	1891,3	284631	362404	24,5357
603	1894,4	285578	363609	24,5561
604	1897,5	286526	364816	24,5764
605	1900,7	287475	366025	24,5967
606	1903,8	288426	367236	24,6171
607	1906,9	289379	368449	24,6374
608	1910,1	290333	369664	24,6577
609	1913,2	291289	370881	24,6779
610	1916,4	292247	372100	24,6982
611	1919,5	293206	373321	24,7184
612	1922,7	294166	374544	24,7386
613	1925,8	295128	375769	24,7588
614	1928,9	296092	376996	24,7790
615	1932,1	297057	378225	24,7992
616	1935,2	298024	379456	24,8193
617	1938,4	298992	380689	24,8395
618	1941,5	299962	381924	24,8596
619	1944,6	300934	383161	24,8797
620	1947,8	301907	384400	24,8998
621	1950,9	302882	385641	24,9199
622	1954,1	303858	386884	24,9399
623	1957,2	304836	388129	24,9600
624	1960,4	305815	389376	24,9800
625	1963,5	306796	390625	25,0000
626	1966,6	307779	391876	25,0200
627	1969,8	308763	393129	25,0400
628	1972,9	309748	394384	25,0599
629	1976,1	310736	395641	25,0799
630	1979,2	311725	396900	25,0998
631	1982,3	312715	398161	25,1197
632	1985,5	313707	399424	25,1396
633	1988,6	314700	400689	25,1595
634	1991,8	315696	401956	25,1794
635	1994,9	316692	403225	25,1992
636	1998,1	317690	404496	25,2190
637	2001,2	318690	405769	25,2389
638	2004,3	319692	407044	25,2587
639	2007,5	320695	408321	25,2784
640	2010,6	321699	409600	25,2982
641	2013,8	322705	410881	25,3180
642	2016,9	323713	412164	25,3377
643	2020,0	324722	413449	25,3574
644	2023,2	325733	414736	25,3771
645	2026,3	326745	416025	25,3969
646	2029,5	327759	417316	25,4165
647	2032,6	328775	418609	25,4362
648	2035,8	329792	419904	25,4558
649	2038,9	330810	421201	25,4755
650	2042,0	331831	422500	25,4951

651 … 700

d oder n	d·π	d²·π/4	n²	√n
651	2045,2	332853	423801	25,5147
652	2048,3	333876	425104	25,5343
653	2051,5	334901	426409	25,5539
654	2054,6	335927	427716	25,5734
655	2057,7	336955	429025	25,5930
656	2060,9	337985	430336	25,6125
657	2064,0	339016	431649	25,6320
658	2067,2	340049	432964	25,6515
659	2070,3	341084	434281	25,6710
660	2073,5	342119	435600	25,6905
661	2076,6	343157	436921	25,7099
662	2079,7	344196	438244	25,7294
663	2082,9	345237	439569	25,7488
664	2086,0	346279	440896	25,7682
665	2089,2	347323	442225	25,7876
666	2092,3	348368	443556	25,8070
667	2095,4	349415	444889	25,8263
668	2098,6	350464	446224	25,8457
669	2101,7	351514	447561	25,8650
670	2104,9	352565	448900	25,8844
671	2108,0	353618	450241	25,9037
672	2111,2	354673	451584	25,9230
673	2114,3	355730	452929	25,9422
674	2117,4	356788	454276	25,9615
675	2120,6	357847	455625	25,9808
676	2123,7	358908	456976	26,0000
677	2126,9	359971	458329	26,0192
678	2130,0	361035	459684	26,0384
679	2133,1	362101	461041	26,0576
680	2136,3	363168	462400	26,0768
681	2139,4	364237	463761	26,0960
682	2142,6	365308	465124	26,1151
683	2145,7	366380	466489	26,1343
684	2148,8	367453	467856	26,1534
685	2152,0	368528	469225	26,1725
686	2155,1	369605	470596	26,1916
687	2158,3	370684	471969	26,2107
688	2161,4	371764	473344	26,2298
689	2164,6	372845	474721	26,2488
690	2167,7	373928	476100	26,2679
691	2170,8	375013	477481	26,2869
692	2174,0	376099	478864	26,3059
693	2177,1	377187	480249	26,3249
694	2180,3	378276	481636	26,3439
695	2183,4	379367	483025	26,3629
696	2186,5	380459	484416	26,3818
697	2189,7	381553	485809	26,4008
698	2192,8	382649	487204	26,4197
699	2196,0	383746	488601	26,4386
700	2199,1	384845	490000	26,4575

701 … 750

d oder n	d·π	d²·π/4	n²	√n
701	2202,3	385945	491401	26,4764
702	2205,4	387047	492804	26,4953
703	2208,5	388151	494209	26,5141
704	2211,7	389256	495616	26,5330
705	2214,8	390363	497025	26,5518
706	2218,0	391471	498436	26,5707
707	2221,1	392580	499849	26,5895
708	2224,2	393692	501264	26,6083
709	2227,4	394805	502681	26,6271
710	2230,5	395919	504100	26,6458
711	2233,7	397035	505521	26,6646
712	2236,8	398153	506944	26,6833
713	2240,0	399272	508369	26,7021
714	2243,1	400393	509796	26,7208
715	2246,2	401515	511225	26,7395
716	2249,4	402639	512656	26,7582
717	2252,5	403765	514089	26,7769
718	2255,7	404892	515524	26,7955
719	2258,8	406020	516961	26,8142
720	2261,9	407150	518400	26,8328
721	2265,1	408282	519841	26,8514
722	2268,2	409415	521284	26,8701
723	2271,4	410550	522729	26,8887
724	2274,5	411687	524176	26,9072
725	2277,7	412825	525625	26,9258
726	2280,8	413965	527076	26,9444
727	2283,9	415106	528529	26,9629
728	2287,1	416248	529984	26,9815
729	2290,2	417393	531441	27,0000
730	2293,4	418539	532900	27,0185
731	2296,5	419686	534361	27,0370
732	2299,6	420835	535824	27,0555
733	2302,8	421986	537289	27,0740
734	2305,9	423138	538756	27,0924
735	2309,1	424293	540225	27,1109
736	2312,2	425447	541696	27,1293
737	2315,4	426604	543169	27,1477
738	2318,5	427762	544644	27,1662
739	2321,6	428922	546121	27,1846
740	2324,8	430084	547600	27,2029
741	2327,9	431247	549081	27,2213
742	2331,1	432412	550564	27,2397
743	2334,2	433578	552049	27,2580
744	2337,3	434746	553536	27,2764
745	2340,5	435916	555025	27,2947
746	2343,6	437087	556516	27,3130
747	2346,8	438259	558009	27,3313
748	2349,9	439433	559504	27,3496
749	2353,1	440609	561001	27,3679
750	2356,2	441786	562500	27,3861

751 … 800

d oder n	d·π	d²·π/4	n²	√n
751	2359,3	442965	564001	27,4044
752	2362,5	444146	565504	27,4226
753	2365,6	445328	567009	27,4408
754	2368,8	446511	568516	27,4591
755	2371,9	447697	570025	27,4773
756	2375,0	448883	571536	27,4955
757	2378,2	450072	573049	27,5136
758	2381,3	451262	574564	27,5318
759	2384,5	452453	576081	27,5500
760	2387,6	453646	577600	27,5681
761	2390,8	454841	579121	27,5862
762	2393,9	456037	580644	27,6043
763	2397,0	457234	582169	27,6225
764	2400,2	458434	583696	27,6405
765	2403,3	459635	585225	27,6586
766	2406,5	460837	586756	27,6767
767	2409,6	462041	588289	27,6948
768	2412,7	463247	589824	27,7128
769	2415,9	464454	591361	27,7308
770	2419,0	465663	592900	27,7489
771	2422,1	466873	594441	27,7669
772	2425,3	468085	595984	27,7849
773	2428,5	469298	597529	27,8029
774	2431,6	470513	599076	27,8209
775	2434,7	471730	600625	27,8388
776	2437,9	472948	602176	27,8568
777	2441,0	474168	603729	27,8747
778	2444,2	475389	605284	27,8927
779	2447,3	476612	606841	27,9106
780	2450,4	477836	608400	27,9285
781	2453,6	479062	609961	27,9464
782	2456,7	480290	611524	27,9643
783	2459,9	481519	613089	27,9821
784	2463,0	482750	614656	28,0000
785	2466,2	483982	616225	28,0179
786	2469,3	485216	617796	28,0357
787	2472,4	486451	619369	28,0535
788	2475,6	487688	620944	28,0713
789	2478,7	488927	622521	28,0891
790	2481,9	490167	624100	28,1069
791	2485,0	491409	625681	28,1247
792	2488,1	492652	627264	28,1425
793	2491,3	493897	628849	28,1603
794	2494,4	495143	630436	28,1780
795	2497,6	496391	632025	28,1957
796	2500,7	497641	633616	28,2135
797	2503,8	498892	635209	28,2312
798	2507,0	500145	636804	28,2489
799	2510,1	501399	638401	28,2666
800	2513,3	502655	640000	28,2843

801 … 850

d oder n	d·π	d²·π/4	n²	√n
801	2516,4	503912	641601	28,3019
802	2519,6	505171	643204	28,3196
803	2522,7	506432	644809	28,3373
804	2525,8	507694	646416	28,3549
805	2529,0	508958	648025	28,3725
806	2532,1	510223	649636	28,3901
807	2535,3	511490	651249	28,4077
808	2538,4	512758	652864	28,4253
809	2541,5	514028	654481	28,4429
810	2544,7	515300	656100	28,4605
811	2547,8	516573	657721	28,4781
812	2551,0	517848	659344	28,4956
813	2554,1	519124	660969	28,5132
814	2557,3	520402	662596	28,5307
815	2560,4	521681	664225	28,5482
816	2563,5	522962	665856	28,5657
817	2566,7	524245	667489	28,5832
818	2569,8	525529	669124	28,6007
819	2573,0	526814	670761	28,6182
820	2576,1	528102	672400	28,6356
821	2579,2	529391	674041	28,6531
822	2582,4	530681	675684	28,6705
823	2585,5	531973	677329	28,6880
824	2588,7	533267	678976	28,7054
825	2591,8	534562	680625	28,7228
826	2595,0	535858	682276	28,7402
827	2598,1	537157	683929	28,7576
828	2601,2	538456	685584	28,7750
829	2604,4	539758	687241	28,7924
830	2607,5	541061	688900	28,8097
831	2610,7	542365	690561	28,8271
832	2613,8	543671	692224	28,8444
833	2616,9	544979	693889	28,8617
834	2620,1	546288	695556	28,8791
835	2623,2	547599	697225	28,8964
836	2626,4	548912	698896	28,9137
837	2629,5	550226	700569	28,9310
838	2632,7	551541	702244	28,9482
839	2635,8	552858	703921	28,9655
840	2638,9	554177	705600	28,9828
841	2642,1	555497	707281	29,0000
842	2645,2	556819	708964	29,0172
843	2648,4	558142	710649	29,0345
844	2651,5	559467	712336	29,0517
845	2654,6	560794	714025	29,0689
846	2657,8	562122	715716	29,0861
847	2660,9	563452	717409	29,1033
848	2664,1	564783	719104	29,1204
849	2667,2	566116	720801	29,1376
850	2670,4	567450	722500	29,1548

851 … 900

d oder n	d·π	d²·π/4	n²	√n
851	2673,5	568786	724201	29,1719
852	2676,6	570124	725904	29,1890
853	2679,8	571463	727609	29,2062
854	2682,9	572803	729316	29,2233
855	2686,1	574146	731025	29,2404
856	2689,2	575490	732736	29,2575
857	2692,3	576835	734449	29,2746
858	2695,5	578182	736164	29,2916
859	2698,6	579530	737881	29,3087
860	2701,8	580880	739600	29,3258
861	2704,9	582232	741321	29,3428
862	2708,1	583585	743044	29,3598
863	2711,2	584940	744769	29,3769
864	2714,3	586297	746496	29,3939
865	2717,5	587655	748225	29,4109
866	2720,6	589014	749956	29,4279
867	2723,8	590375	751689	29,4449
868	2726,9	591738	753424	29,4618
869	2730,0	593102	755161	29,4788
870	2733,2	594468	756900	29,4958
871	2736,3	595835	758641	29,5127
872	2739,5	597204	760384	29,5296
873	2742,6	598575	762129	29,5466
874	2745,8	599947	763876	29,5635
875	2748,9	601320	765625	29,5804
876	2752,0	602696	767376	29,5973
877	2755,2	604073	769129	29,6142
878	2758,3	605451	770884	29,6311
879	2761,5	606831	772641	29,6479
880	2764,6	608212	774400	29,6648
881	2767,7	609595	776161	29,6816
882	2770,9	610979	777924	29,6985
883	2774,0	612366	779689	29,7153
884	2777,2	613754	781456	29,7321
885	2780,3	615143	783225	29,7489
886	2783,5	616534	784996	29,7658
887	2786,6	617927	786769	29,7825
888	2789,7	619321	788544	29,7993
889	2792,9	620717	790321	29,8161
890	2796,0	622114	792100	29,8329
891	2799,2	623513	793881	29,8496
892	2802,3	624913	795664	29,8664
893	2805,4	626315	797449	29,8831
894	2808,6	627718	799236	29,8998
895	2811,7	629124	801025	29,9166
896	2814,9	630530	802816	29,9333
897	2818,0	631938	804609	29,9500
898	2821,2	633348	806404	29,9666
899	2824,3	634760	808201	29,9833
900	2827,4	636173	810000	30,0000

901 … 950

d oder n	d·π	d²·π/4	n²	√n
901	2830,6	637587	811801	30,0167
902	2833,7	639003	813604	30,0333
903	2836,9	640421	815409	30,0500
904	2840,0	641840	817216	30,0666
905	2843,1	643261	819025	30,0832
906	2846,3	644683	820836	30,0998
907	2849,4	646107	822649	30,1164
908	2852,6	647533	824464	30,1330
909	2855,7	648960	826281	30,1496
910	2858,8	650388	828100	30,1662
911	2862,0	651818	829921	30,1828
912	2865,1	653250	831744	30,1993
913	2868,2	654684	833569	30,2159
914	2871,4	656118	835396	30,2324
915	2874,6	657555	837225	30,2490
916	2877,7	658993	839056	30,2655
917	2880,8	660433	840889	30,2820
918	2884,0	661874	842724	30,2985
919	2887,1	663317	844561	30,3150
920	2890,3	664761	846400	30,3315
921	2893,4	666207	848241	30,3480
922	2896,5	667654	850084	30,3645
923	2899,7	669103	851929	30,3809
924	2902,8	670554	853776	30,3974
925	2906,0	672006	855625	30,4138
926	2909,1	673460	857476	30,4302
927	2912,3	674915	859329	30,4467
928	2915,4	676372	861184	30,4631
929	2918,5	677831	863041	30,4795
930	2921,7	679291	864900	30,4959
931	2924,8	680752	866761	30,5123
932	2928,0	682216	868624	30,5287
933	2931,1	683680	870489	30,5450
934	2934,2	685147	872356	30,5614
935	2937,4	686615	874225	30,5778
936	2940,5	688084	876096	30,5941
937	2943,7	689555	877969	30,6105
938	2946,8	691028	879844	30,6268
939	2950,0	692502	881721	30,6431
940	2953,1	693978	883600	30,6594
941	2956,2	695455	885481	30,6757
942	2959,4	696934	887364	30,6920
943	2962,5	698415	889249	30,7083
944	2965,7	699897	891136	30,7246
945	2968,8	701380	893025	30,7409
946	2972,0	702865	894916	30,7571
947	2975,1	704352	896809	30,7734
948	2978,2	705840	898704	30,7896
949	2981,4	707330	900601	30,8058
950	2984,5	708822	902500	30,8221

951 … 1000

d oder n	d·π	d²·π/4	n²	√n
951	2987,7	710315	904401	30,8383
952	2990,8	711809	906304	30,8545
953	2993,9	713306	908209	30,8707
954	2997,1	714803	910116	30,8869
955	3000,2	716303	912025	30,9031
956	3003,3	717804	913936	30,9192
957	3006,5	719306	915849	30,9354
958	3009,6	720810	917764	30,9516
959	3012,8	722316	919681	30,9677
960	3015,9	723823	921600	30,9839
961	3019,1	725332	923521	31,0000
962	3022,2	726842	925444	31,0161
963	3025,4	728354	927369	31,0322
964	3028,5	729867	929296	31,0483
965	3031,6	731382	931225	31,0644
966	3034,8	732899	933156	31,0805
967	3037,9	734417	935089	31,0966
968	3041,1	735937	937024	31,1127
969	3044,2	737458	938961	31,1288
970	3047,3	738981	940900	31,1448
971	3050,5	740506	942841	31,1609
972	3053,6	742032	944784	31,1769
973	3056,8	743559	946729	31,1929
974	3059,9	745088	948676	31,2090
975	3063,1	746619	950625	31,2250
976	3066,2	748151	952576	31,2410
977	3069,3	749685	954529	31,2570
978	3072,5	751221	956484	31,2730
979	3075,6	752758	958441	31,2890
980	3078,8	754296	960400	31,3050
981	3081,9	755837	962361	31,3209
982	3085,0	757378	964324	31,3369
983	3088,2	758922	966289	31,3528
984	3091,3	760466	968256	31,3688
985	3094,5	762013	970225	31,3847
986	3097,6	763561	972196	31,4006
987	3100,8	765111	974169	31,4166
988	3103,9	766662	976144	31,4325
989	3107,1	768214	978121	31,4484
990	3110,2	769769	980100	31,4643
991	3113,3	771325	982081	31,4802
992	3116,5	772882	984064	31,4960
993	3119,6	774441	986049	31,5119
994	3122,8	776002	988036	31,5278
995	3125,9	777564	990025	31,5436
996	3129,0	779128	992016	31,5595
997	3132,2	780693	994009	31,5753
998	3135,3	782260	996004	31,5911
999	3138,5	783828	998001	31,6070
1000	3141,6	785398	1000000	31,6228

Trigonometrische Zahlentafel

Sinus 45 … 90°

Min./Grad	0'	10'	20'	30'	40'	50'	60'	Grad
45	0,7071	0,7092	0,7112	0,7133	0,7153	0,7173	0,7193	44
46	0,7193	0,7214	0,7234	0,7254	0,7274	0,7294	0,7314	43
47	0,7314	0,7333	0,7353	0,7373	0,7392	0,7412	0,7431	42
48	0,7431	0,7451	0,7470	0,7490	0,7509	0,7528	0,7547	41
49	0,7547	0,7566	0,7585	0,7604	0,7623	0,7642	0,7660	40
50	0,7660	0,7679	0,7698	0,7716	0,7735	0,7753	0,7771	39
51	0,7771	0,7790	0,7808	0,7826	0,7844	0,7862	0,7880	38
52	0,7880	0,7898	0,7916	0,7934	0,7951	0,7969	0,7986	37
53	0,7986	0,8004	0,8021	0,8039	0,8056	0,8073	0,8090	36
54	0,8090	0,8107	0,8124	0,8141	0,8158	0,8175	0,8192	35
55	0,8192	0,8208	0,8225	0,8241	0,8258	0,8274	0,8290	34
56	0,8290	0,8307	0,8323	0,8339	0,8355	0,8371	0,8387	33
57	0,8387	0,8403	0,8418	0,8434	0,8450	0,8465	0,8480	32
58	0,8480	0,8496	0,8511	0,8526	0,8542	0,8557	0,8572	31
59	0,8572	0,8587	0,8601	0,8616	0,8631	0,8646	0,8660	30
60	0,8660	0,8675	0,8689	0,8704	0,8718	0,8732	0,8746	29
61	0,8746	0,8760	0,8774	0,8788	0,8802	0,8816	0,8829	28
62	0,8829	0,8843	0,8857	0,8870	0,8884	0,8897	0,8910	27
63	0,8910	0,8923	0,8936	0,8949	0,8962	0,8975	0,8988	26
64	0,8988	0,9001	0,9013	0,9026	0,9038	0,9051	0,9063	25
65	0,9063	0,9075	0,9088	0,9100	0,9112	0,9124	0,9135	24
66	0,9135	0,9147	0,9159	0,9171	0,9182	0,9194	0,9205	23
67	0,9205	0,9216	0,9228	0,9239	0,9250	0,9261	0,9272	22
68	0,9272	0,9283	0,9293	0,9304	0,9315	0,9325	0,9336	21
69	0,9336	0,9346	0,9356	0,9367	0,9377	0,9387	0,9397	20
70	0,9397	0,9407	0,9417	0,9426	0,9436	0,9446	0,9455	19
71	0,9455	0,9465	0,9474	0,9483	0,9492	0,9502	0,9511	18
72	0,9511	0,9520	0,9528	0,9537	0,9546	0,9555	0,9563	17
73	0,9563	0,9572	0,9580	0,9588	0,9596	0,9605	0,9613	16
74	0,9613	0,9621	0,9628	0,9636	0,9644	0,9652	0,9659	15
75	0,9659	0,9667	0,9674	0,9681	0,9689	0,9696	0,9703	14
76	0,9703	0,9710	0,9717	0,9724	0,9730	0,9737	0,9744	13
77	0,9744	0,9750	0,9757	0,9763	0,9769	0,9775	0,9781	12
78	0,9781	0,9787	0,9793	0,9799	0,9805	0,9811	0,9816	11
79	0,9816	0,9822	0,9827	0,9833	0,9838	0,9843	0,9848	10
80	0,9848	0,9853	0,9858	0,9863	0,9868	0,9872	0,9877	9
81	0,9877	0,9881	0,9886	0,9890	0,9894	0,9899	0,9903	8
82	0,9903	0,9907	0,9911	0,9914	0,9918	0,9922	0,9925	7
83	0,9925	0,9929	0,9932	0,9936	0,9939	0,9942	0,9945	6
84	0,9945	0,9948	0,9951	0,9954	0,9957	0,9959	0,9962	5
85	0,9962	0,9964	0,9967	0,9969	0,9971	0,9974	0,9976	4
86	0,9976	0,9978	0,9980	0,9981	0,9983	0,9985	0,9986	3
87	0,9986	0,9988	0,9989	0,9990	0,9992	0,9993	0,9994	2
88	0,9994	0,9995	0,9996	0,9997	0,9997	0,9998	0,99985	1
89	0,99985	0,99989	0,99993	0,99996	0,99998	0,99999	1,0000	0
Min.	60'	50'	40'	30'	20'	10'	0'	**Grad**

Cosinus 0 … 45°

Sinus 0 … 45°

Min./Grad	0'	10'	20'	30'	40'	50'	60'	Grad
0	0,0000	0,0029	0,0058	0,0087	0,0116	0,0145	0,0175	89
1	0,0175	0,0204	0,0233	0,0262	0,0291	0,0320	0,0349	88
2	0,0349	0,0378	0,0407	0,0436	0,0465	0,0494	0,0523	87
3	0,0523	0,0552	0,0581	0,0610	0,0640	0,0669	0,0698	86
4	0,0698	0,0727	0,0756	0,0785	0,0814	0,0843	0,0872	85
5	0,0872	0,0901	0,0929	0,0958	0,0987	0,1016	0,1045	84
6	0,1045	0,1074	0,1103	0,1132	0,1161	0,1190	0,1219	83
7	0,1219	0,1248	0,1276	0,1305	0,1334	0,1363	0,1392	82
8	0,1392	0,1421	0,1449	0,1478	0,1507	0,1536	0,1564	81
9	0,1564	0,1593	0,1622	0,1650	0,1679	0,1708	0,1736	80
10	0,1736	0,1765	0,1794	0,1822	0,1851	0,1880	0,1908	79
11	0,1908	0,1937	0,1965	0,1994	0,2022	0,2051	0,2079	78
12	0,2079	0,2108	0,2136	0,2164	0,2193	0,2221	0,2250	77
13	0,2250	0,2278	0,2306	0,2334	0,2363	0,2391	0,2419	76
14	0,2419	0,2447	0,2476	0,2504	0,2532	0,2560	0,2588	75
15	0,2588	0,2616	0,2644	0,2672	0,2700	0,2728	0,2756	74
16	0,2756	0,2784	0,2812	0,2840	0,2868	0,2896	0,2924	73
17	0,2924	0,2952	0,2979	0,3007	0,3035	0,3062	0,3090	72
18	0,3090	0,3118	0,3145	0,3173	0,3201	0,3228	0,3256	71
19	0,3256	0,3283	0,3311	0,3338	0,3365	0,3393	0,3420	70
20	0,3420	0,3448	0,3475	0,3502	0,3529	0,3557	0,3584	69
21	0,3584	0,3611	0,3638	0,3665	0,3692	0,3719	0,3746	68
22	0,3746	0,3773	0,3800	0,3827	0,3854	0,3881	0,3907	67
23	0,3907	0,3934	0,3961	0,3987	0,4014	0,4041	0,4067	66
24	0,4067	0,4094	0,4120	0,4147	0,4173	0,4200	0,4226	65
25	0,4226	0,4253	0,4279	0,4305	0,4331	0,4358	0,4384	64
26	0,4384	0,4410	0,4436	0,4462	0,4488	0,4514	0,4540	63
27	0,4540	0,4566	0,4592	0,4617	0,4643	0,4669	0,4695	62
28	0,4695	0,4720	0,4746	0,4772	0,4797	0,4823	0,4848	61
29	0,4848	0,4874	0,4899	0,4924	0,4950	0,4975	0,5000	60
30	0,5000	0,5025	0,5050	0,5075	0,5100	0,5125	0,5150	59
31	0,5150	0,5175	0,5200	0,5225	0,5250	0,5275	0,5299	58
32	0,5299	0,5324	0,5348	0,5373	0,5398	0,5422	0,5446	57
33	0,5446	0,5471	0,5495	0,5519	0,5544	0,5568	0,5592	56
34	0,5592	0,5616	0,5640	0,5664	0,5688	0,5712	0,5736	55
35	0,5736	0,5760	0,5783	0,5807	0,5831	0,5854	0,5878	54
36	0,5878	0,5901	0,5925	0,5948	0,5972	0,5995	0,6018	53
37	0,6018	0,6041	0,6065	0,6088	0,6111	0,6134	0,6157	52
38	0,6157	0,6180	0,6202	0,6225	0,6248	0,6271	0,6293	51
39	0,6293	0,6316	0,6338	0,6361	0,6383	0,6406	0,6428	50
40	0,6428	0,6450	0,6472	0,6494	0,6517	0,6539	0,6561	49
41	0,6561	0,6583	0,6604	0,6626	0,6648	0,6670	0,6691	48
42	0,6691	0,6713	0,6734	0,6756	0,6777	0,6799	0,6820	47
43	0,6820	0,6841	0,6862	0,6884	0,6905	0,6926	0,6947	46
44	0,6947	0,6967	0,6988	0,7009	0,7030	0,7050	0,7071	45
Min.	60'	50'	40'	30'	20'	10'	0'	**Grad**

Cosinus 45 … 90°

Tangens 45 ··· 90° / Cotangens 0 ··· 45°

Grad	0'	10'	20'	30'	40'	50'	60'	Grad
45	1,0000	1,0058	1,0117	1,0176	1,0235	1,0295	1,0355	44
46	1,0355	1,0416	1,0477	1,0538	1,0599	1,0661	1,0724	43
47	1,0724	1,0786	1,0850	1,0913	1,0977	1,1041	1,1106	42
48	1,1106	1,1171	1,1237	1,1303	1,1369	1,1436	1,1504	41
49	1,1504	1,1571	1,1640	1,1708	1,1778	1,1847	1,1918	40
50	1,1918	1,1988	1,2059	1,2131	1,2203	1,2276	1,2349	39
51	1,2349	1,2423	1,2497	1,2572	1,2647	1,2723	1,2799	38
52	1,2799	1,2876	1,2954	1,3032	1,3111	1,3190	1,3270	37
53	1,3270	1,3351	1,3432	1,3514	1,3597	1,3680	1,3764	36
54	1,3764	1,3848	1,3934	1,4019	1,4106	1,4193	1,4281	35
55	1,4281	1,4370	1,4460	1,4550	1,4641	1,4733	1,4826	34
56	1,4826	1,4919	1,5013	1,5108	1,5204	1,5301	1,5399	33
57	1,5399	1,5497	1,5597	1,5697	1,5798	1,5900	1,6003	32
58	1,6003	1,6107	1,6213	1,6318	1,6426	1,6534	1,6643	31
59	1,6643	1,6753	1,6864	1,6977	1,7090	1,7205	1,7321	30
60	1,7321	1,7438	1,7556	1,7675	1,7796	1,7917	1,8041	29
61	1,8041	1,8165	1,8291	1,8418	1,8546	1,8676	1,8807	28
62	1,8807	1,8940	1,9074	1,9210	1,9347	1,9486	1,9626	27
63	1,9626	1,9768	1,9912	2,0057	2,0204	2,0353	2,0503	26
64	2,0503	2,0655	2,0809	2,0965	2,1123	2,1283	2,1445	25
65	2,1445	2,1609	2,1775	2,1943	2,2113	2,2286	2,2460	24
66	2,2460	2,2637	2,2817	2,2998	2,3183	2,3369	2,3558	23
67	2,3558	2,3750	2,3945	2,4142	2,4342	2,4545	2,4751	22
68	2,4751	2,4960	2,5172	2,5387	2,5605	2,5826	2,6051	21
69	2,6051	2,6279	2,6511	2,6746	2,6985	2,7228	2,7475	20
70	2,7475	2,7725	2,7980	2,8239	2,8502	2,8770	2,9042	19
71	2,9042	2,9319	2,9600	2,9887	3,0178	3,0475	3,0777	18
72	3,0777	3,1084	3,1397	3,1716	3,2041	3,2371	3,2709	17
73	3,2709	3,3052	3,3402	3,3759	3,4124	3,4495	3,4874	16
74	3,4874	3,5261	3,5656	3,6059	3,6470	3,6891	3,7321	15
75	3,7321	3,7760	3,8208	3,8667	3,9136	3,9617	4,0108	14
76	4,0108	4,0611	4,1126	4,1653	4,2193	4,2747	4,3315	13
77	4,3315	4,3897	4,4494	4,5107	4,5736	4,6383	4,7046	12
78	4,7046	4,7729	4,8430	4,9152	4,9894	5,0658	5,1446	11
79	5,1446	5,2257	5,3093	5,3955	5,4845	5,5764	5,6713	10
80	5,6713	5,7694	5,8708	5,9758	6,0844	6,1970	6,3138	9
81	6,3138	6,4348	6,5605	6,6912	6,8269	6,9682	7,1154	8
82	7,1154	7,2687	7,4287	7,5958	7,7704	7,9530	8,1444	7
83	8,1444	8,3450	8,5556	8,7769	9,0098	9,2553	9,5144	6
84	9,5144	9,7882	10,0780	10,3854	10,7119	11,0594	11,4301	5
85	11,4301	11,8262	12,2505	12,7062	13,1969	13,7267	14,3007	4
86	14,3007	14,9244	15,6048	16,3499	17,1693	18,0750	19,0811	3
87	19,0811	20,2056	21,4704	22,9038	24,5418	26,4316	28,6363	2
88	28,6363	31,2416	34,3678	38,1885	42,9641	49,1039	57,2900	1
89	57,2900	68,7501	85,9398	114,5887	171,8854	343,774	∞	0
Grad	60'	50'	40'	30'	20'	10'	0'	Min.

Tangens 0 ··· 45° / Cotangens 45 ··· 90°

Grad	0'	10'	20'	30'	40'	50'	60'	Grad
0	0,0000	0,0029	0,0058	0,0087	0,0116	0,0145	0,0175	89
1	0,0175	0,0204	0,0233	0,0262	0,0291	0,0320	0,0349	88
2	0,0349	0,0378	0,0407	0,0437	0,0466	0,0495	0,0524	87
3	0,0524	0,0553	0,0582	0,0612	0,0641	0,0670	0,0699	86
4	0,0699	0,0729	0,0758	0,0787	0,0816	0,0846	0,0875	85
5	0,0875	0,0904	0,0934	0,0963	0,0992	0,1022	0,1051	84
6	0,1051	0,1080	0,1110	0,1139	0,1169	0,1198	0,1228	83
7	0,1228	0,1257	0,1287	0,1317	0,1346	0,1376	0,1405	82
8	0,1405	0,1435	0,1465	0,1495	0,1524	0,1554	0,1584	81
9	0,1584	0,1614	0,1644	0,1673	0,1703	0,1733	0,1763	80
10	0,1763	0,1793	0,1823	0,1853	0,1883	0,1914	0,1944	79
11	0,1944	0,1974	0,2004	0,2035	0,2065	0,2095	0,2126	78
12	0,2126	0,2156	0,2186	0,2217	0,2247	0,2278	0,2309	77
13	0,2309	0,2339	0,2370	0,2401	0,2432	0,2462	0,2493	76
14	0,2493	0,2524	0,2555	0,2586	0,2617	0,2648	0,2679	75
15	0,2679	0,2711	0,2742	0,2773	0,2805	0,2836	0,2867	74
16	0,2867	0,2899	0,2931	0,2962	0,2994	0,3026	0,3057	73
17	0,3057	0,3089	0,3121	0,3153	0,3185	0,3217	0,3249	72
18	0,3249	0,3281	0,3314	0,3346	0,3378	0,3411	0,3443	71
19	0,3443	0,3476	0,3508	0,3541	0,3574	0,3607	0,3640	70
20	0,3640	0,3673	0,3706	0,3739	0,3772	0,3805	0,3839	69
21	0,3839	0,3872	0,3906	0,3939	0,3973	0,4006	0,4040	68
22	0,4040	0,4074	0,4108	0,4142	0,4176	0,4210	0,4245	67
23	0,4245	0,4279	0,4314	0,4348	0,4383	0,4417	0,4452	66
24	0,4452	0,4487	0,4522	0,4557	0,4592	0,4628	0,4663	65
25	0,4663	0,4699	0,4734	0,4770	0,4806	0,4841	0,4877	64
26	0,4877	0,4913	0,4950	0,4986	0,5022	0,5059	0,5095	63
27	0,5095	0,5132	0,5169	0,5206	0,5243	0,5280	0,5317	62
28	0,5317	0,5354	0,5392	0,5430	0,5467	0,5505	0,5543	61
29	0,5543	0,5581	0,5619	0,5658	0,5696	0,5735	0,5774	60
30	0,5774	0,5812	0,5851	0,5890	0,5930	0,5969	0,6009	59
31	0,6009	0,6048	0,6088	0,6128	0,6168	0,6208	0,6249	58
32	0,6249	0,6289	0,6330	0,6371	0,6412	0,6453	0,6494	57
33	0,6494	0,6536	0,6577	0,6619	0,6661	0,6703	0,6745	56
34	0,6745	0,6787	0,6830	0,6873	0,6916	0,6959	0,7002	55
35	0,7002	0,7046	0,7089	0,7133	0,7177	0,7221	0,7265	54
36	0,7265	0,7310	0,7355	0,7400	0,7445	0,7490	0,7536	53
37	0,7536	0,7581	0,7627	0,7673	0,7720	0,7766	0,7813	52
38	0,7813	0,7860	0,7907	0,7954	0,8002	0,8050	0,8098	51
39	0,8098	0,8146	0,8195	0,8243	0,8292	0,8342	0,8391	50
40	0,8391	0,8441	0,8491	0,8541	0,8591	0,8642	0,8693	49
41	0,8693	0,8744	0,8796	0,8847	0,8899	0,8952	0,9004	48
42	0,9004	0,9057	0,9110	0,9163	0,9217	0,9271	0,9325	47
43	0,9325	0,9380	0,9435	0,9490	0,9545	0,9601	0,9657	46
44	0,9657	0,9713	0,9770	0,9827	0,9884	0,9942	1,0000	45
Grad	60'	50'	40'	30'	20'	10'	0'	Min.

Schichtentabelle

Schichten	Schichthöhen 6,25 (DF)	8,33 (NF)	12,5 (1½ NF)	Schichten	Schichthöhen 6,25 (DF)	8,33 (NF)	12,5 (1½ NF)	Schichten	Schichthöhen 6,25 (DF)	8,33 (NF)	12,5 (1½ NF)
1	0,0625	0,0833	0,125	26	1,625	2,167	3,25	51	3,1875	4,25	6,375
2	0,125	0,167	0,25	27	1,6875	2,25	3,375	52	3,25	4,333	6,50
3	0,1875	0,25	0,375	28	1,75	2,333	3,50	53	3,3125	4,416	6,625
4	0,25	0,333	0,50	29	1,8125	2,416	3,625	54	3,375	4,50	6,75
5	0,3125	0,417	0,625	30	1,875	2,50	3,75	55	3,4375	4,583	6,875
6	0,375	0,50	0,75	31	1,9375	2,583	3,875	56	3,50	4,666	7,00
7	0,4375	0,583	0,875	32	2,00	2,666	4,00	57	3,5625	4,75	7,125
8	0,50	0,666	1,00	33	2,0625	2,75	4,125	58	3,625	4,833	7,25
9	0,5625	0,75	1,125	34	2,125	2,833	4,25	59	3,6875	4,916	7,375
10	0,625	0,833	1,25	35	2,1875	2,916	4,375	60	3,75	5,00	7,50
11	0,6875	0,916	1,375	36	2,25	3,00	4,50	61	3,8125	5,083	7,625
12	0,75	1,00	1,50	37	2,3125	3,083	4,625	62	3,875	5,167	7,75
13	0,8125	1,083	1,625	38	2,375	3,167	4,75	63	3,9375	5,25	7,875
14	0,875	1,167	1,75	39	2,4375	3,25	4,875	64	4,00	5,333	8,00
15	0,9375	1,25	1,875	40	2,50	3,333	5,00	65	4,0625	5,416	8,125
16	1,00	1,333	2,00	41	2,5625	3,416	5,125	66	4,125	5,50	8,25
17	1,0625	1,416	2,125	42	2,625	3,50	5,25	67	4,1875	5,583	8,375
18	1,125	1,50	2,25	43	2,6875	3,583	5,375	68	4,25	5,666	8,50
19	1,1875	1,583	2,375	44	2,75	3,666	5,50	69	4,3125	5,75	8,625
20	1,25	1,666	2,50	45	2,8125	3,75	5,625	70	4,375	5,833	8,75
21	1,3125	1,75	2,625	46	2,875	3,833	5,75	71	4,4375	5,916	8,875
22	1,375	1,833	2,75	47	2,9375	3,916	5,875	72	4,50	6,00	9,00
23	1,4375	1,916	2,875	48	3,00	4,00	6,00	73	4,5625	6,083	9,125
24	1,50	2,00	3,00	49	3,0625	4,083	6,125	74	4,625	6,167	9,25
25	1,5625	2,083	3,125	50	3,125	4,167	6,25	75	4,6875	6,25	9,375

Kopfmaßtabelle

Kopfanzahl	a	b	c	Kopfanzahl	a	b	c	Kopfanzahl	a	b	c
0,5	0,0525	0,0625	0,0725	23,5	2,9275	2,9375	2,9475	46,5	5,8025	5,8125	5,8225
1	0,115	0,125	0,135	24	2,99	3,00	3,01	47	5,865	5,875	5,885
1,5	0,1775	0,1875	0,1975	24,5	3,0525	3,0625	3,0725	47,5	5,9275	5,9375	5,9475
2	0,24	0,25	0,26	25	3,115	3,125	3,135	48	5,99	6,00	6,01
2,5	0,3025	0,3125	0,3225	25,5	3,1775	3,1875	3,1975	48,5	6,0525	6,0625	6,0725
3	0,365	0,375	0,385	26	3,24	3,25	3,26	49	6,115	6,125	6,135
3,5	0,4275	0,4375	0,4475	26,5	3,3025	3,3125	3,3225	49,5	6,1775	6,1875	6,1975
4	0,49	0,50	0,51	27	3,365	3,375	3,385	50	6,24	6,25	6,26
4,5	0,5525	0,5625	0,5725	27,5	3,4275	3,4375	3,4475	50,5	6,3025	6,3125	6,3225
5	0,615	0,625	0,635	28	3,49	3,50	3,51	51	6,365	6,375	6,385
5,5	0,6775	0,6875	0,6975	28,5	3,5525	3,5625	3,5725	51,5	6,4275	6,4375	6,4475
6	0,74	0,75	0,76	29	3,615	3,625	3,635	52	6,49	6,50	6,51
6,5	0,8025	0,8125	0,8225	29,5	3,6775	3,6875	3,6975	52,5	6,5525	6,5625	6,5725
7	0,865	0,875	0,885	30	3,74	3,75	3,76	53	6,615	6,625	6,635
7,5	0,9275	0,9375	0,9475	30,5	3,8025	3,8125	3,8225	53,5	6,6775	6,6875	6,6975
8	0,99	1,00	1,01	31	3,865	3,875	3,885	54	6,74	6,75	6,76
8,5	1,0525	1,0625	1,0725	31,5	3,9275	3,9375	3,9475	54,5	6,8025	6,8125	6,8225
9	1,115	1,125	1,135	32	3,99	4,00	4,01	55	6,865	6,875	6,885
9,5	1,1775	1,1875	1,1975	32,5	4,0525	4,0625	4,0725	55,5	6,9275	6,9375	6,9475
10	1,24	1,25	1,26	33	4,115	4,125	4,135	56	6,99	7,00	7,01
10,5	1,3025	1,3125	1,3225	33,5	4,1775	4,1875	4,1975	56,5	7,0525	7,0625	7,0725
11	1,365	1,375	1,385	34	4,24	4,25	4,26	57	7,115	7,125	7,135
11,5	1,4275	1,4375	1,4475	34,5	4,3025	4,3125	4,3225	57,5	7,1775	7,1875	7,1975
12	1,49	1,50	1,51	35	4,365	4,375	4,385	58	7,24	7,25	7,26
12,5	1,5525	1,5625	1,5725	35,5	4,4275	4,4375	4,4475	58,5	7,3025	7,3125	7,3225
13	1,615	1,625	1,635	36	4,49	4,50	4,51	59	7,365	7,375	7,385
13,5	1,6775	1,6875	1,6975	36,5	4,5525	4,5625	4,5725	59,5	7,4275	7,4375	7,4475
14	1,74	1,75	1,76	37	4,615	4,625	4,635	60	7,49	7,50	7,51
14,5	1,8025	1,8125	1,8225	37,5	4,6775	4,6875	4,6975	60,5	7,5525	7,5625	7,5725
15	1,865	1,875	1,885	38	4,74	4,75	4,76	61	7,615	7,625	7,635
15,5	1,9275	1,9375	1,9475	38,5	4,8025	4,8125	4,8225	61,5	7,6775	7,6875	7,6975
16	1,99	2,00	2,01	39	4,865	4,875	4,885	62	7,74	7,75	7,76
16,5	2,0525	2,0625	2,0725	39,5	4,9275	4,9375	4,9475	62,5	7,8025	7,8125	7,8225
17	2,115	2,125	2,135	40	4,99	5,00	5,01	63	7,865	7,875	7,885
17,5	2,1775	2,1875	2,1975	40,5	5,0525	5,0625	5,0725	63,5	7,9275	7,9375	7,9475
18	2,24	2,25	2,26	41	5,115	5,125	5,135	64	7,99	8,00	8,01
18,5	2,3025	2,3125	2,3225	41,5	5,1775	5,1875	5,1975	64,5	8,0525	8,0625	8,0725
19	2,365	2,375	2,385	42	5,24	5,25	5,26	65	8,115	8,125	8,135
19,5	2,4275	2,4375	2,4475	42,5	5,3025	5,3125	5,3225	65,5	8,1775	8,1875	8,1975
20	2,49	2,50	2,51	43	5,365	5,375	5,385	66	8,24	8,25	8,26
20,5	2,5525	2,5625	2,5725	43,5	5,4275	5,4375	5,4475	66,5	8,3025	8,3125	8,3225
21	2,615	2,625	2,635	44	5,49	5,50	5,51	67	8,365	8,375	8,385
21,5	2,6775	2,6875	2,6975	44,5	5,5525	5,5625	5,5725	67,5	8,4275	8,4375	8,4475
22	2,74	2,75	2,76	45	5,615	5,625	5,635	68	8,49	8,50	8,51
22,5	2,8025	2,8125	2,8225	45,5	5,6775	5,6875	5,6975	68,5	8,5525	8,5625	8,5725
23	2,865	2,875	2,885	46	5,74	5,75	5,76	69	8,615	8,625	8,635

a = beiderseits freiendigende Mauer   b = einseitig angebaute Mauer   c = beiderseitig angebaute Mauer

Schmale I-Träger nach DIN 1025

Schmaler I-Träger

Be-zeich-nung I	Abmessungen mm h	b	A cm²	m je m kg	Ix cm⁴	Wx cm³	ix cm	Iy cm⁴	Wy cm³	iy cm
					x–x			y–y		
80	80	42	7,57	5,94	77,8	19,5	3,20	6,29	3,00	0,91
100	100	50	10,6	8,34	171	34,2	4,01	12,2	4,88	1,07
120	120	58	14,2	11,1	328	54,7	4,81	21,5	7,41	1,23
140	140	66	18,2	14,3	573	81,9	5,61	35,2	10,7	1,40
160	160	74	22,8	17,9	935	117	6,40	54,7	14,8	1,55
180	180	82	27,9	21,9	1450	161	7,20	81,3	19,8	1,71
200	200	90	33,4	26,2	2140	214	8,00	117	26,0	1,87
220	220	98	39,5	31,1	3060	278	8,80	162	33,1	2,02
240	240	106	46,1	36,2	4250	354	9,59	221	41,7	2,20
260	260	113	53,3	41,9	5740	442	10,4	288	51,0	2,32
280	280	119	61,0	47,9	7590	542	11,1	364	61,2	2,45
300	300	125	69,0	54,2	9800	653	11,9	451	72,2	2,56
320	320	131	77,7	61,0	12510	782	12,7	555	84,7	2,67
340	340	137	86,7	68,0	15700	923	13,5	674	98,4	2,80
360	360	143	97,0	76,1	19610	1090	14,2	818	114	2,90
380	380	149	107	84,0	24010	1260	15,0	975	131	3,02
400	400	155	118	92,4	29210	1460	15,7	1160	149	3,13
425	425	163	132	104	36970	1740	16,7	1440	176	3,30
450	450	170	147	115	45850	2040	17,7	1730	203	3,43
475	475	178	163	128	56480	2380	18,6	2090	235	3,60
500	500	185	179	141	68740	2750	19,6	2480	268	3,72
550	550	200	212	166	99180	3610	21,6	3490	349	4,02
600	600	215	254	199	139000	4630	23,4	4670	434	4,30

Breite I-Träger nach DIN 1025

Breitflanschträger mit parallelen Flanschflächen

Be-zeich-nung IPB	Abmessungen mm h	b	A cm²	m je m kg	Ix cm⁴	Wx cm³	ix cm	Iy cm⁴	Wy cm³	iy cm
					x–x			y–y		
PB100	100	100	26,0	20,4	450	89,9	4,16	167	33,5	2,53
PB120	120	120	34,0	26,7	864	144	5,04	318	52,9	3,06
PB140	140	140	43,0	33,7	1510	216	5,93	550	78,5	3,58
PB160	160	160	54,3	42,6	2490	311	6,78	889	111	4,05
PB180	180	180	65,3	51,2	3830	426	7,66	1360	151	4,57
PB200	200	200	78,1	61,3	5700	570	8,54	2000	200	5,07
PB220	220	220	91,0	71,5	8090	736	9,43	2840	258	5,59
PB240	240	240	106	83,2	11260	938	10,3	3920	327	6,08
PB260	260	260	118	93,0	14920	1150	11,2	5130	395	6,58
PB280	280	280	131	103	19270	1380	12,1	6590	471	7,09
PB300	300	300	149	117	25170	1680	13,0	8560	571	7,58
PB320	320	300	161	127	30820	1930	13,8	9240	616	7,57
PB340	340	300	171	134	36660	2160	14,6	9690	646	7,53
PB360	360	300	181	142	43190	2400	15,5	10140	676	7,49
PB400	400	300	198	155	57680	2880	17,1	10820	721	7,40
PB450	450	300	218	171	79890	3550	19,1	11720	781	7,33
PB500	500	300	239	187	107200	4290	21,2	12620	842	7,27
PB550	550	300	254	199	136700	4970	23,2	13080	872	7,17
PB600	600	300	270	212	171000	5700	25,2	13530	902	7,08
PB650	650	300	286	225	210600	6480	27,1	13980	932	6,99
PB700	700	300	306	241	256900	7340	29,0	14440	963	6,87
PB800	800	300	334	262	359100	8980	32,8	14900	994	6,68
PB900	900	300	371	291	494100	10980	36,5	15820	1050	6,53
PB1000	1000	300	400	314	644700	12890	40,1	16280	1090	6,38

Formelzeichen und Einheiten der in diesem Buch verwendeten Größen

Größe	Formelzeichen	SI-Einheit	Weitere gesetzliche Einheiten
Geometrische Größen			
Länge	l	m	µm, mm, cm, dm, km
Breite	b	m	mm, cm, dm
Höhe	h	m	mm, cm, dm
Radius	r	m	mm, cm, dm
Bogenlänge	b	m	cm, dm
Sehne	s	m	cm, dm
Durchmesser	d	m	mm, cm, dm
Weglänge	s	m	mm, cm, dm
Umfang	U	m	mm, cm, dm
Fläche	A	m²	mm², cm², dm², km²; a, ha
Oberfläche	A_O	m²	mm², cm², dm²
Mantelfläche	A_M	m²	mm², cm², dm²
Volumen	V	m³	mm³, cm³, dm³; l, hl
Winkel	$\alpha, \beta, \gamma, ..$	rad ($= m/m = 1$)	° (Grad), ′ (Minute), ″ (Sekunde)
Zeitgrößen und Raum-Zeit-Größen			
Zeit, Zeitspanne, Dauer	t	s	min, h, d, a ($= 8760$ h)
Geschwindigkeit	v	m/s	km/h
Mechanische Größen			
Masse, Gewicht	m	kg	mg, g, t
Kraft	F	N	daN, kN, MN
Gewichtskraft	G	N	daN, kN, MN
Drehmoment, Nenndrehmoment	M, M_N	Nm	kNm, MNm
Druck	p	N/m² ($=$ Pa)	bar, N/mm², daN/cm², MN/m²
Zug- oder Druckspannung	σ	N/m² ($=$ Pa)	N/mm², kN/mm², N/cm², MN/m²
Dichte	ϱ	kg/m³	g/cm³, kg/dm³, t/m³
Thermische Größen			
Temperatur	t, δ, T	K	°C
Wärmemenge	Q	J ($=$ Ws)	kJ, Wh, kWh
Wärmeleitfähigkeit	λ	W/(m·K)	kW/(m·K), kJ/(h·m·K)
Wärmedurchlaßkoeffizient	Λ	W/(m²·K)	W/(cm²·K), kJ/(h·m²·K)
Wärmedurchlaßwiderstand	$1/\Lambda$	m²·K/W	cm²·K/W, h·m²·K/kJ
Wärmeübergangskoeffizient	α	W/(m²·K)	W/(cm²·K), kJ/(h·m²·K)
Wärmeübergangswiderstand	$1/\alpha$	m²·K/W	cm²·K/W, h·m²·K/kJ
Wärmedurchgangskoeffizient	k	W/(m²·K)	W/(cm²·K), kJ/(h·m²·K)
Wärmedurchgangswiderstand	$1/k$	m²·K/W	cm²·K/W, h·m²·K/kJ

Vorsätze für dezimale Vielfache und dezimale Teile von Einheiten

	Vorsatz	Vorsatz-zeichen	Faktor		Vorsatz	Vorsatz-zeichen	Faktor
Zehntel	Dezi-	d	10^{-1}	Zehnfache	Deka-	da	10^1
Hundertstel	Zenti-	c	10^{-2}	Hundertfache	Hekto-	h	10^2
Tausendstel	Milli-	m	10^{-3}	Tausendfache	Kilo-	k	10^3
Millionstel	Mikro-	µ	10^{-6}	Millionenfache	Mega-	M	10^6
Milliardstel	Nano-	n	10^{-9}	Milliardenfache	Giga-	G	10^9
Billionstel	Pico-	p	10^{-12}	Billionenfache	Tera-	T	10^{12}

Sachregister